GREEN LOW-CARBON
URBAN RENEWAL

TECHNICAL GUIDELINES

绿色低碳
城市更新
技术指南

刘玉军　徐　力　主编

中国建筑工业出版社

图书在版编目（CIP）数据

绿色低碳城市更新技术指南 = GREEN LOW–CARBON URBAN RENEWAL TECHNICAL GUIDELINES / 刘玉军，徐力主编. — 北京：中国建筑工业出版社，2024.5（2025.3重印）
ISBN 978–7–112–29845–7

Ⅰ．①绿… Ⅱ．①刘… ②徐… Ⅲ．①节能—生态城市—城市建设—研究—中国 Ⅳ．①X321.2

中国国家版本馆CIP数据核字（2024）第094311号

责任编辑：焦　扬　徐　冉　张伯熙
书籍设计：锋尚设计
责任校对：张　颖

绿色低碳城市更新技术指南
GREEN LOW–CARBON URBAN RENEWAL TECHNICAL GUIDELINES
刘玉军　徐　力　主编

*

中国建筑工业出版社出版、发行（北京海淀三里河路9号）
各地新华书店、建筑书店经销
北京锋尚制版有限公司制版
建工社（河北）印刷有限公司印刷

*

开本：787毫米×1092毫米　1/16　印张：18½　字数：379千字
2024年7月第一版　　2025年3月第二次印刷
定价：**78.00**元
ISBN 978-7-112-29845-7
（42865）

编写组

主编

刘玉军　　徐　力

编写组成员

郭　磊　孔祥蕊　张　莉　崔艳梅　郑剑云　姬立敏　刘志翔

张黎曼　赵秀霞　高　见　柴园园　郭宇虹　许世民　朱海明

尹水娥　王智蕊　乜志颖　胡文涛　刘凡姣　杨雅楠　李佳临

宋　莉　刘　琳　陈　涛　郑玉翠　孟　德　倪韶萍

序 一

近年来，绿色低碳技术在城市建设中的重要性日益凸显。随着存量更新的提出，绿色低碳技术的研究和应用需要进一步扩展到城市更新领域。国务院发布的《2030年前碳达峰行动方案》明确强调了城市更新必须落实绿色低碳的要求，而住房城乡建设部的《关于在实施城市更新行动中防止大拆大建问题的通知》则要求城市更新以"内涵集约、绿色低碳发展"为路径。此外，党的二十大报告指出，要"加快转变超大特大城市发展方式，实施城市更新行动，加快城市基础设施建设，打造宜居、韧性、智慧城市"。这表明绿色低碳技术在城市更新中的应用不仅是技术问题，更是政策和战略问题。

尽管绿色建筑与城市更新相结合的研究已经取得了一些进展，但整体上仍缺乏统一的理论框架和系统总结。现有研究较多集中在某一特定领域的技术应用，缺乏跨学科的综合研究。绿色建筑与城市更新涉及建筑、环境、经济、社会等多个学科领域，各领域之间的协同合作尚有待加强。这些问题的解决需要政策引导、技术研发和多方面的协同合作，通过推动绿色建筑与城市更新的深度融合，实现可持续的城市发展。

本书作者将城市更新与绿色低碳技术的耦合关系作为研究重点，对当下城市体检过程当中的关键技术进行总结。在此基础上，结合中国城市建设研究院实践研究成果，从公共空间环境质量提升、既有建筑绿色低碳更新、产业类绿色低碳更新、设施类绿色低碳更新五个方面展开研究（包括通过改善城市公共空间的环境质量，提高居民的生活质量，促进社会和谐与城市宜居性；对现有建筑进行绿色改造，提升其能源效率和环境性能，延长建筑的使用寿命，减少资源浪费；在产业区内推广绿色低碳技术，减少工业污染和碳排放，推动产业结构优化升级，实现经济与环境协调发展；提升城市基础设施的绿色性能，促进资源的可持续利用，增强城市的韧性和应对气候变化的能力）。最后，结合前沿技术，对未来的绿色低碳技术与生活方式进行展望，并提出相应的策略。

本书的研究不仅着眼于现有技术的总结，同时也关注了创新技术的发展，以及技术与政策制度、文化传统等多视角的融合与综合研究。对城市更新过程中的绿色低碳技术这一议题具有重要的理论和实践价值。

全国工程勘察设计大师

内蒙古工业大学学术委员会主任、教授

张鹏举

于工大建筑馆

2024年5月20日

序 二

  城市更新行动正在成为城镇化进程中下半场的重头戏，并将成为中国城乡高质量发展及最终全面实现现代化进程的重要推手。随着人民对物质和精神生活品质的不断追求，这项行动将永久地持续下去，并不断拓展其目标和内涵。绿色和低碳技术的运用和不断优化，既是宜居城市、韧性城市和智慧城市建设中当下的需求，也是全面建设一个生态文明时代的中国城乡人居环境的必然选择。

  本书作者将理论与实践相结合，从城市体检中发现的问题出发，对城市更新中的绿色低碳技术的运用开展了精细化的分类研究和总结，实现了跨学科知识和技能的融合，揭示了跨界协同解决城市及建筑可持续发展的必要性。充分展示了中国城市建设研究院有限公司多年来，在此领域的深厚积累和丰富的实践成果，其对未来生活方式的展望及前沿技术的探索也颇有新意。

  技术的创新和应用当然不完全在于技术进步本身，相关的政策和制度背景、文化传统、生活习惯等都深刻地影响着技术演进的路径和实际取得的成效。这是自然科学支撑下的"硬"技术进步和人文科学支撑下"软"环境支持共同的产物，作者也提供了这方面的思考，并试图去建立更"整体性"的理论与实践结合的研究架构，这使得本书超越了"技术手册"的水准，使其不仅仅对技术从业者有具体的指导作用，同时对相关决策的制定者、全链条实践的跨界参与者均有很好的借鉴和指导价值。

  党的十八大以来，中国在人类生态文明建设进程中始终走在理论和实践探求的前列，本书所反映的就不仅仅事关十数亿中国人的福祉和可持续发展，也是对人类生态文明建设作出的贡献。

  衷心祝愿中国城市建设研究院的同仁们在城市更新和绿色低碳技术融合这一领域取得更大的成就。

清华大学建筑学院教授

清华大学中国新型城镇化研究院执行副院长

清华大学城市治理与可持续发展研究院执行院长

尹稚

于清华园

2024年6月6日

前　言

　　改革开放以来，我国城镇化水平快速提高。为应对城市居民持续增长带来的实际需求，各地城市建设日新月异，一栋栋建筑、一座座新城拔地而起。当城市化进程发展到一定阶段，传统大拆大建式的发展模式已经不可持续，城市高质量发展逐渐替代以往偏重高速度的发展。此种形势下，实施城市更新行动便成为当下国家战略。

　　国内外城市建设过程中坚持绿色发展理念业已形成广泛共识。近年来，国内在建筑、社区、城区、城市、城乡一体化发展等不同尺度，在策划、设计、建造、运维等不同阶段，持续进行绿色发展研究，并已形成丰富成果。随着我国碳达峰、碳中和目标的确立，城市建设领域低碳、近零碳、零碳等以碳为对象的研究亦逐渐增多。

　　在大规模建设时期，有关绿色、生态、低碳方面的技术主要面向城市建设新建领域，如今行业研究重点逐渐面向城市更新。国务院《2030年前碳达峰行动方案》提出"城市更新要落实绿色低碳要求"；住房城乡建设部《关于在实施城市更新行动中防止大拆大建问题的通知》要求城市更新要"以内涵集约、绿色低碳发展为路径"；党的二十大报告指出"实施城市更新行动，加强城市基础设施建设，打造宜居、韧性、智慧城市"。针对绿色低碳城市更新，国家在政策上指明了方向、明确了要求。

　　基于以上背景，自2022年始，本人牵头组建团队相继开展包括住房城乡建设部科技计划项目、团体及地方标准、企业自立课题等在内的系列研究，并据此奠定了本书的理论基础。本书未采取按传统的专业或建设阶段进行划分，而是在研究了国内主要城市的城市更新政策文件之后，结合企业自身特点，最终确定了以公共空间类、既有建筑类、产业类、设施类四种城市更新类型作为主要框架展开绿色低碳相关技术的论述，同时增加城市体检、碳汇与碳排放核算技术、数智化技术、绿色低碳生活倡导等方面的内容。以绿色与低碳作为双线，贯穿至不同类型的城市更新中，并结合城市更新重点工作，给出具体的技术路径和整体的体系架构。

　　希望这本书能在城市更新与绿色低碳之间建立技术上的联系，也希望这本书对专业视野的扩展提供一些思路。除此之外，若能引起同行的共鸣并得到批评指正，对我们来说既是一件幸事，更是莫大的鼓舞。

　　最后，谨以此书献给在城市建设行业中砥砺前行的设计科研工作者们！

刘玉军

2023年12月15日于德外大街36号

目　录

第 4 章 既有建筑绿色低碳更新技术

第 5 章　产业类绿色低碳更新技术

第 6 章　设施类绿色低碳更新技术

第 7 章　面向未来的绿色低碳技术与生活

第 1 章

总论

- 城市更新概述

- 绿色低碳概述

- 绿色低碳城市更新技术综述

1.1　城市更新概述

1.1.1　城市更新提出及内涵

城市更新运动兴起与社会经济发展、人口流动、工业化程度、城市化进程等密切相关。现代城市的生态空间、居住条件、交通状况等城市环境逐渐恶化，人们开始思考并直面各类城市问题，在这个过程中，"城市更新"概念被提出，并不断地变化和完善其内涵。

西方较早提出"城市更新（Urban Renewal）"这一概念是在1958年8月荷兰海牙召开的第一次城市更新研究会上，"生活于城市中的人，对于自己所居住的建筑物、周围的环境或出行、购物、娱乐及其他活动有各种不同的期望与不满。对于自己所居住的房屋的修理改造，对于街道、公园、绿地和不良住宅区等环境的改善有要求及早施行，以形成舒适的生活环境和美丽的市容。包括所有这些内容的城市建设活动都是城市更新"❶。

2000年，彼得·罗伯茨（Peter Roberts）在《城市更新手册》中对城市更新提出了一种更为广义的概念："城市更新是用一种综合的、整体性的观念和行为来解决各种城市问题，对在经济、社会、物质环境等各方面处于变化中的城市地区作出长远且持续的改善和提高。"❷

中国改革开放以来城镇化率快速提高。城镇化进程发展到一定阶段，传统大拆大建式的发展模式已经不可持续，应转向高质量发展的新的历史时期。

深圳是较早开展城市更新实践的城市。2009年颁布的《深圳市城市更新办法》指出："城市更新是对城市建成区中的旧工业区、旧商业区、旧住宅区、城中村及旧屋村等区域，进行综合整治、功能改变或者拆除重建的活动。"

2020年中国提出"实施城市更新行动"后，各地对城市更新的定义逐渐趋于统一。2021年颁布的《重庆市城市更新管理办法》指出，城市更新是指对城市建成区城市空间形态和功能进行整治提升的活动，主要内容包括完善生活功能、补齐公共设施短板，完善产业功能、打造就业创新载体，完善生态功能、保护修复绿地绿廊绿道，完善人文功能、积淀文化元素魅力，完善安全功能、增强防灾减灾能力。

2023年颁布的《北京市城市更新条例》指出，城市更新是指对城市建成区内城市空间形态和城市功能的持续完善和优化调整，具体包括居住类城市更新、产业类城市更新、设施类城市更新、公共空间类城市更新、区域综合性城市更新和其他城市更新活动。

由此可以看出，城市空间形态和城市功能是现阶段国内城市更新的主要目标领域。

1.1.2　城市发展理论演变

随着社会、经济、文化、科技的发展，

---

❶ 于今. 城市更新：城市发展中的新里程［M］. 北京：国家行政学院出版社，2011.
❷ 罗伯茨，塞克斯. 城市更新手册［M］. 北京：中国建筑工业出版社，2009.

城市也经历着建立、成长、顶峰、衰退、复苏等不同的阶段，在这一发展进程中，伴随着持续的城市更新活动。在不同时期，学者、研究人员持续研究城市发展问题，相继提出一系列有关城市发展的理论。西方学者提出"形体主义"思想、"人本主义"思想与"可持续发展"理念；国内主要是20世纪90年代吴良镛提出的"有机更新"理论（表1.1）。

城市发展理论统计表　　　　　　　　　　　　　　　　表1.1

	城市发展理论	主要内容
集中主义	勒·柯布西耶（Le Corbusier）《明日之城市》（1992年）	对城市中心的功能分配、居住区的规划与设计、城市交通设计及城市绿化和城市空间等相关领域作了阐述
功能主义	国际现代建筑协会《雅典宪章》（1933年）	指出城市的基本功能类型——居住、工作、游憩和交通，并采用理性主义方法将它们合理组织
有机疏散	埃罗·沙里宁（Eliel Saarinen）《城市：它的发展、衰败与未来》（1942年）	城市是有机的结合体，有机秩序的原则，是大自然的基本规律，也应当作为人类建筑的基本原则
人本主义	简·雅各布斯（Jane Jacobs）《美国大城市的死与生》（1961年）	多样性是城市的天性，城市需要尽可能错综复杂并且有相互支持的多样性功能，以满足人们不同的需求
	刘易斯·芒福德（Lewis Mumford）《城市发展史》（1961年）	城市建造和改造注重符合"人的尺度"，以人为本的城市规划，注重人的基本需要、社会需求和精神需求
	E.F.舒马赫（E.F.Schumacher）《小的是美好的》（1973年）	规划应当首先考虑"人的需要"，主张在城市发展中应用"以人为度的生产方式"和"适宜技术"
	C.亚历山大（Christopher Alexander）《俄勒冈实验》（1975年）	提出城市更新中改造与历史价值保护问题，以往大规模形体规划对现状采取完全否定的态度忽略和推毁了城市历史环境中存在的诸多有价值的东西
	国际建筑协会《马丘比丘宪章》（1977年）	人与人之间相互关系对于城市和城市规划的重要性，并将理解和贯彻这一关系作为城市规划的基本任务
可持续发展	彼得·罗伯茨（Peter Roberts）《城市更新手册》（2000年）	城市更新是用一种综合的、整体性的观念和行为来解决各种各样的城市问题；对变化中的城市地区作出长远的、持续性的改善和提高
生态论	伊恩·伦诺克斯·麦克哈格（Ian Lennox McHarg）《设计结合自然》（1969年）	将生态学引入城市理想格局与过程，将城市作为与生命有机体类似的复杂系统，规划理想逐渐进化成对城市持续地监听、分析和干预的过程
有机更新	吴良镛《北京旧城与菊儿胡同》（1994年）	采用适当规模、合适尺度、渐进式改造，注重城市整体性和历史文化的保护

注：外文著作名称参照其中译本进行了翻译。

1.1.3　城市更新发展历程

1）美国城市更新发展历程[1]

（1）20世纪30—40年代：城市更新初期阶段。城市更新计划是在20世纪30年代，世界经济格外萧条的背景下提出的。

（2）20世纪40—70年代：战后重建。1949年美国的《住宅法》在第一部分中提出城市更新的一般模式。1950年后大规模的城市改造激烈地开展，在清理贫民窟同时

---

❶　于今. 城市更新：城市发展中的新里程［M］. 北京：国家行政学院出版社，2011.

进行建设基础设施和修建住房的活动。

（3）20世纪70—80年代：城市再利用。20世纪70年代后，通过改造、扩建、局部拆线、维护修整、装修方式改善城市住宅和历史建筑物，保留特色的同时提升土地的利用价值，虽然保留了城市的活力，但却抑制了当地经济发展。

（4）20世纪80—90年代：城市再开发。1980年后，城市更新主要改造工业区、码头区，用以商业、办公等用途的城市再开发，致力于经济发展。政府设立专职机构，并与私人部门合作，关注环境改善的同时进行了较多大型开发和再开发的典型项目，城市更新开始迈入一个由多方参与、协同共享的治理阶段。

（5）20世纪90年代—21世纪初：城市再生。由城市再开发转为城市再生。注重从社会、经济、环境多方面解决城市现存问题，改善市民居住环境，运用合理方法全面方式，提升城市竞争力实现城市快速发展。

（6）21世纪初至今：城市复兴。引入可持续发展理念进行城市更新，强调保护城市的历史建筑以及生活环境。城市更新已经从以往关注物质层面的机械更新逐渐走向了尊重城市多样性、注重有历史保护价值的建筑以及关注可持续发展问题的阶段。

2）英国城市更新发展历程❶

（1）1945—1979年：中央政府的城市更新。1945—1968年，主要采取城乡规划和物质方法来应对住房短缺和住房质量低下

及城市蔓延等城市问题，主要采取了新城镇政策、绿带政策、住房及城市中心再开发政策；1968—1979年，政府意识到大量小地区贫困的存在，种族紧张局势在升级，城市政策转向基于地区的聚焦，并于1977年颁布了城市白皮书，但是1979年执政党的更迭，以及社会和经济问题不断变化的特性，使其影响大打折扣。

（2）20世纪80年代：企业式城市更新。这一时期的城市更新政策侧重点已经从创建社会福利项目转移到依靠私人部门和房地产驱动的方法。在撒切尔政府初期，自由市场受到了限制，针对这一问题，20世纪80年代的城市更新侧重于利润、房地产和市场驱动的更新，强调实行更好的企业式管理，并在更新的过程中将地方政府和当地社区边缘化。

（3）1991—1997年：合作、竞争和可持续城市更新。这一时期的城市政策通过引入竞争、建立三方合作关系、明确地将可持续纳入政策议程等举措，回应20世纪80年代城市更新模式所受的各种批评。20世纪90年代的城市政策谋求确保被排斥社区在城市更新项目中受益，旨在解决各种基于地区的倡议行动与不同层面治理之间的复杂关系，并实行更具可持续的城市更新模式。城市挑战计划和单一更新预算计划是这一阶段的主要政策，也是城市更新的重要创新。

（4）1997—2010年：城市复兴和街区更新。新工党政府希望推行自己的城市复兴和街区更新策略来解决前两个政策时期各种

---

❶ 塔隆. 英国城市更新［M］. 杨帆，译. 上海：同济大学出版社，2017.

政策的内在缺陷，新的策略尤其注重摆脱完全依靠基于经济和房地产驱动的方法，并在城市更新过程中让社区参与进来。

（5）2010年起：紧缩时代的更新。自2010年起，联合政府早期城市更新政策的特点是促进经济增长和偏爱地方主义。由于先前项目计划的自然终止，以及政府出台了紧缩政策，这一时期的城市更新政策，有意脱离了新工党政府时期基于地区和街区更新的规划特点。

3）国内城市更新发展历程[1]

（1）1950—1980年：城市更新初期阶段。这时期，中国有诸多遗留的城市问题，当时的城市更新是以工业建设为驱动的城市建设和更新计划，并对棚户区和危旧房屋进行改造，改善基础设施条件，适当满足劳动人民的物质和文化生活需求。

（2）1980—2000年：城市更新有机更新阶段。此时城市更新以经济发展为中心大力推动城市新区建设，老城区的更新主要以拆迁为主，改造老城区恶劣的居住环境。

（3）2000—2010年：城市复兴阶段。改革开放以来，中国社会主义市场经济体制逐渐完善，经济基础稳固，房地产行业蓬勃发展，此时的城市更新规模空前强大，以城市居民对现代化生活的追求为驱动的城市建设和更新计划，加速了城市的现代化进程。

（4）2010年至今：城市更新参与主体多元化发展阶段。形成由政府、企业、合作组织和个人共同参与的更新形式，城市更新的每一步都需要公众参与，通过公私结合，带入社会资本，注重居民参与，制定合理的城市更新计划。

1.1.4 国内城市更新政策概述

近年来，随着我国各城市的快速城镇化，城市更新已成为城市发展的重要手段。各省市纷纷出台城市更新相关政策，涉及老旧小区、老旧厂区、老旧街区、城中村的改造等方面，以公众利益为先。城市更新政策的不断补充和细化，使城市更新发展呈现出越来越完善、全面和科学的趋势，主要特点表现如下。

1）城市更新政策趋势

首先，出台城市更新政策的城市不断增多，京津冀、长三角、珠三角、成渝等城市群的一二线城市为未来城市更新发展重点。其次，实施意见等指导性文件政策进一步落地，对地方城市更新的开展具有规范和指导的关键作用。再次，规划、土地、资金等支持性政策更加落地，确保企业有切实可行的营利模式。最后，城市有机更新更受重视，更加关注城市更新过程中历史文化的保护，整体基调由"拆改留"转变为"留改拆"，留、改的营利空间逐步扩大，防止大拆大建成为城市更新的主旋律。

2）地方探索先行

我国的城市更新发展具有典型的"自下

❶ 于今. 城市更新：城市发展中的新里程［M］. 北京：国家行政学院出版社，2011.

而上"特征，地方探索先行。在四大区域中，大湾区政府在更新过程中更多起到辅助和监管作用，市场具有较高的主动性；长三角、京津冀和大西南地区的政府则在更新过程中起主导作用。

3）重视多方参与

在城市更新过程中，政府鼓励社会资本的参与，同时也采用定向挂牌、二级招拍挂模式。京津冀地区注重多元主体参与改造，注重国企引领。大西南地区鼓励社会主体参与改造。

4）强调可持续发展

随着全球注重可持续发展的趋势，国内城市更新政策也强调绿色、低碳、环保等可持续发展理念。在城市更新过程中，注重生态环境的保护和修复，推广可再生能源和绿色建筑，提高城市的可持续性和韧性。

5）智慧城市更新

随着信息化和数字化的发展，智慧城市已成为城市更新的重要方向。国内城市更新政策也开始关注智慧城市更新，推动城市数字化、智能化和信息化的建设，提高城市的运行效率和服务水平。

6）社区参与和共享

城市更新不仅是对城市物质环境的改造，更是对城市社会环境的改善。国内城市更新政策越来越重视社区参与和共享，通过广泛征求公众意见和加强社区治理，推动城市更新的实施和成果的共享。

7）强化规划引导

城市更新是一项复杂的系统工程，需要科学规划的引导。国内城市更新政策越来越注重规划的引导作用，通过制定各类规划指引和专项规划，明确城市更新的目标、原则和重点，指导城市更新的有序推进。

8）注重历史文化遗产保护

国内城市更新政策更加注重历史文化遗产的保护和传承，通过制定相关法规和保护规划，加强对历史建筑、文化遗址等的保护和修缮，促进历史文化遗产与现代城市的融合发展。

综上所述，国内城市更新理论及政策的发展呈现出多元化、综合化和可持续化的趋势。在未来的发展中，将继续注重政策的科学性、系统性和可操作性，也更加注重公众利益、历史文化保护（表1.2、表1.3）。

国家及部委城市更新相关政策汇总表　　　　　　　　　　表1.2

名称	重点内容
2020年7月国务院办公厅《关于全面推进城镇老旧小区改造工作的指导意见》	推动惠民生扩内需，推进城市更新和开发建设方式转型，促进经济高质量发展
2020年8月住房和城乡建设部办公厅《关于在城市更新改造中切实加强历史文化保护坚决制止破坏行为的通知》	推进历史文化街区划定和历史建筑确定工作，加强对城市更新改造项目的评估论证

续表

名称	重点内容
2021年8月住房和城乡建设部《关于在实施城市更新行动中防止大拆大建问题的通知》	指导各地积极稳妥实施城市更新行动，防止沿用过度房地产化的开发建设方式、大拆大建、急功近利等问题
2021年11月住房和城乡建设部办公厅《关于开展第一批城市更新试点工作的通知》	开展第一批城市更新试点工作，全面贯彻新发展理念，积极稳妥实施城市更新行动
2022年3月国家发展改革委《2022年新型城镇化和城乡融合发展重点任务》	提出加快改造城镇老旧小区，采用市场化方式推进大城市老旧厂区改造
2022年7月国家发展改革委《"十四五"新型城镇化实施方案》	重点在老城区推进以"三区一村"改造为主要内容的城市更新改造，探索政府引导、市场运作、公众参与模式
2022年7月住房和城乡建设部部署2022年城市体检工作	继续选取59个样本城市开展城市体检工作，鼓励有条件的省份将城市体检工作覆盖到本辖区内设区的市
2022年9月住房和城乡建设部《城镇老旧小区改造可复制政策机制清单（第五批）》	总结各地在城镇老旧小区改造中的各方面政策机制
2022年10月二十大报告	加快转变超大特大城市发展方式，实施城市更新行动，加强城市基础设施建设，打造宜居、韧性、智慧城市
2022年11月住房和城乡建设部办公厅《实施城市更新行动可复制经验做法清单（第一批）》	可复制经验做法：统筹谋划城市更新；政府引导、市场运作、公众参与的可持续实施模式；城市更新相配套的支持政策
2022年12月党中央 国务院《扩大内需战略规划纲要（2022—2035年）》	推进城市设施规划建设和城市更新；加强城市基础设施体系建设；加强城镇老旧小区改造和社区建设

部分省市城市更新相关政策汇总表

表1.3

省市	名称及重点内容
北京	《北京市城市更新专项规划（北京市"十四五"时期城市更新规划）》：城市更新应坚持"留改拆"并举、以保留利用提升为主，原则上城市更新单元（片区）或项目内拆除建筑面积不应大于现状总建筑面积的20%
	《北京市城市更新条例》：明确北京城市更新分为居住类、产业类、设施类、公共空间类、区域综合类等；强调减量发展，不搞大拆大建，采用小规模、渐进式、可持续的更新模式
上海	2022年政府工作报告：强化主城区中心辐射，推动核心产业和高端资源要素集聚，推进外滩历史文化风貌区城市更新和功能提升，加快北外滩建设；推进存量建设用地盘活更新
	《上海市城市更新条例》：城市更新内容包括加强基础设施和公共设施建设，提高超大城市服务水平；优化区域功能布局，塑造城市空间新格局；提升整体居住品质，改善城市人居环境；加强历史文化保护，塑造城市特色风貌；政府认定的其他城市更新活动。坚持"留改拆"并举、以保留保护为主，遵循规划引领、统筹推进、政府推动、市场运作、数字赋能、绿色低碳、民生优先、共建共享的原则
广州	《广州市城市更新办法》：城市更新包括全面改造和微改造两种方式。全面改造是指以拆除重建为主的更新方式；微改造是指在维持现状建设格局基本不变的前提下，通过建筑局部拆除、建筑物功能置换、保留修缮，以及整治改善、保护、活化，完善基础设施等办法实施的更新方式
	《广州市城市更新条例（征求意见稿）》：推进历史文化保护及活化利用、提升公共服务供给能力、提供高质量的产业发展空间、强化多方主体权益保障、加大对城市更新微改造的支持力度
深圳	《深圳经济特区城市更新条例》：需进行城市更新的情形包括城市基础设施和公共服务设施急需完善，环境恶劣或者存在重大安全隐患、现有土地用途、建筑物使用功能或者资源、能源利用明显不符合经济社会发展要求，影响城市规划实施，经市人民政府批准进行城市更新的其他情形

续表

省市	名称及重点内容
深圳	《深圳市国民经济和社会发展第十四个五年规划和二〇三五年远景目标纲要》：加强城市更新、土地整备和棚户区改造，鼓励开展城中村和旧工业区有机更新，有序推进拆除重建类城市更新，加快老旧小区改造，深入开展土地整备利益统筹
重庆	《重庆市城市更新管理办法》：包括完善生活功能、补齐公共设施短板，完善产业功能、打造就业创新载体，完善生态功能、保护修复绿地绿廊绿道，完善人文功能、积淀文化元素魅力，完善安全功能、增强防灾减灾能力
	《重庆市国民经济和社会发展第十四个五年规划和二〇三五年远景目标纲要》：健全城市更新政策，探索可持续的城市更新模式；推进中心城区"瘦身健体"和区县城基础设施补短板强弱项；开展城市体检；开展完整居住社区设施补短板行动；推动废弃老旧厂区转换用地用途、转变空间功能；有序推进老旧街区、老旧建筑改造，保护传统风貌，打造特色街景
贵州	《贵州省城市更新行动实施方案》：完善城市更新政策体系和工作机制，形成城市更新项目库，建成一批城市更新示范项目
辽宁	《辽宁省城市更新条例》：建立健全城市更新标准体系，完善城市生态保护、文化传承、特色风貌、安全韧性、城市治理等技术标准、管理标准、工作标准和服务标准
西安	《西安市国民经济和社会发展第十四个五年规划和二〇三五年远景目标纲要》：实施城市更新行动，建立"市级统筹、以区为主"的城市更新工作体制机制；加快推进"三改一通一落地"，有序推进城市重点片区整体改造，全面推进幸福林带建设
	《西安城市更新办法》：城市更新工作以内涵集约、绿色发展为路径，严防大拆大建，补齐城市短板，注重提升功能，增强城市活力，延续历史文化传承

1.2　绿色低碳概述

1.2.1　绿色低碳内涵及定义

"绿色"概念源于对环境危机的反思和对宜居环境的追求，传统对生态环境造成严重破坏的过度开发模式不可持续，各国城市发展理念和建设实践开始转向可持续的绿色发展模式。

绿色城市、绿色建筑作为复合概念，富有人文和自然色彩，兼具"绿色"内涵的综合全面性和"可持续发展"的系统性、科学性和包容性。并且，随着人们对绿色建筑认知的逐步提升，"以人为本"、"高质量"发展、安全、耐久、服务、健康、宜居、全龄友好等与人民生活需求极其相关的内容扩充了绿色建筑的内涵。

"低碳"概念源于全球气候变暖、能源危机爆发，随着全球在应对气候变暖、提倡减少温室气体排放方面达成共识，低碳理念逐渐被接受与推广。低碳，是指较低量的温室气体排放，其核心是低能耗、低污染、低排放。

绿色与低碳两者既有可持续发展这一共同理念，也在关注点、优先度、具体目标导向方面有着各自的不同，目前呈现出相互融合发展的趋势。

1.2.2　国外绿色低碳理念与实践发展历程

1）绿色城市

19世纪末，英国社会学家霍华德在他的著作《明日：一条通向真正改革的和平道路》一书中，提出了人与自然环境和谐发展的"田园城市"模式。

1990年在美国西部小城伯克利第一届国际生态城市研讨会召开，并就城市问题展开了深入的讨论。

1992年在澳大利亚的阿德莱德举行第二届国际生态城市研讨会，1996年、2000年、2002年又分别在塞内加尔的约夫、巴西的库尔蒂巴、中国的深圳召开了第三届、第四届、第五届国际生态城市研讨会，使绿色生态城市的概念更加清晰，理论体系逐步完善。

2）绿色社区

1969年，美国城市景观规划师麦克哈格出版《设计结合自然》一书，明确地将生态学理念引入规划设计当中，强调了自然因素在社区土地规划中的重要性。

1985年，德国籍建筑师格鲁夫在面对城市社区只顾盲目追求生活的便捷与效率而忽视掉人性化与环境的可持续性这一弊病时，第一次提出了与环境、人文共生的"绿色社区"理念。

3）绿色建筑

20世纪60年代初期，美国建筑大师保罗·索勒瑞首次基于建筑学与生态学相关理论的融会贯通提出生态建筑学的新概念，即现在的"绿色建筑"。

近年来，世界各国都在积极地推动绿色建筑快速、健康地发展。各国的研究主要集中在绿色建筑的实践方面，并制定了不同类型的绿色建筑评价体系。

4）低碳城市

近年来，世界各国政府为应对气候变化作了不懈的努力，1992年联合国环境与发展大会通过了《联合国气候变化框架公约》，这是世界上第一个关于控制温室气体排放、遏制全球变暖的国际公约；2003年英国政府发表了《能源白皮书》，首次提出了"低碳经济"概念，低碳城市的理念来源于低碳经济；2005年各国签署《京都议定书》；2005年，世界各国成立了C40——世界大城市气候领导联盟，并对成员中的典型城市推进低碳发展进行了探索和实践；2007年的联合国气候变化大会通过了《巴厘岛路线图》，它将为人类下一步应对气候变化指引前进方向；2009年联合国气候变化大会在哥本哈根召开，大会分别以《联合国气候变化框架公约》及《京都议定书》缔约方大会决定的形式发表了《哥本哈根协议》，决定延续"巴厘路线图"的谈判进程，授权《联合国气候变化框架公约》及《京都议定书》两个工作组继续进行谈判，并在2010年底完成工作。

5）低碳社区

英国在低碳社区领域的实践经验及运行模式，为低碳社区建设提供了学习典范。

2010—2013年，学者弗雷克为探究可持续社区的发展模式，选取四个典型的具有代表性的第一代低碳社区来进行研究（瑞典马尔默的Bo01社区、斯德哥尔摩的哈马比社区，德国汉诺威的克朗斯堡社区弗赖堡的沃邦社区）。弗雷克在2013年总结得出基于可持续理念的低碳社区建设新模式。

6）低碳建筑

在低碳建筑方面的研究，英国起步较早。

20世纪90年代，英国颁布了《生态住宅评价体系》（*BKEEAM EcoHome*），率先将"碳排放"的内容纳入其中。

2006年，英国颁发了新的《建筑节能规范》（*Building Regulation 2006 Amendment*），将住宅目标排放率（Target Emission Rate，TER）设定为控制指标。

2008年10月，英国标准协会发布了《公众可获取规范2050：2008商品和服务生命周期温室气体排放评价规范》（*PAS2050: 2008 Specification for the assessment of the life cycle greenhouse gas emissions of goods andservices*），该规范是世界上第一个商品碳足迹规范，目前已经被广泛应用❶。

1.2.3 国内绿色低碳理念与实践发展历程

1）绿色城市（城区）

2003年，环境保护部对《生态县、生态市、生态省建设指标（试行）》进行公示，鼓励发展生态城市。2016年起，全国大力开展"美丽中国典范城市"建设，积极推进海绵城市建设和"城市双修"。

政策方面：2012年，财政部、住房城乡建设部联合印发《关于加快推动我国绿色建筑发展的实施意见》，首次提出推进绿色生态城区建设，规模化发展绿色建筑；2014年，国务院首次在《国家新型城镇化规划（2014—2020年）》中提出，推动城市绿色发展，并设绿色城市建设重点专栏；2017年，《绿色生态城区评价标准》GB/T 51255—2017作为国家标准通过，并于2018年4月实施。

实践方面：上海崇明东滩生态城于2005年首次提出了绿色、生态、可持续的城区规划理念；2008—2012年，中新天津生态城、唐山曹妃甸国际生态城等一批国际合作项目开始建造；2013年，无锡太湖新城、长沙梅溪湖新城和深圳光明新区等被住房和城乡建设部确定为首批绿色生态城区示范点；2017年至今，已有上海虹桥商务区核心区、上海桃浦智创城、漳州西湖生态园区、中新天津生态城南部片区等多个项目获得国家绿色生态城区三星证书。

2）绿色社区

20世纪90年代，我国部分地区掀起"环保示范小区"建设浪潮，这被认为是绿色社区国内的发源点。

1994年，中国政府在里约热内卢会议后，发布《中国21世纪议程》，提出将"可持续发展战略"作为国家发展战略，为绿色社区建设提供了理论依据及政策保障。

1999年，北京市宣武区人民政府相关部门与非政府组织合作开发建设了建功南里绿色社区，这也是我国第一个绿色社区的创

---

❶ 李美华. 低碳建筑技术评估体系指标构架研究［D］. 北京：北京交通大学，2013.

建试点，旨在逐步推进社区层面上的环保实践运动。

2011年，在生态环境持续恶化及人们对生活质量需求越来越高的背景下，全国28个省政府工作报告中最后的展望部分均提及了"低碳"字眼，近200个城市提出要打造绿色生态城市，绿色社区的建设在全国范围内展开。

3）绿色建筑

（1）20世纪80—90年代。该阶段重点是对绿色建筑相关理念的吸收，研究重点集中在绿色建筑提出的背景、意义、内涵等。

（2）20世纪90年代—21世纪初。该阶段主要是对绿色建筑相关理念的深化，研究不再是对相关概念进行单纯辨析，而是开始引入相关理论剖析绿色建筑的深层含义。

（3）21世纪初期以来。该阶段不再停留在绿色建筑相关理论的研究，而是开始深入实践层面，对绿色建筑在实践中的发展路径进行探索，政府部门、房地产商以及普通消费者等在这个时期中均被纳入对绿色建筑发展的探索中。

4）低碳城市

2008年同济大学潘海啸教授在《中国"低碳城市"的空间规划策略》一文中第一次从城市规划的角度提出了"低碳城市"概念。

2009年7月12日，住房城乡建设部副部长仇保兴在《我国城市发展模式转型趋势——低碳生态城市》一文中，提出了低碳城市和低碳规划的想法，以及建设低碳城市的必要性和紧迫性。

2010年3月19日，中国社科院公布了评估低碳城市的新标准体系，这是迄今首个最为完善的低碳经济评估标准。

在低碳城市实践方面，2008年1月，世界自然基金会正式启动"中国低碳城市发展项目"，保定与上海共同入选首批试点城市。

5）低碳社区

2000年，民政部发布的《全国社区建设示范城基本标准》中，将"社区内净化、绿化、美化、生态环境保持良好"作为硬性标准；2004年，国务院又进一步提出了在我国开展"绿色社区"建设，与低碳社区建设目标一致；2010年，我国启动了第一批低碳省区低碳城市试点工作，尤其强调区域代表性、已有工作基础和工作意愿等；2012年和2017年分别启动了第二批和第三批试点工作。目前，我国低碳省区低碳城市试点已全面展开。

6）低碳建筑

2010年1月19日，中国房地产研究会住宅产业发展和技术委员会发布了"低碳住宅技术体系"，将整个体系分为低碳设计、低碳用能、低碳构造、低碳运营、低碳排放、低碳用材、增加碳汇8个部分。

2010年上海世博会重视贯彻生态、环保、绿色世博的理念，也非常注重降低二氧化碳的排放，通过选址规划、节能技术和绿化建设等手段实现"低碳世博"，建造了以世博轴、世博中心、主题馆和中国馆等为代表的低碳建筑。

2012年4月份建筑碳排放计算方法国际研讨会在北京召开。

2012年4月12日，国际建筑碳计量标准工作会议在北京召开，就国际ISO碳计量标准、建筑碳排放计算方法和碳交易等进行了广泛研讨和交流。

1.2.4　国内绿色低碳相关政策

1）国家及部委层面绿色低碳相关政策

近几年，国家和相关部委根据绿色发展理念要求，陆续发布相关政策，助力我国绿色低碳产业发展，建立健全绿色低碳循环发展经济体系，推进传统产业绿色低碳化转型（表1.4）。

国家及部委层面绿色低碳相关政策汇总表　　　　　　　　表1.4

发布日期及单位	政策名称	重点内容
2020年7月 住房城乡建设部、国家发展改革委等七部委	《绿色建筑创建行动方案》	星级绿色建筑持续增加，提高既有建筑能效水平，住宅健康性能不断完善，提升装配化建造占比，扩大绿色建材应用
2021年1月 住房城乡建设部	《绿色建筑标识管理办法》	明确绿色建筑标识星级，规定各级住房城乡建设部门的绿色建筑标识工作
2021年2月 国务院	《关于加快建立健全绿色低碳循环发展经济体系的指导意见》	开展绿色社区创建行动，发展绿色建筑，建立绿色建筑统一标识制度，结合城镇老旧小区改造推动社区基础设施绿色化和既有建筑节能改造
2021年3月 中共中央 国务院	《中华人民共和国国民经济和社会发展第十四个五年规划和2035年远景目标纲要》	推动能源清洁低碳安全高效利用，深入推进工业、建筑、交通等领域低碳转型
2021年9月 中共中央 国务院	《关于完整准确全面贯彻新发展理念做好碳达峰碳中和工作的意见》	明确"双碳"工作重点任务，明确提升城乡建设绿色低碳发展质量工作重点任务
2021年10月 中共中央办公厅、国务院办公厅	《关于推动城乡建设绿色发展的意见》	确立城乡建设绿色发展的目标：城乡建设绿色发展体制机制和政策体系基本建立，碳减排水平快速提升
2021年10月 国务院	《2030年前碳达峰行动方案》	加快推进城乡建设绿色低碳发展，城市更新和乡村振兴都要落实绿色低碳要求
2021年11月 国管局、国家发展改革委等国家四部委	《深入开展公共机构绿色低碳引领行动促进碳达峰实施方案》	加快能源利用绿色低碳转型，推进终端用能电气化；推广太阳能光伏光热项目
2022年2月 国家发展改革委、工业和信息化部等国家四部委	《高耗能行业重点领域节能降碳改造升级实施指南（2022年版）》	推动建筑行业能源消费结构转向使用清洁能源，加大绿色能源使用比例
2022年3月 住房城乡建设部	《"十四五"住房和城乡建设科技发展规划》	研究零碳建筑、零碳社区技术体系及关键技术
2022年3月 住房城乡建设部	《"十四五"建筑节能与绿色建筑发展规划》	提升绿色建筑发展质量、提高新建建筑节能水平、加强既有建筑节能绿色改造、推动可再生能源应用、实施建筑电气化工程、推广新型绿色建造方式、健全法规标准体系、创新工程质量监管模式

发布日期及单位	政策名称	重点内容
2022年6月 住房城乡建设部、国家发展改革委	《城乡建设领域碳达峰实施方案》	鼓励建设零碳建筑和近零能耗建筑；提高绿色低碳建筑水平；优化用能结构；推进绿色低碳农房建设；建立完善法律法规和标准计量体系；开展"双碳"标准强基行动、低碳前沿技术标准引领行动、绿色低碳标准国际合作行动
2022年10月 市场监管总局、国家发展改革委等国家九部委	《建立健全碳达峰碳中和标准计量体系实施方案》	完善碳排放基础通用标准体系
2022年10月 财政部、住房城乡建设部、工业和信息化部	《关于扩大政府采购支持绿色建材促进建筑品质提升政策实施范围的通知》	自2022年11月起，在48个市实施政府采购支持绿色建材促进建筑品质提升政策，到2025年实现政府采购工程项目政策实施的全覆盖
2022年10月 科技部、住房城乡建设部	《"十四五"城镇化与城市发展科技创新专项规划》	聚焦城镇化与城市发展科技创新，包括城镇空间布局、城市更新与品质提升、智能建造和智慧运维、绿色健康韧性、低碳转型、文物科技创新与历史文化遗产保护、文化旅游融合与公共文化服务科技创新等

2）地方绿色低碳相关政策

根据国家相关政策，部分地方政府近几年也相继出台了推行绿色低碳发展的相关要求和政策（表1.5）。

地方绿色低碳相关政策汇总表　　　　表1.5

省市	名称及重点内容
北京	2022年8月《北京市"十四五"时期建筑业发展规划》："十四五"时期建筑业增加值增长率年均保持在5%，累计推广超低能耗建筑500万m²
北京	2022年8月《"两区"建设绿色金融改革开放发展行动方案》：强化对绿色建筑、绿色交通的金融支持，加大金融对新建高星级绿色建筑、装配式建筑、既有建筑节能绿色化改造等绿色建筑项目的支持力度，加强绿色建筑监管体系建设
上海	2022年10月《上海市"十四五"节能减排综合工作实施方案》：全面推进城镇绿色规划、绿色建设、绿色运行管理，推动低碳城市、韧性城市、海绵城市、"无废城市"建设
上海	2023年2月《上海市建筑节能和绿色建筑示范项目专项扶持资金管理办法》：符合绿色建筑和装配整体式建筑示范的项目给予补贴
广东	2021年10月《广东省绿色建筑创建行动实施方案（2021—2023）》：全面推进新建民用建筑按照绿色建筑标准进行建设，到2023年，全省按一星级及以上标准建设的绿色建筑占新建民用建筑比例达到20%，其中粤港澳大湾区珠三角九市比例达到35%
广东	2022年9月《广东省住房和城乡建设厅等部门关于加快新型建筑工业化发展的实施意见》：有序推进绿色建材产品认证和装配式装修试点工作，实施一批新型建筑工业化项目；全面开展绿色建材产品认证和政府采购支持绿色建材推广应用；强化政策支持
重庆	2022年1月《重庆市绿色建筑"十四五"规划（2021—2025年）》：就重庆市绿色建筑品质提升提出了新的任务目标，到2025年末，城镇绿色建筑占新建建筑比例达到100%，建成星级绿色建筑1000万m²
贵州	2021年12月《贵州省"十四五"建设科技与绿色建筑发展规划》：提出"加强组织领导，完善长效机制""完善监督机制，提升成果质量""推动绿色金融，完善激励机制""加强能力建设，营造发展环境""促进协同发展，加大交流合作""开展宣传培训，形成社会共识"等6个方面的保障措施

续表

省市	名称及重点内容
贵州	2020年1月《加快绿色建筑发展的十条措施》：为确保2020年绿色建筑占城镇新建建筑比例50%以上考核目标，制定十条措施；省财政对绿色生态城区、绿色生态小区以及绿色建筑分别给予补助
吉林	2022年8月《吉林省"十四五"节能减排综合实施方案》：到2025年，城镇新建建筑全面执行绿色建筑标准，公共机构新建建筑全面执行绿色建筑标准，开展既有建筑节能改造，因地制宜推动城镇公共机构实施清洁取暖，持续增加星级绿色建筑
新疆	2020年9月《新疆维吾尔自治区绿色建筑创建行动实施方案》：财政部门根据财政职责，给予绿色建筑创建行动资金支持，推动绿色金融支持绿色建筑发展
江苏	2021年9月《江苏省"十四五"绿色建筑高质量发展规划》：落实"放管服"改革要求，建立完善"政府为主导、市场为主体"的绿色建筑高质量发展政策体系，优化政策环境，激发市场活力
海南	2022年9月《海南省绿色建筑发展条例》：将绿色建筑适用范围扩大到道路、桥梁等市政基础设施，鼓励探索建立绿色评价标准；促进智能建造与建筑工业化协同发展，提高绿色建筑工业化、数字化、智能化水平
西藏	2022年7月《关于印发西藏自治区进一步优化建筑业营商环境促进高质量发展的若干措施的通知》：鼓励对绿色节能建筑、智能化建造、装配式建设项目提供绿色信贷、绿色债券、绿色保险、绿色股票等融资对接服务；对从事新型建筑材料生产和装配式建筑材料研究、开发、应用的企业或项目符合鼓励类产业目录的，按规定落实西部大开发企业所得税优惠政策
河南	2021年12月《河南省绿色建筑条例》：界定绿色建筑的内涵和适用范围；合理规范绿色建筑的发展；设专章就绿色建筑的技术创新和循环利用进行了规定
浙江	2020年9月修订后的《浙江省绿色建筑条例》：鼓励和支持研究开发绿色建筑新技术、新工艺、新材料和新设备，开发研究费用，可以享受优惠政策

1.2.5 国内绿色低碳技术标准概述

随着国家和地方绿色低碳相关政策及建设行动的持续推进，行业内相应的技术标准规范也随之更新发布（表1.6、表1.7）。

绿色低碳相关技术标准汇总表   表1.6

分类		名称	主要内容
国家标准	绿色	绿色建筑评价标准 GB/T 50378—2019	按安全耐久、健康舒适、生活便利、资源节约、环境宜居5类对绿色建筑进行评价，分为基本级、一星级、二星级、三星级4个等级
		绿色生态城区评价标准 GB/T 51255—2017	按土地利用、生态环境、绿色建筑、资源与碳排放、绿色交通、信息化管理、产业与经济、人文8类指标对绿色生态城区进行评价，分为一星、二星、三星3个等级
		既有建筑绿色改造评价标准 GB/T 51141—2015	按规划与建筑、结构与材料、暖通空调、给水排水、电气、施工管理、运营管理7类指标进行评价，评价结果分为一星级、二星级、三星级3个等级
		绿色工业建筑评价标准 GB/T 50878—2013	按节地与可持续发展场地、节能与能源利用、节水与水资源利用、节材与材料资源利用、室外环境与污染物控制、室内环境与职业健康、运行管理7类指标进行评价，分为3个等级
		绿色办公建筑评价标准 GB/T 50908—2013	按节地与室外环境、节能与能源利用、节水与水资源利用、节材与材料资源利用、室外环境质量、室内环境质量、运行管理7类指标进行评价，分为3个等级

续表

分类		名称	主要内容
国家标准	绿色	绿色医院建筑评价标准 GB/T 51153—2015	按场地优化与土地合理利用、节能与能源利用、节水与水资源利用、节材与材料资源利用、室外环境质量、室内环境质量、运行管理7类指标进行评价，分为3个等级
		绿色博览建筑评价标准 GB/T 51148—2016	按节地与室外环境、节能与能源利用、节水与水资源利用、节材与材料资源利用、室内环境与职业健康、施工管理、运营管理7类指标进行评价，分为3个等级
		绿色校园评价标准 GB/T 51356—2019	校园分为中小学校、职业学校及高等院校，按规划与生态、能源与资源、环境与健康、运行与管理、教育与推广5类指标进行评价，分为3个等级
	低碳	建筑碳排放计算标准 GB/T 51366—2019	对运行阶段、建造及拆除阶段、建材生产及运输阶段3个阶段的碳排放计算进行统一规定
		建筑节能与可再生能源利用通用规范 GB 55015—2021	要求新建居住建筑和公共建筑平均设计能耗水平进一步降低，要求建筑碳排放计算作为强制要求
		近零能耗建筑技术标准 GB/T 51350—2019	从室内环境参数、能效指标、技术参数、技术措施、评价几个方面对近零能耗建筑作出了规定
行业/团体标准	绿色	既有社区绿色化改造技术标准 JGJ/T 425—2017	从诊断、策划、规划与设计、施工及验收、运营与评估5个方面对既有社区绿色化改造提出要求
		民用建筑绿色设计规范 JGJ/T 229—2010	从绿色设计策划、场地与室外环境、建筑设计与室内环境、建筑材料、给水排水、暖通空调、建筑电气7个方面对民用建筑绿色设计提出要求
		民用建筑绿色性能计算标准 JGJ/T 449—2018	从室外物理环境、建筑节能与碳排放、室内环境质量3个方面对民用建筑绿色性能计算提出要求
		绿色建筑检测技术标准 CSUS/GBC 05—2014	从室外环境检测、室内环境检测、围护结构热工性能检测、暖通空调系统检测、给水排水系统检测、照明与供配电系统检测、可再生能源系统检测、检测与控制系统核查、建筑年供暖空调能耗和总能耗几个方面对检测技术提出要求
		绿色建筑室内装饰装修评价标准 T/CBDA 2—2016	从设计、材料采购与检测、施工、竣工验收、运营管理5个方面对绿色建筑室内装饰装修提出要求
		绿色建筑运行维护技术规范 JGJ/T 391—2016	从综合效能调适和交付、系统运行、设备设施维护、运行维护管理4个方面对绿色建筑运行维护技术提出要求
	低碳	南方大型综合体建筑碳排放计算标准 T/GBECA 002—2020	将全寿命周期分为材料准备、施工建造、建筑使用和建筑拆除4个阶段，采用碳排放因子法建立碳排放计算模型

地方绿色低碳相关标准规范汇总表　　　　表1.7

分类		名称	地域
地方标准	绿色	绿色生态城区评价标准	贵州、重庆
		绿色生态小区（居住区/社区）评价/技术标准	贵州、陕西、重庆、海南、广东
		绿色建筑设计标准	北京、广东、上海、重庆、浙江、西藏、辽宁、湖南、河北、吉林、青海、内蒙古、山东、江苏、四川、天津、江西、福建

分类		名称	地域
地方标准	绿色	绿色建筑评价标准	北京、深圳、沈阳、湖南、河北、河南、浙江、山东、内蒙古、云南、西藏、吉林、青海、天津、四川、广东、重庆、福建、甘肃、上海、广西、宁夏、内蒙古
		绿色生态示范区规划设计评价标准DB11/T 1552—2018	北京
		既有（居住）建筑绿色改造技术规程/标准	北京、深圳、海南、上海
		绿色公共机构评价规范DB 4401/T 34—2019	广州
		绿色养老建筑评价标准DG/TJ 08-2247—2017	上海
	低碳	低碳社区评价技术导则（指南）	北京、深圳
		低碳经济开发区评价技术导则DB11/T 1369—2016	北京
		低碳小城镇评价技术导则DB11/T 1423—2017	北京
		低碳城市评价指标体系DB32/T 3490—2018	江苏
		绿色低碳生态城区评价标准DBJ50/T-203—2014	重庆
		低碳建筑评价标准DBJ50/T-139—2012	重庆

1.3　绿色低碳城市更新技术综述

1.3.1　城市更新与绿色低碳的耦合关系

在大规模建设时期，有关绿色、生态、低碳方面的技术主要面向城市建设"新建"领域。如今城市更新与"双碳"背景下，有关绿色低碳技术路径的研究变得十分迫切。

绿色低碳城市更新在政策方面指明了发展方向与行业需求。2021年10月，国务院发布的《2030年前碳达峰行动方案》提出"城市更新要落实绿色低碳要求"；2021年8月，住房城乡建设部发布的《关于在实施城市更新行动中防止大拆大建问题的通知》要求城市更新要"以内涵集约、绿色低碳发展为路径"；党的二十大报告指出"加快转变超大特大城市发展方式，实施城市更新行动，加强城市基础设施建设，打造宜居、韧性、智慧城市"。

绿色低碳城市更新的内涵处于逐步完善过程中，尚未形成统一共识。

一般认为，绿色低碳城市更新是指区别于传统的高耗能、高污染、高排放、大拆大建式的模式，按照以人为本思想，以城市生态环境优化为前提，以绿色低碳社区建设为主要单元，以基础设施的绿色化改造为重要环节，推进资源环境、经济社会、居民生活协调发展的成本集约、功能复合、生态友好的城市更新模式。

规划角度来看，绿色低碳城市更新规划是指在城市更新区域的制度构建、规划编制、建设运营过程中落实绿色、低碳、可持续的理念，除综合考量传统规划关注的空间形态、功能布局、开发强度、设施配置外，还要关注生态环境提升、资源集约利用、绿色交通发展、绿色建筑提升、绿色高效管理等内容。

"双碳"背景下，城市更新被赋予了"低碳"内涵。现阶段重点推广水、能源、建筑、规划、交通、食物等领域绿色发展与绿色技术应用，克服锁定效应，实现主要温室气体排放总量减少和生态环境质量提高。

在实践中，应关注"低碳绿色"与"城市更新"的耦合关系，将低碳绿色城市的指标与技术体系融入完整的城市更新项目规划，并结合实施管理办法的创新，对城市的经济、社会、文化、环境以及具体的产业、功能、结构、空间治理等作进一步综合考量。

1.3.2　绿色低碳城市更新技术综述

1）城乡建设绿色低碳技术研究方向

《"十四五"住房和城乡建设科技发展规划》对城乡建设绿色低碳技术研究提出以下重点方向：以支撑城乡建设绿色发展和碳达峰碳中和为目标；聚焦能源系统优化、市政基础设施低碳运行、零碳建筑及零碳社区、城市生态空间增汇减碳等重点领域；从城市、县城、乡村、社区、建筑等不同尺度、不同层次加强绿色低碳技术研发；形成绿色、低碳、循环的城乡发展方式和建设模式。

2）绿色低碳城区评价技术

结合相关标准规范，可拟定绿色低碳城区评价指标包括场地利用、绿地与生态空间、绿色低碳建筑、绿色交通、资源循环与废物利用、景观风貌、数字智慧、绿色生活、绿色经济、碳排放测算十个方面（表1.8）。

绿色低碳城区评价指标表　　表1.8

分类指标	分项指标
1 场地利用	开发密度
	地形地貌
	浸水区
2 绿地与生态空间	生态面积率
	生态环境安全
	开敞空间
	生态廊道
	生物多样性
	海绵技术
	水生态技术
	低维护技术
	绿化固碳技术

续表

分类指标	分项指标		
3 绿色低碳建筑	建筑诊断		
	建筑节能		
	立体绿化		
	装配式建筑		
	新型供暖		
	建筑电气化		
	光储直柔	光伏发电	
		储能	
		直流配电	
		柔性用能	
	BIM技术		
	智慧运维		
4 绿色交通	轨道及公交站点		
	单元出入口		
	步行路网		
	自行车专用道		
	绿色停车场		
	新能源车辆		
5 资源循环与废物利用	可再生能源		
	余废热		
	水资源		
	垃圾分类回收		
6 景观风貌	历史文化		
	建筑风貌		
	城市色彩		
	市政工程景观		
7 数字智慧	CIM基础平台		
	智慧园区		
8 绿色生活	人文		
	公众参与		
	全龄友好		
	社区用能		

分类指标	分项指标
9　绿色经济	产业业态
	产业绿色化升级
10　碳排放测算	建筑类
	吸收类
	交通类
	废弃物类

3）绿色低碳城市更新技术

《北京市城市更新条例》中规定城市更新类型包括：以保障老旧平房院落、危旧楼房、老旧小区等房屋安全，提升居住品质为主的居住类城市更新；以推动老旧厂房、低效产业园区、老旧低效楼宇、传统商业设施等存量空间资源提质增效为主的产业类城市更新；以更新改造老旧市政基础设施、公共服务设施、公共安全设施，保障安全、补足短板为主的设施类城市更新；以提升绿色空间、滨水空间、慢行系统等环境品质为主的公共空间类城市更新；以统筹存量资源配置、优化功能布局，实现片区可持续发展的区域综合性城市更新；市人民政府确定的其他城市更新活动。

绿色低碳技术应紧密结合城市更新过程进行研究总结，参考北京市城市更新类型设置方法，本书绿色低碳更新技术框架设置为以下章节：城市体检技术；公共空间类绿色低碳更新技术；既有建筑绿色低碳更新技术；产业类绿色低碳更新技术；设施类绿色低碳更新技术；面向未来的绿色低碳技术与生活。

第 2 章

城市体检
关键技术

- 城市体检与城市更新

- 城市体检技术路径

- 城市体检关键技术

2.1 城市体检与城市更新

2.1.1 城市体检揭示问题发现短板

城市是贯彻落实新发展理念的重要载体，也是构建新发展格局的重要支点。城市体检是推动城市高质量发展和城乡建设绿色发展的重要抓手，为科学、系统提高城市治理能力提供有效支撑。

随着我国城镇化进程的推进，城市迈入高质量发展阶段，各类问题逐步显现，如交通拥堵、人口过密、公共服务设施覆盖不均、公共空间品质不高等"城市病"，通过城市体检把脉问诊，深入查找"城市病"根源，是解决城市病的需要。城市体检是通过综合评价城市发展建设状况、有针对性地制定对策措施，优化城市发展目标、补齐城市建设短板、解决"城市病"问题的一项基础性工作。新发展阶段，城市体检成为精准实施城市总体规划的有效抓手。开展城市体检既要全面客观分析城市发展取得的成效，更要着力发现城市在生态保护、资源利用、空间开发、民生保障、实施时序、政策配套等方面的突出矛盾和问题，从规模、结构、布局、质量、效率等多角度查找问题背后的深层次原因，并提出针对性解决措施（表2.1）。

城市体检背景　　　　　　　　　　　　表2.1

时间	代表性事件
2015年	习近平总书记在中央城市工作会议上提出，"城市工作要把创造优良的人居环境作为中心目标，努力把城市建设成为人与人、人与自然和谐相处的美丽家园"
2015年12月	习近平总书记在中央城市工作会议上提出，要"建立城市体检评估机制"
2017年	习近平总书记视察北京城市规划建设管理工作时提出，要"健全规划实时监测、定期评估、动态维护机制，建立'城市体检'评估机制，建设没有'城市病'的城市"
2018年	住房和城乡建设部会同北京市政府率先开展了城市体检工作
2019年4月	《住房和城乡建设部关于开展城市体检试点工作的意见》发布，在北京城市体检实践的基础上，设立了36项城市体检指标，在全国选取11个城市作为首批试点
2019年7月	自然资源部办公厅发文要求各地在国土空间总体规划编制的前期开展"国土空间开发保护现状评估"和"现行空间类规划实施情况评估"（即"双评估"）工作。同时，自然资源部还组织开展了城市体检评估的先行先试工作
2020年5月	《自然资源部办公厅关于加强国土空间规划监督管理的通知》发布，要求各地按照"一年一体检、五年一评估"开展城市体检评估工作。试点范围扩大到国务院审批规划的107个城市。同时，自然资源部组织编制了行业标准《国土空间规划城市体检评估规程》
2020年6月	《住房和城乡建设部关于支持开展2020年城市体检工作的函》要求扩大至36个样本城市开展城市体检工作，城市体检指标增加到了50项
2021年4月	《住房和城乡建设部关于开展2021年城市体检工作的通知》发布，样本城市数量扩大至59个，城市体检指标增加到65项。建立问题导向、目标导向、结果导向相结合的城市体检指标体系；形成了城市自体检、第三方体检和社会满意度调查相结合的城市体检方法。要求各地积极推进城市体检工作，在建立城市体检工作机制、统筹城市体检与城市更新、采用信息化手段推进城市体检等方面，取得实实在在的成效
2022年7月	住房和城乡建设部再次发文部署"城市体检"工作，发布了《住房和城乡建设部关于开展2022年城市体检工作的通知》

目前，各省、市充分响应城市体检工作要求，纷纷开展了相关的研究及实践。北京最早开展城市体检，江西和广东是较早在省内市、县全面开展城市体检工作的省份，河北、安徽、山东和陕西则先从省内试点城市探索经验再全面推开。

住房城乡建设部自2019年连续四年发布城市体检工作方案，各地结合实践也在不断探索技术标准，例如安徽、广东、内蒙古、江西、浙江等省级行政区发布城市体检技术导则（指南），河北省发布了地方标准《城市体检评估标准》（征求意见稿），为城市体检工作提供技术支撑。各省级住房和城乡建设部门也高度重视城市体检工作，有序推进城市体检各项任务落实，积极探索创新城市体检方式、指标体系和体制机制，推动形成了多部门多层级联动的体检工作机制。

2.1.2　城市体检是城市更新的前提

随着生活水平的提升，城市居民对于城市人居环境水平的要求也在逐步提升。城镇化的高质量发展基本前提是人的高品质生活，中国城镇化已进入下半场，城市建设的重点已经转入对存量的提质增效阶段，城市发展从扩张式、无序向外蔓延式的发展转向内涵式、更新式的发展，从增长优先向结构优化转型，进入城市更新的重要时期。而城市更新作为城市发展中的必经阶段，在优化城市结构、完善城市功能和提升品质方面具有十分重要的意义。城市体检全面查找城市规划、建设、管理方面的"病症"，系统梳

理"城市病"，是实施城市更新行动的前置手段。城市体检作为发现城市问题的初始步骤，是实施城市更新行动、统筹城市规划建设管理、推动城市人居环境高质量发展的重要抓手，可为城市更新乃至后续的城市工作指明方向。而城市更新通过城市体检在前端进行监测、评估、反馈的基础上，针对城市建设发展中的各类问题，围绕城市本身的发展目标，依托产业结构升级转型等方法，借助智慧城市等手段，推动城市健康可持续发展。

城市体检作为由政府主导的技术性工作，具有较强的政策评估属性。狭义的规划评估在实践中往往表现为城市规划部门在新一轮规划编制时对过往规划的回顾和检讨，强调规划目标的达成性。广义的规划评估则转向政策价值的实现，不仅要考虑规划自身的目标，更要提升至城市整体发展价值观的层次进行评判。公共政策制定并实施后，面临的重要议题之一即是如何科学地评判其实施效果，城市体检正是提供了全方位系统化的公共政策评估的工具，有效地建立了城市公共政策工作闭环，为城市治理能力提升提供了系统性工具。

城市作为复杂巨系统，其治理具有系统性、综合性、协同性的内在要求与实质，一些问题的产生是多因素叠加形成的结果。对诸多城市病的解决，需要多部门综合协同。但治理体系分工日益精细化、专业化，叠加固有的部门本位主义思想，造成城市治理体系繁冗化和孤岛化，城市有机生命系统的一体性遭到破坏。因此，实施超越政府部门利益的跨部门治理是提升超大城市政府治理能

力的重要方向。住房和城乡建设部围绕"生态宜居、健康舒适、安全韧性、交通便捷、风貌特色、整洁有序、多元包容、创新活力"等八大基础评价维度,自然资源部围绕"安全、创新、协调、绿色、开放、共享"等六大基础评价维度,均有效地提供了一套系统化的跨部门综合评估工具,为城市作为有机复杂巨系统的公共政策拟定提供了重要依据。

城市体检通过构建体检评估工作机制,按照城市体检评估技术导则和具体办法,建立"政府主导、部门协同、全社会参与"和"一年一体检,五年一评估"的长效机制,通过城市自体检、第三方评估、人居环境满意度调查相结合的方式精准开展城市体检评估;完善城市体检指标体系,按照城市发展的目标定位,精准确定具有当地城市特色的评价指标,构建可评价能考核的城市体检评估指标体系;做好城市体检工作,用好城市体检评估成果,根据城市发展的历史阶段,通过系统开展城市体检,及时找出城市发展中存在的问题和深层次原因,合理制定诊疗方案,精准生成相应的城市更新政策和项目。

2.1.3 城市体检成果助力城市更新

城市体检形成的成果有城市体检报告、问题清单和整治清单等,有条件的城市在城市体检基础上还会建设城市体检评估信息平台,这些城市体检成果都能助力城市更新工作。应树立城市全生命周期管理理念,进一步深化城市体检评估结果在城市风险防范、城市科学决策中的应用。建立"以城市体检发现问题、以城市更新诊疗问题"的成果转化机制,将城市体检成果作为编制城市建设年度计划和城市更新项目清单的重要依据。

将城市体检出来的问题作为城市更新的重点,探索建立"发现问题—解决问题—巩固提升"的工作机制。对城市体检发现的问题进行梳理、会诊,分清轻重缓急,形成问题清单。对于诊断出的影响群众健康和城市安全的问题,出具风险隐患通知书,提出风险等级、可能造成的后果以及整治意见建议。针对问题清单,分门别类地提出整治措施,形成城镇房屋更新改造和抗震加固、城镇老旧小区改造、完整社区建设、活力街区打造、城市生态修复、城市功能完善、基础设施更新改造、新型城市基础设施建设、城市生命线安全工程建设、历史文化保护和风貌修补等城市更新的意见建议,作为制定城市更新规划和年度实施计划、生成城市更新项目库的重要依据。

对城市体检报告进行公布和发布,对城市发展提出建议和对策,并落实到各责任部门;制定项目清单,作为城市建设年度计划和建设项目清单的重要依据;为各专项实施方案的制定提供基础支撑;开发与城市更新相衔接的业务场景应用,构建"问题与短板—治理措施(行动计划)—项目清单"工作链条;建设城市体检评估信息平台,构建评估机制,加强城市体检数据管理、综合评价和监测预警。

2.2　城市体检技术路径

2.2.1　城市体检技术思路

城市体检通过构建城市体检指标体系，收集数据，对各指标进行综合分析评价，形成评估成果，进而指导城市更新。在住房城乡建设部城市体检基本指标的基础上，围绕城市特色，确立特色指标，预留补充指标从而构建一套完整的城市体检指标体系。各部门参与，完成多源多维数据采集与指标计算。分析评估阶段可以从多维度、多层级（城区、街区、小区、住房维度）协同分析评估，并采用多样的评估方法，例如整体分析和局部透视相结合、传统数据和时空大数据相结合、主客观评价相结合的方式等。最

终形成"以一份综合报告为技术引领，以一套长效工作机制为制度保障，以一个信息化平台为智能化工具支撑"的城市体检成果。该成果将应用于城市更新行动、专项整治工作及相关部门工作中，初步形成"评价—反馈—治理"的闭环式城市体检工作模式（图2.1）。

2.2.2　城市体检工作组织

1）构建基础指标体系

以住房城乡建设部城市体检评估指标体系为基础，结合国家、省、市有关标准与文件要求，结合城市特色，整体优化指标体系，聚焦城市发展目标，选取特色指标，对这些指标进一步深化、优化、细化，最终形

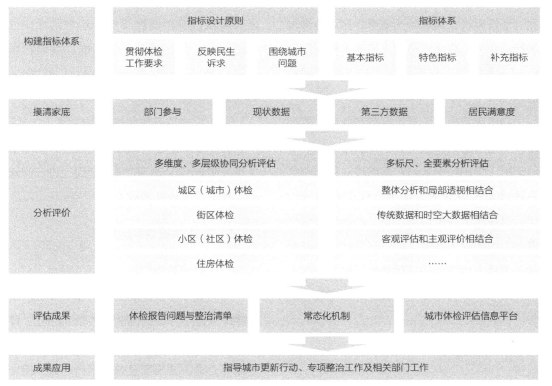

图2.1　城市体检技术路线图

成一套完整的基础指标体系。

2）数据采集、现场调研

（1）住房、小区（社区）、街区、城区（城市）数据采集，现场调研

根据体检评估指标体系，分别从住房、小区（社区）、街区、城区（城市）四个维度确定指标数据采集来源，并把各项指标的数据采集任务分解至相关统计单元，利用微信小程序等进行数据采集、现场调研，准确汇总基础数据。

（2）体检数据填报

明确指标计算所需数据、来源和责任部门。数据来源包括统计数据、政府各部门行业数据，以及调查数据、互联网大数据、遥感数据、LBS位置大数据、"12345"市民服务热线数据等。按照统一的填报形式、深度、定性以及定量评价的要求，推进数据采集标准化、模块化，提高采集效率和质量。

（3）社会满意度调查工作（居民问卷抽样调查工作）

开展居民社会满意度调查和社区问卷调查。综合考虑人口密度分布、城市地形等多种因素，采用线下调查和网络投放相结合的方式同步开展调查，加强现代信息技术应用，可在本地政务服务App、本地主流网络媒体上投放调查问卷。广泛开展社会满意度调查，从人民群众的主观感受反映城市的人居环境水平，务必使问卷调查结果客观、真实、有效。

3）问题诊断

采用标准比对、横向比较、纵向趋势分析等方法，结合调研座谈和社会满意度调查结果，对城市体检评估结果客观评价，识别存在的问题和短板，深入分析问题产生原因，提出治理措施建议。各地可邀请相关领域专家和行业部门参与会诊，广泛征求意见，加强对体检结果梳理研判，加大重大事项的沟通对接。

4）形成体检报告

（1）形成城市体检报告初稿

结合城市体检指标分析以及问卷调查结果，对照国家标准、政策要求、行业规范、相关规划以及对标城市情况，完成城市体检报告。体检报告要对城市体检指标数据进行全面、客观的分析评价，找出城市发展的弱项、短板，厘清阻碍城市发展的"症结"所在；客观分析评价城市人居环境建设、城市发展和城市规划管理中存在的问题，提出相应"城市病"治理对策建议，谋划下一年度城市更新行动计划，并征求相关部门意见。

（2）报告审查与修改完善阶段

召开专家论证会和部门交流会，听取相关专家和政府各部门的意见建议，进一步修改完善自检报告并完成上报。

5）城市体检成果运用

（1）确定整治目标

针对城市体检发现的城市发展和城市规划建设管理中存在的问题和短板，建立"体检+治病"的系统性计划安排，分别制定整治目标，确保城市安全有序运行，健康持续发展。

（2）制定工作任务

结合城市体检工作进展及阶段性成果，重点围绕城市空间开发、基础设施承载、公共服务提升、历史文化保护利用、污染防治、城市更新等方面，对城市规划建设管理工作中存在的问题和短板进行及时反馈和修正，制定有针对性的"城市病"治疗计划，为下一年度城市健康发展提供解决问题的思路，将治病计划具体措施纳入城市重点工作和专项治理工作体系中。

（3）建立长效机制

逐步形成"一年一体检、五年一评估"的城市体检长效机制，充分发挥城市体检工作对促进城市高质量发展的推动作用，实现人民群众满意度不断提升。

6）城市体检评估信息平台建设

运用新一代信息技术，加快建设城市体检评估管理信息平台，实现与国家级城市体检评估管理信息平台对接。加强城市体检评估数据汇集、综合分析、监测预警和工作调度，建立"发现问题—整改问题—巩固提升"联动工作机制，鼓励开发与城市更新相衔接的业务场景应用。

2.3 城市体检关键技术

2.3.1 构建符合城市更新片区特色的指标体系

随着我国生态文明建设的不断堆进，"绿水青山就是金山银山"的理念日益深入人心。我国从2010年开始，先后启动各类低碳试点工作，推动落实我国政府所承诺的二氧化碳排放强度下降目标。通过以点带面的政策示范效应，充分调动了各方面低碳发展的积极性、主动性和创造性，为"双碳"目标的实现注入强大动力。

城市体检指标体系的构成就是对城市有机体进行生命体征构成要素及评价标准的设计，并对其进行定期监测和评价，就像人类体检指标一样，及时发现问题，诊断病因，制定药方，实现健康生长。但体检总是需要指标来衡量的，城市体检的指标体系的设计需要综合考量，要设计有导向、能预警、易收集、可定量的指标体系，既要与城市高质量发展要求相结合，还要细化到土地利用、交通、水、绿化与公共空间等各城市子系统，并参考多方面的城市发展指标，还需要结合城市更新，符合城市更新片区特色。为全面系统评估城市人居环境建设情况，查找城市短板问题，城市体检评估指标体系分为城市体检评估基础指标和地方特色体检指标两部分。

1）基础指标

（1）住房和城乡建设部城市体检基础指标

城市体检工作从2018年开始，2019年住房和城乡建设部选择11个城市组织开展城市体检试点工作，2019年开始到2022年为止，4年的时间中，每年的城市体检指标都不尽相同，指标体系日益完善，响应热点，逐年进行优化。表2.2是对2019—2022年住房和城乡建设部的城市体检指标体系的对比。2019年指标维度有生态宜居、生活舒适、安全韧性、交通便捷、城市特色、社会满意度、多元包容、城市活力；2020年指标维度有生态宜居、健康舒适、安全韧性、交通便捷、风貌特色、整洁有序、多元包容、创新活力；2021年指标维度、2022年指标维度与2020年一致。

梳理2022年城市体检指标体系发现，占比较多的指标是：生态宜居（19项）、健康舒适（12项）、安全韧性（12项）。指标体系还列举了应该达到的具体标准，比如，空气质量优良天数比率的评价标准是应该大于或等于87.5%，社区养老服务设施覆盖率的评价标准是应该大于或等于70%，消除严重影响生产生活秩序的易涝积水点数量比例的评价标准是应该达到100%。

2019—2022年住房和城乡建设部城市体检指标体系对比　　　　表2.2

年份	2019年	2020年	2021年	2022年
指标维度	生态宜居 生活舒适 安全韧性 交通便捷 城市特色 社会满意度 多元包容 城市活力	生态宜居（9） 健康舒适（9） 安全韧性（8） 交通便捷（5） 风貌特色（4） 整洁有序（5） 多元包容（5） 创新活力（5）	生态宜居（15） 健康舒适（9） 安全韧性（7） 交通便捷（7） 风貌特色（6） 整洁有序（6） 多元包容（5） 创新活力（10）	生态宜居（19） 健康舒适（12） 安全韧性（12） 交通便捷（6） 风貌特色（5） 整洁有序（6） 多元包容（5） 创新活力（4）
指标数量	36+N	50+N	65+N	69+N
指标变化	—	优化12项，增加33项，删除18项	优化13项，增加20项，删除17项	—

（2）自然资源部城市体检基础指标

2021年6月，自然资源部发布了《国土空间规划城市体检评估规程》TD/T 1063—2021，将体检评估指标体系划分为安全、创新、协调、绿色、开放、共享6个一级类，23个二级类和122项指标。其中，与城市更新相关的指标共5项，涉及发展模式、绿色低碳两个维度，包括基本指标2项、推荐指标3项（表2.3）。

城市更新相关指标　　　　表2.3

指标	指标维度	指标类型
新增城市更新改造用地面积	发展模式	推荐
存量土地供应比例		基本
批而未供土地处置率		推荐
闲置土地处置率		基本
新建、改建建筑中绿色建筑比例	绿色低碳	推荐

2）特色指标

在城市体检评估基本指标体系基础上，各城市应按照问题导向、目标导向和结果导向，结合国家和区域对城市发展定位、城市发展特色、老百姓关切领域、政府近期推进的重点工作和既往体检评估工作，选择一定数量的特色指标纳入体检指标体系，查找群众急难愁盼问题，监测城市竞争力、承载力和可持续发展能力，并反映城市特色，体现差异化。指标选择可参考国内外相关城市评估指标体系，应具有针对性，能够反映工作成效，以强化评估指标的指引作用。同时应充分考虑到城市的地理、战略地位、社会经济发展阶段的差异，并制定合理的评价标准。

（1）特色指标选取方法

①结合城市特色，整体优化指标体系

每座城市的起源与发展都具有一定特色，城市本身所独具的特色，具有唯一性。

根据城市特点，对指标体系进行整体优化。城市特色主要包括其地理位置、科技水平、发展定位、获奖等情况。例如，锡林浩特市是锡林郭勒盟盟府所在地，是我国向北开放的重要桥头堡，是中国马都核心区、草原特色旅游胜地，曾先后荣获全国科技先进市、中国优秀旅游城市、国家卫生城市、国家园林城市、全区文明城市、自治区级全域旅游示范区等称号，因此锡林浩特选取的城市体检特色指标有城市蓝绿空间占比、社区垃圾分类覆盖率、城镇清洁取暖率等指标。

②聚焦城市发展目标，选取特色指标

根据城市性质、近期或远期发展目标、近期举办的重要活动等，选取特色指标。例如，桂林市是世界级旅游城市，国家历史文化名城，中国山水宜居之都，重要的旅游、交通、文化和创新中心，桂林市的目标愿景为世界级旅游城市——山水甲天下的旅游名城，生态宜居的品质生活名城，可持续发展的创新产业高地，开放融合的区域门户枢纽，因此桂林市选取的特色指标有游客构成、游客停留时间等。

③根据建设标准，优化、深化、细化指标

根据建设标准，选择进一步深化、优化、细化的指标作为特色指标，能够更加深入地反映该指标情况。从基础类指标到品质类指标，从数量上有到品质上佳。例如，从幼儿园数量到幼儿园覆盖率，细化了指标。

④运用大数据选取特色指标，深层次反映城市问题

随着大数据、云计算等的快速发展，数据的获取变得越来越容易，且具有动态可持续性，某些从互联网上获得的，且能够深层次反映城市问题的指标，也被选取作为特色指标。例如，绿视率是三维动态衡量环境指标，为城市道路绿化提供了新的方向，百度地图、腾讯地图等地图软件的街景图像成为从人本尺度测度感知的有效数据来源，作为现成的互联网数据，街景图像已被广泛应用于城市绿地研究中。

（2）不同侧重点下的特色指标

城市体检是一个复杂的系统工程，涵盖要素多，涉及不同层级，各层级的体检是有差异的。从地理尺度关系上来看，"城市—城区—街道—社区"存在层层嵌套关系，城

市进行体检，其包含的城区、街道、社区作为城市的重要组成部分，也同样需要进行体检，且体检内容有所差异。从体检模式来看，城市体检不是只停留在查找问题层面，而是以达到根除破解问题的目的而为之，因此城市体检应该遵从自上而下和自内而外相结合的模式，指标选取也会有所体现。从城市体检关注重点来看，城市层级的体检更偏向于探究城市发展方式、城市转型以及城市定位等方面的问题，城区层级则是关注公共服务和功能配套空间布局和功能品质提升的问题，街道和社区层级则侧重关注居民实际生活需求，深入挖掘生活配套和居民生活的问题。从体检目标来看，城市层级侧重于通过指标衡量城市定位和城市规划等方面的执行情况，城区层级则是探究城市层级的发展规划具体落实情况和现有问题，而街道和社区层级则是更多地探究与城市居民相关的生活需求和目标。

①住房维度

2023年1月17日，全国住房和城乡建设工作会议在北京以视频形式召开。会议指出，要大力提高住房品质，为人民群众建设好房子，大力提升物业服务水平，让人民群众生活更方便、更舒心。会议强调，要牢牢抓住让人民群众安居这个基点，以努力让人民群众住上更好的房子为目标，从好房子到好小区，从好小区到好社区，从好社区到好城区，进而把城市规划好、建设好、治理好，努力提升品质、建设好房子。住房和城乡建设部部长倪虹也指出，要努力提升品质、提高住房建设标准，打造"好房子"样板，为老房子"治病"，研究建立房屋体检、养老、保险三项制度，为房屋提供全生命周期安全保障。城市体检住房维度指标可参见表2.4。

住房维度指标　　　　　　　　　　　　　　　　　表2.4

维度	序号	指标项	内容
住房		安全耐久	
	1	存在使用安全隐患的住宅数量（栋）	依托第一次全国自然灾害综合风险普查房屋建筑和市政设施调查数据，对城市住宅安全状况进行初步筛查，查找安全隐患。重点是1980年（含）以前建成且未进行加固的城市住宅，以及1981年至1990年之间建成的城市预制板砌体住宅
	2	存在燃气安全隐患的住宅数量（栋）	查找存在燃气使用橡胶软管等燃气安全隐患问题的既有住宅
	3	存在楼道安全隐患的住宅数量（栋）	查找存在楼梯踏步、扶手、照明、安全护栏等设施损坏、通风井道堵塞、排风烟道堵塞或倒风串味、消防门损坏或无法关闭、消火栓无水、灭火器缺失、安全出口或疏散出口指示灯损坏，以及占用消防楼梯、楼道、管道井堆放杂物等问题的既有住宅
	4	存在围护安全隐患的住宅数量（栋）	查找存在外墙保温材料、装饰材料、悬挂设施、门窗玻璃等破损、脱落等安全风险，以及存在屋顶、外墙、地下室渗漏积水等问题的既有住宅
	5	功能完备	住宅性能不达标的住宅数量（栋）	按照《住宅性能评定标准》GB/T 50362—2022，调查既有住宅中没有厨房、卫生间等基本功能空间的情况；具备条件的，查找既有住宅在采光、通风等性能方面的短板问题
	6		存在管线管道破损的住宅数量（栋）	查找存在给水、排水、供热、供电、通信等管线管道和设施设备老化破损、跑冒滴漏、供给不足、管道堵塞等问题的既有住宅

续表

维度		序号	指标项	内容
住房	功能完备	7	入户水质水压不达标的住宅数量（栋）	查找存在入户水质不满足《生活饮用水卫生标准》GB 5749—2022要求、居民用水水压不足等问题的既有住宅
		8	需要进行适老化改造的住宅数量（栋）	调查建成时未安装电梯的多层住宅中具备加装电梯条件、但尚未加装改造的问题。具备条件的，可按照《无障碍设计规范》GB 50763—2012、既有住宅适老化改造相关标准要求，查找住宅出入口、门厅等公用区域以及住宅户内适老设施建设短板
	绿色智能	9	需要进行节能改造的住宅数量（栋）	按照《城乡建设领域碳达峰实施方案》要求，查找具备节能改造价值但尚未进行节能改造的既有住宅
		10	需要进行数字化改造的住宅数量（栋）	按照住房和城乡建设部等部门发布的《关于加快发展数字家庭提高居住品质的指导意见》要求，查找既有住宅中网络基础设施、安防监测设备、高层住宅烟雾报警器等智能产品设置存在的问题；针对有需要的老年人、残疾人家庭，查找在健康管理、紧急呼叫等智能产品设置方面存在的问题

②完整社区

随着城市体检的进一步深入和细化，城市体检开始向社区这一单元发展。在社区层面，对社区进行体检，发现社区的问题和短板，针对问题进行完善，制定行动计划和项目库，进而落地实施。

社区体检既要紧密对接上位政策与规划理念的指导，又当积极响应自下而上的社区规划与更新需求，因此指标构成上须注重多维导向，支持关于发展水平、效力、公平等不同方面的多元评价。有学者研究并构建形成了面向社区规划和更新的城市社区体检指标体系，包括17个一级指标、55个二级指标；也有学者聚焦社区尺度，针对具体社区的特点和典型问题，对标完整社区的建设目标及建设内容和要求，基于住房和城乡建设部提出的八大评价板块构建了社区级城市体检指标体系（表2.5）。

社区级城市体检指标体系　　　　表2.5

评价板块	一级评价指标	二级评价指标	评价板块	一级评价指标	二级评价指标
生态宜居	生态环境	街区公园绿地服务覆盖率	健康舒适	老年保障	社区便民商业服务设施的数量与覆盖率
		采光较差的巷道长度比例			社区老年服务站的数量与覆盖率
		地面潮湿的巷道比例			社区老年服务站的床位数与老年人口数量比例
	人居环卫	垃圾收集点的数量与覆盖率		健康医疗	社区医疗服务站的数量与覆盖率
		环卫设施的数量与覆盖率			社区医疗服务站的床位数
					人均社区体育场地面积

续表

评价板块	一级评价指标	二级评价指标	评价板块	一级评价指标	二级评价指标
健康舒适	教育配套	普惠性幼儿园覆盖率	风貌特色	街区风貌	特色风貌立面质量较差的立面面积
		幼儿园每千人学位数			历史风貌保存完好的街区面积
		小学覆盖率			历史风貌保存完好的单一成片的最大街区面积
		小学每千人学位数			
安全韧性	设施安全	重要城市管网完好率	整洁有序	街面整洁	街道立杆与空中线路规整率
		街区内涝点密度			建筑立面整洁率
		人均避难场所面积			街道车辆停放有序率
		消防服务点覆盖率			
		街区年安全事故数量	多元包容	群体包容	道路无障碍设施设置率
	居住安全	街区内的危房数量			街区低保人数比例
		街区内的危房面积占街区总建筑面积的比例			街区流动租住人数比例
交通便捷	交通出行便捷	公共交通站点覆盖率			街区老龄化比例
		连续步行道路设施占整体道路数量比例		住房保障	街区公房中人均住房面积低于国家标准的比例
		断头路占整体道路数量比例			街区成套住房占总住房数量比例
	停车设施配置	人均停车面积	创新活力	原有产业状况	街区主要的店铺类型
		住宅停车位数量与街区总户数比例		新兴产业发展	重点街道的特色店铺数量比例
		商办及公共停车位配比			重点街道的创新店铺数量比例
风貌特色	文化特色	万人文化建筑面积			重点街道的流动性店铺数量比例
	历史建筑保护	街区历史建筑挂牌率			片区重点购物场所客流量
		街区历史建筑空置率			品牌档次比例
		街区历史建筑保护修缮率			业态数量
	街区风貌	街区内具有特色风貌的街道长度比例			购物环境体验

资料来源：张乐敏，张若曦，黄宇轩，等. 面向完整社区的城市体检评估指标体系构建与实践［J］. 规划师，2022（3）：45-52.

③绿色低碳

"双碳"目标是我国按照《巴黎协定》规定更新的国家自主贡献强化目标以及面向21世纪中叶的长期温室气体低排放发展战略，表现为二氧化碳排放（广义的碳排放包括所有温室气体）水平由快到慢不断攀升、在年增长率为零的拐点处波动后持续下降，直到人为排放源和吸收汇相抵。从碳达峰到碳中和的过程就是经济增长与二氧化碳排放从相对脱钩走向绝对脱钩的过程。

科学评价低碳试点城市的绿色创新水平，分析绿色创新效率的变化特征及关键影响因素，探讨驱动试点城市绿色创新效率提升的多种路径，对于推动"双碳"目标的实现以及城市经济健康可持续发展具有重大意义。有学者研究并构建形成了面向低碳试点城市的城市绿色创新效率评价指标体系（表2.6）。

绿色创新效率评价指标体系　　表2.6

指标名称	指标说明	指标类别
科学研究和技术服务业从业人员数（人）	人力投入	投入指标
科学技术支出（万元）	资金投入	
全社会用电量（万kW·h）	能源投入	
专利授权量（件）	期望产出	产出指标
地区生产总值（万元）		
绿地面积（hm²）		
工业废水排放量（万t）	非期望产出	
工业烟粉尘排放量（t）		
工业二氧化硫排放量（t）		

2.3.2　形成丰富多元的数据采集

城市体检评估指标体系需要获取大量城市数据。城市数据是城市运行和技术发展相结合的产物，是认知城市的基础和城市更新的依据，包括以人口普查、经济普查、部门统计等为代表的非空间数据和以道路交通、土地利用、宗地地籍、POI数据、点评数据等为代表的空间数据。在城市体检中，指标分析数据大多以部门统计数据为基础，结合大数据、遥感、实地走访和问卷调查等多元数据相互比对，能够提高指标分析数据的准确性和计算精确性。同一指标可能有不同数据来源，指标结果可交叉验证。通过多维度收集数据，提高数据收集效率，提高城市体检效率。

城市体检中的数据可分为传统数据和新数据。

1）传统数据（表2.7）

传统数据类型及描述表

表2.7

数据类型	数据描述
政务数据	主要包括政府负债率、新增中小微企业数量、新增个体工商户数量等
规划数据	主要包括各期城市规划文本及图集等
统计数据	包括国内生产总值、单位二氧化碳排放量、研发经费支出、小学生入学率等
专项上报数据	主要包括普惠幼儿园、社区卫生服务中心门诊分担率、建筑类文化类获奖情况等
实地采集与调研数据	主要包括菜店、占道经营、路边停车、无障碍设施、立杆和空中线路规整性等
社会满意度调查	社会满意度调查是城市居民对城市客观体检指标的主观判断和评价，提升体检工作成果的科学性和目标性，促进"自上而下"专业诊断和"自下而上"百姓建言献策有机对接，从而达到改善区域人居环境和服务民生的目的

2）新数据

（1）遥感数据

高分辨率的光学遥感数据可以用于遥感解译，识别各类地物并量算面积，可用于计算相关的体检指标，例如公园绿化活动场地服务半径覆盖率（%）、绿道服务半径覆盖率（%）和城市道路网密度（km/km^2）等指标。

多时相的遥感数据可用于变化监测，计算得到相关的体检指标，例如擅自拆除历史文化街区内建筑物、构筑物的数量（栋）等指标。

夜间灯光遥感数据也可以用于计算文化和旅游夜间消费集聚区密度等指标。

（2）互联网大数据

高德地图、百度地图、腾讯地图等服务商提供的Web服务API接口，可以实现地点搜索、地理编码、路况查询等功能。其中地点搜索可以获取行政区各类地物的POI数据（名称、经纬度、所属类别），地理编码可以实现根据地名获取经纬度，对一些与城市基础设施相关的指标计算非常有帮助，例如城市消防站服务半径覆盖率（%）和中学服务半径覆盖率（%）等。路况查询功能可以查询指定道路或区域的实时拥堵情况和拥堵趋势，对于计算城市高峰期机动车平均速度（km/h）等指标有帮助。

借助腾讯大数据可以获得常住和客流人口的信息，可用于分析人群的出行偏好、消费水平、职住信息等，对于城市体检中的基础设施分析有帮助。

百度地图、腾讯地图等提供的街景图像，可结合机器学习、深度学习模型等方法用于计算绿视率等指标。

（3）电子问卷、微信小程序调查数据

采用"问卷星"等创建电子调查问卷和居民满意度调查问卷，弥补纸质调查问卷流通性差的问题，扩大调研范围。

利用城市体检调研相关微信小程序分别从住房、小区/社区、街区维度进行表单填写，可以实现具体问题点位地图打标、问题现场照片上传、要素文本描述等，可极大地

提高调研人员的工作效率，而且提供的城市体检调研工作管理后台还可以实现调研汇总表自动生成，问题清单成果自动生成。

2.3.3　进行多标尺多维度的科学解读

1）多维度、多层级协同的城市体检评估体系

基于自上而下和自下而上相结合的视角，构建"城区（城市）—街区—小区（社区）—住房"多维度、多层级的指标体系、数据来源、评价方法和工作机制组成的工作框架。

（1）城区（城市）体检：战略引领，把握城市整体运行状态

城区（城市）级体检具有战略性，着重于城市发展目标的实施评估与城市整体运行状态评价，其体检结果主要为城市的年度发展方向提供科学依据，是政府治理工作的重要环节。

指标体系在住房和城乡建设部下发的基本指标基础上，增加基于城市发展目标制定的特色指标。数据来源以政府部门统计数据为主，多源大数据加以辅助与补充。评价体系采用多维度的综合评价框架，以"规划目标""示范标准"为目标值，以"行业标准""历年数据"为约束值，结合"问卷调查"与"城市对标"对城市体检指标进行综合评估。通过如上方法体系构成的城区（城市）体检，甄别城市问题板块，支撑城市近年来的发展计划，明确城市近年建设和改造重点。

（2）街区体检：突出特点，结合各街区定位上传下达

街区体检具有传导性，着重于区域差异的横向比较，其体检结果为制定各街区问题治理清单、有效地将城市发展战略传导至小区（社区）提供有力保障。

指标体系宜在城区（城市）级体检结果的基础上，深化"基本指标+特色指标"的指标体系，设置适合横向比较的基本指标，明确依据街区发展目标和问题制定的特色指标。数据来源宜采用多源数据，政府部门统计数据和网络大数据相互校核、补充。评价方法应在城区（城市）级体检多维综合评价方法的基础上，增加街区横向对比的维度。通过如上方法体系构成的街区体检，甄别街区城市问题，制定街区治理策略，向小区（社区）传导评估重点。

（3）小区（社区）体检：聚焦实施，紧密联动城市治理行动

小区（社区）体检具有实施性，着重于民情民意的传达反馈，其体检结果为甄别城市病灶点、对接城市治理行动提供精细化支撑。

指标体系宜在街区体检结果的基础上，设置高精度的微观指标。数据来源宜结合多源的高精度数据，包括深入小区（社区）的满意度调查数据和实地踏勘的其他调查数据。评价方法宜在城区（城市）体检、街区体检多维综合评价方法的基础上，增加小区（社区）、网格尺度的空间可视化等维度，采用主客观结合的方式，对微观问题进行全面诊断。通过如上方法体系构成的小区（社区）体检，甄别城市问题的空间单元，制定城市治理项目清单，推动老旧小区有机更新。

（4）住房体检：专项体检，结合城市更新工作

住房体检具有针对性，主要检查房屋的结构和材料问题，如混凝土墙和结构寿命、

钢筋质量等，这些问题会影响到房屋的安全性和耐久性。同时，住房体检还可以检查管道和电路等设施的安全性情况，避免潜在的安全隐患。通过住房专项体检，消除住房安全隐患。

2）多标尺、全要素的城市体检评估特色

（1）整体分析和局部透视相结合

市级城市体检评估以评价城区（城市）级实施状态为主，按照"分区、分级、分类、分项"思路，分析各类空间要素的规模、结构、布局、效益等情况；同时将关键指标、设施建设和实施任务下沉至街区—小区（社区）—住房，建立面向街区生态的城市中微观尺度体检诊断技术，详细剖析各类要素与设施的布局均衡性、服务基层生活有效性、资源利用高效性，针对某一特定地区（如重点功能区、产业园区、城乡接合部、区域跨界地区），可开展专项问题的深入分析，将全市整体分析和局部透视地区相结合。

（2）传统数据和时空大数据相结合

传统数据具有权威性，时空大数据具有空间统计灵活性、实时性、连续性，甚至唯一性的特点。有效整合多源数据，以空间坐标为基底，结合城区（城市）—街区—小区（社区）—住宅等不同尺度，建立数据空间标准化和多尺度融合处理算法，汇入基础信息库。从数据空间尺度关联、多维统一口径、时序连贯可比等方面，对国土空间法定数据、统计调查数据和时空大数据实现有效融合，深化完善多标尺、多维度的数据融合关键技术。通过多源数据相互比照、相互校验，可以对同一个问题进行更为综合客观的

分析，使体检评估结论更具有权威性，如分析人口规模，可以用统计数据、手机信令数据，以及居民用水、用电数据进行综合判断。又如北京利用"12345"市民服务热线数据，分析可知市民关注的问题主要集中在停车管理、违法建设治理、物业管理等方面，反映出重建设轻管理、管理代替治理、基层治理能力弱等问题。

（3）单要素特征描述和多要素交叉分析相结合

城市发展中的问题相互关联、互为因果，对单一要素的趋势性分析往往不能做出科学全面的判断，考虑要素之间的互动关系、匹配性、协调性更为重要，通过"人、房、地、产、业、绿、水、能、流、钱"等多要素交叉分析，深入挖掘城市发展中面临的不平衡、不协调和不可持续的问题及其原因。例如北京中心城区人口疏解减少的同时，就业持续增长，"一减一增"带来职住结构的进一步失衡和更多的跨区域通勤，需要提出预警并采取对策，因此对结构的关注比单一要素规模本身更重要。又如北京在减量发展的同时，实现人均、地均、房均效益的"三升"，这充分说明以前靠要素投放，通过增加人口、土地和住房规模发展的模式转变为更多依靠创新驱动，城市发展质量明显提升，契合《北京城市总体规划（2016年—2035年）》提出的科技创新中心的目标定位。

（4）纵向历史分析和横向城市比较相结合

城市体检评估指标和发展特征分析基于历史维度、横向比较和发展阶段，以有利于准确评价城市发展状态。年度体检以评价一年的变化为主，但针对一些基础性要素的分

析，可以观察更长时间的周期的变化，如北京在全国人口老龄化和外来人口规模（以年轻劳动力为主）减少的双重背景下，常住人口年龄结构快速老化，需要警惕并反馈人口政策的制定。在横向城市比较方面，选择在城市规模、性质等方面相近的城市之间开展比较研究，并考虑不同的发展阶段和政策、文化环境，如北京在选择对标城市时，国内的上海，国外的东京、巴黎、纽约、伦敦等人口在2000万人以上或功能高度复合的大都市常常是比较的对象。

（5）案例解析和实施环境分析相结合

城市体检过程中除了全局数据分析外，更需要针对体检评估中反映出的一些涉及面广、难度大、需要大力改革创新的领域进行典型案例解析，挖掘问题背后的机理，寻求解决问题的深层路径。如当前北京每年投放存量用地超过50%，存量更新主要集中在历史文化街区平房修缮、老旧小区改造、老工业厂区和老旧楼宇更新等四种类型。通过典型案例的全流程分析，存量更新的瓶颈主要体现在制定政策、标准规范和审批流程上，利用城市体检工作平台上报，推动建立市级协调机制和有关政策的出台。

（6）客观评估和主观评价相结合

将梳理分析的客观评估结论与市民切身的主观感受相比照，找到契合点和差异点，修正体检结论，体现人本关怀。例如北京城市体检中针对22个重点社区，对比满意度调查的主观评价分值排名和基于大数据的客观评估分值排名，发现存在一部分客观评估尚可、主观满意度不佳的现象，凸显出部分地区、部分领域的治理投入并未切中市民真

实需求，无法带来可感知的获得感。通过这种主客观比较分析，掌握居民需求和城市治理之间的匹配度，研究提升规划建设服务居民实际需求的能力。

2.3.4　制定可操作可实施的城市更新行动方案

根据问题清单和资源清单、需求和愿景清单、策略和政策清单，综合考虑居民需求紧迫度、产权主体意愿、实施难易程度等，合理安排时序，统筹生成城市更新任务清单、项目清单。

整体策划编制城市更新行动方案，确定实施主体、实施模式、实施路径、实施时序，以项目为抓手推动更新行动。聚焦平房区、老旧小区、老旧厂房、老旧楼宇、危旧楼房和简易楼等存量建筑资源，统筹各方意见，深化研究包括物业权利人与实施主体、实施范围、边界与规模、投资额与资金来源、进度安排等要素在内的更新项目实施方案。

在城市更新实施项目中要充分发挥市场机制作用，切实算好城市更新资金账、讲清城市更新收益账，特别是给群众带来的收益，充分调动各方参与积极性，畅通社会资本参与路径，鼓励资信实力强的企业和主体积极参与城市更新，深化微利可持续和成本分担机制，形成多元化更新模式。

1）多维度制定城市更新行动

作为一项综合性、全局性的系统工程，城市更新行动的选择应坚持系统思维，既要问题导向，聚焦解决城市面临的突出问题，

也要目标导向,积极响应城市发展的战略需求,主动谋划城市新的经济增长点,更要实施导向,保障项目落地实施。城市更新行动的选择可以从增强城市安全韧性、改善人居环境、提升城市功能、塑造特色风貌、增加发展动能、优化城市结构等角度出发,重点关注一个或多个领域的问题,综合考虑整体推进。

（1）增强城市安全韧性

城市更新项目的选择要筑牢安全底线,重点关注既有建筑安全隐患、市政基础设施补短板、城市生态空间修复等方面,根据城市发展过程中存在的隐患和风险,甄别既有建筑、基础设施和城市生态空间中的薄弱环节实施更新,保障城市风险防控和安全运行,不断增强人民群众的获得感、幸福感、安全感。

（2）聚焦人居环境改善

城市更新项目的选择要顺应人民群众对美好环境与幸福生活的新期待,聚焦住区配套基础设施补足、公共服务设施完善、空间环境品质提升等方面,充分了解社区群众"急难愁盼"的突出问题,因地制宜地确定更新改造的重点,积极推进住区和街区一体化联动改造,为人民群众创造高品质舒适宜居的生活空间。

（3）推动城市功能提升

城市更新是城市功能提升的重要手段,城市更新项目的选择应聚焦产城融合、产业转型升级、新业态和新活力植入等方面,把握城市发展对城市功能与空间利用的需求,寻找提质增效、发展新经济的潜力地区实施更新项目,推动低效产业用地盘活利用和低效商业商务空间优化改造,助力实现城市高质量、可持续发展。

（4）关注特色风貌塑造

城市更新项目的选择要关注城市特色的塑造和文化魅力的彰显,从保护和传承城市山水格局、保护和利用历史文化空间、加强景观空间的有机串联等方面,选择城市特色风貌关键区域与节点实施城市更新,打造"主客共享"的品质场所和文化空间的同时,破解城市特色不显和"千城一面"的困境。

（5）加速发展动能提升

城市更新是城市实现高质量发展的重要路径,要从低效产业用地的活力提升、适度超前布局"新基建"、新城建助力智慧化管理等角度,主动谋划一系列城市更新发展型项目来转变发展方式,释放城市发展潜力,培育发展新动能,加速发展新赛道,推动城市长期健康发展。

（6）助力城市结构优化

城市更新要坚持系统思维,强调对城市结构的系统、整体性调整,重点关注区域功能结构、城市空间和建筑布局等方面,助力解决城市公共服务分配不均、职住不平衡等问题,通过辨识城市空间和功能结构优化选择更新项目,推动城市经济、社会、环境的协调发展。

2）多方法选择城市更新行动

从自上而下和自下而上两个视角,综合选择城市更新项目。自上而下包括呼应目标要求,落实城市战略重点,开展综合评估,辨析城市问题短板,从总体需求和问题短板两个方面选择。自下而上包括开展社会调查,识别群众急难愁盼,依托大数据分析,锁定重点需求趋势,以及产权主体自主更新,从直观民意、客观趋势和主体意愿等方面选择。

（1）自上而下：呼应目标要求，落实城市战略重点

当前城市发展进入存量转型时代，更新项目的选择首先要呼应城市整体发展目标，通过辨识城市发展战略调整带来的更新需求，从优化区域功能布局、完善城市空间结构、促进地区综合发展、推动产业转型升级、提升城市文化软实力和城市魅力、提高城市能级与核心竞争力角度，明确需要推进城市更新的地区。

（2）自上而下：开展综合评估，辨析城市问题短板

系统梳理在城市功能、配套设施、空间品质、城市交通、生态环境、安全韧性等方面存在的问题和短板，精准识别低效闲置以及不符合城市发展要求的潜力空间，提出有针对性的更新措施和计划，着力解决"城市病"等突出问题。

（3）自下而上：开展社会调查，识别群众急难愁盼

开展社会公众意愿调查，系统评估居民满意度和更新需求，聚焦补齐民生设施短板、消除健康安全隐患、促进社会公平正义，以补短板、惠民生、增活力为更新重点，集中力量解决群众急难愁盼问题和诉求，努力为人民群众创造高品质生活空间，不断满足人民群众日益增长的美好生活需要。

（4）自下而上：大数据辨析需求，产权主体自主更新

来自网络地图、社交媒体、泛在式设备、移动运营商等与城市相关的数字信息急剧增加，在更广泛的时空维度上提供了客观数据依据。城市更新中可利用大数据更加客观地辨析人群需求趋势，通过利用来自物联网和互联网的大数据，以及以机器学习为代表的人工智能技术加深对市民时空行为的理解，充分感知人的需求，摸清城市运行底数，制定针对性的城市更新项目清单。同时，随着共治意识的建立，产权主体也会自发形成一些更新项目。

3）"双碳"目标下的城市更新行动

（1）推广绿色能源

在城市更新地区大力推广光伏太阳能、储能设备应用，推动可再生能源利用，优化城市更新片区能源结构，实现污染能源的逐步替代，提升能源利用效率，推动碳达峰、碳中和在城市更新地区落地实施。

（2）发展绿色产业

以绿色发展为导向，加强城市更新地区产业结构调整，强化产业准入标准，大力发展环境友好型、资源节约型和效益优良型的绿色产业，通过发展绿色制造以及循环经济，构建绿色产业体系。

（3）普及绿色建筑

通过制定更新标准与技术规范，鼓励采用装配式建筑、推动建筑废弃物综合利用、提高土石方平衡水平、提升城市"海绵体"的规模和质量等多种低碳生态技术，以不同的更新方式推行不同的低碳更新要求，积极推动绿色低碳更新。鼓励市场开发单位开展绿建与低碳更新试点，全过程贯彻低碳化的更新理念，发展低碳园区、建设低碳社区。

（4）实施绿色交通战略

以更新为契机，大力推广新能源交通系统，促进相关配套基础设施建设，提升可再生能源交通工具的占比；结合各片区实际，

发展地下与空中等集约化轨道交通系统，构建绿色交通网络。

（5）推行绿色生活方式

引导鼓励公众自觉践行绿色生活方式，开展创建节约型机关、绿色家庭、绿色学校、绿色社区等宣传活动，建设配套环境设施，推动绿色消费，践行绿色发展。

2.3.5 建立可监测的智慧化监督系统

1）背景和意义

传统的线下的数据收集、计算，获取渠道单一，数据更新复杂，已不能满足城市动态发展的需要，在这种背景下，城市体检评估信息平台应运而生。集成式信息系统能为城市体检工作的高效推进提供有力支撑。通过打造集"数据采集、动态更新、分析评估、预警治理"功能于一体的综合性城市体检平台，可以有效实现在线联动填报数据和指标实时计算。以各部门数据为基础，构建城市体检"一张图"，分层分级展示体检结果。城市体检评估信息平台是全链条、全系统、全生命周期、全流程的深度体检，注重对城市规划建设管理提供全流程的支撑，建立"查症状、找病因、开处方、管长效"的工作机制，实现城市体检到城市更新的良性循环，是可监测的智慧化监督系统。

建立城市体检评估信息平台，能够为城市体检工作提供重要抓手，平台建设具有以下意义。

（1）实现城市管理"一盘棋"

城市体检评估信息平台建设已成为住房城乡建设部推动城市治理水平的重要工作手段，实现城市各部门"横向"协调互动与"纵向"城市体检事件的联动，形成"房子—小区—街道—城区"的贯穿。

（2）提高城市体检工作的科学性

通过城市运行状态监测、城市问题诊断分析，辅助决策支持方案进行实时监测、分析，对城市的各个方面实现"认知—感知—治理"的不断深化，结合大数据、人工智能、手机信令等先进技术手段，为城市治理能力的提升提供科学依据。

（3）让城市体检工作更加智能便捷

通过转变传统人工体检的方式，大大提升了工作效率，平台可自动生成体检值等内容，及时掌握城市动态和发展规律，为城市健康发展提供科学的解决方案。

城市是一个复杂系统，通过建立城市体检评估信息平台，围绕城市建设管理建立监测、评价、反馈、修正的智慧化平台，可为城市精细化管理提供保障，让城市体检工作更加便捷。

（4）全面把握城市的状态

城市的变化是动态的、多维的，城市的人口、经济、环境、用地、交通和基础设施等子系统既高度复杂，又相互关联，还处在永恒的变化状态，规划师和决策者必须首先正确认识所要研究的城市、深入把握其内在联系，才有可能准确辨析规划或政策对城市的全面影响。而评估平台是理解复杂的城市人口、经济、环境、土地使用、交通和基础设施等相互关联性的基础。

（5）提供有价值的分析预测和模拟信息

城市体检评估信息平台可以为决策者和规划师提供有效的辅助决策信息，用以预测交通设施和市政基础设施对城市用地的影响，也可以用来预测有关规划对城市社会、经济及环境的长期影响，从而推动城市规划编制、决策和实施管理水平的提高。

城市体检评估信息平台也是对城市的发展进行长期监测的工具。城市的发展是由大量的、不同主体的分散开发行为所构成的，城市处在永恒的变化状态之中。因此，需要进行长期的、连续的监测和评估，这正是城市体检评估信息平台所擅长的。

2）系统架构（图2.2）

（1）基础层

基础层包括底层CIM平台和信息化基础设施。信息化基础设施包含数据存储、网络传输、服务中间件等系统需要的软硬件资源。

（2）数据层

数据层包括体检业务数据库、体检指标库、指标计算模型库等。平台汇总集成了规划实施数据（经济社会发展统计数据、各部门各区报送数据等）、建设管理数据（城市建设现状数据、各级规划和审批数据等）、地理信息数据（基础测绘、地理国情普查等）、城市运行大数据（交通流量、灯光遥感、公交刷卡、手机信令等）。数据监测系统汇集数据层综合收集到的基础数据，对城市各领域管理和运行现状进行动态监测和实时运算更新。

图2.2　城市体检平台系统架构图

（3）功能层

功能层包含首页、一张图、指标管理、体检中心四大模块。首页展示了指标概览，显示城市体检各个指标值及指标变化；一张图汇聚了各类业务数据；体检中心以体检任务为中心，进行专项体检和总体体检。

（4）用户层

平台用户层主要面向政府部门提供数据采集、展示等功能，面向公众主要进行社会满意度调查。

3）系统主要功能

（1）数据采集

针对城市内部各职能部门报送的相关数据，实现城市体检评估数据的采集。

（2）体征分析

对城市体检评估的结果进行全方位分析，查看城市的诊断分析结果。可以进行指标总览分析，即围绕城市体检评估指标体系，对城市诊断分析结果以地图、图表、数据列表形式进行可视化展示。还可以根据不同年份的指标数据进行趋势分析，同对标城市进行指标的对比分析等。分析内容包括指标值、标准值、对标说明，以及指标相关的空间要素数据。

（3）监测预警

利用人工智能、大数据、物联网、GIS、遥感等信息化技术，智能监测跟踪城市体征，当超出标准值一定范围时进行警示。通过指标值与指标标准值的对比，进行监测预警，并推送监测预警结果。

（4）问题诊断

通过关联指标的综合分析，诊断城市问题。对城市体检评估指标相关的空间数据、非空间数据的综合分析，按照"城市—区县—街道—社区"逐层下钻，查找问题，查看城市年度问题清单，指明问题的严重等级。

（5）智能计算

利用城市体检评估大数据中心汇聚的数据资源，围绕城市体检评估指标体系，建立集成GIS空间分析的指标模型，并自动完成指标值的计算，查找城市存在的问题。进行数据汇聚、数据治理、数据分析、数据挖掘与预警的全过程智能数据管理，提供完善的城市级平台数据更新机制。

（6）数据管理

实现城市级平台各类数据资源的浏览、查询、统计，管理数据交换接口的使用情况。提供数据资源目录，实现基础数据、体检评估数据、专项数据的浏览、查询与下载操作；进行空间计算与分析统计，并输出结果；提供数据交换接口的管理功能，记录接口的使用情况。

（7）指标管理

对城市体检评估指标体系及指标项进行动态维护。创建、修改、查阅指标体系；维护指标项的对标值、对标来源、指标解释等信息；根据每年变化的指标体系动态生成当年的指标表。

（8）系统管理

实现平台用户管理、权限管理、密码管理等功能。

第 3 章

公共空间类绿色低碳更新技术

- 绿色空间更新技术

- 滨水空间更新技术

- 慢行系统更新技术

- 历史文化风貌传承

美国学者简·雅各布斯认为"城市最基本的特征是人的活动"。人的活动总是沿着一定线路进行的，城市的公共空间是一个城市中最富有活力的地方。城市公共空间是指由城市中的建筑物、构筑物、树木、室外分隔墙等垂直界面和地面、水面等水平界面围合，由环境小品、使用元素等组合而成的城市空间。它们是从大自然中分隔出来的、具有一定限度性的、为人们城市生活使用的空间❶。

狭义的公共空间主要包括以城市绿地为主的绿色空间、滨水空间、慢行系统等；广义的公共空间扩展到公共设施用地的空间，例如城市商业区、历史文化街区、城市中心等❷。公共空间要素按照自然和人工性质可分为自然空间要素和人工空间要素。自然空间要素包括自然景观、河湖水系、山地、林带、绿地等；人工空间要素包括广场、街道、公园、巷弄、庭院、休憩和娱乐设施❸，是城市人文环境气氛形成的基础。公共空间按照功能可划为游憩型公共空间、居住型公共空间、工作型公共空间和交通型公共空间。

城市公共空间要能够满足人们日常生活中对集体活动的需求，能够为人们提供娱乐和休息的场所；要保证各项基础设施的完善，能够为人们提供较大的便利；同时城市公共空间设计还要融入城市特征，打造具有城市文化特色的建筑。随着我国城市建设进入新时期，城市公共空间的重要性越来越突出。好的公共空间一般具备独特性、连续性与封闭性、吸引力、易达性、可识别性、适应性和多样性等特征，这些特征都与人的实际感受发生关联，并非能够"客观地"展现自身。换言之，公共空间因人的活动而获得意义，这种意义不仅是人与场所的功能有效地发生关系，还是人的情感释放、交流与认同的需要。因此，公共空间的营建要遵从人的活动规律、行为特点、普遍感受和实际需要，不能强加于人，更不能让人削足适履❹。

城市更新中的公共空间，主要包含绿色空间、滨水空间、慢行系统以及历史文化风貌传承空间等。其中绿色空间又包含城市绿地、绿色廊道及立体空间绿化等公共空间。

3.1　绿色空间更新技术

城市是一种以人类活动为基础的"社会—经济—自然"复合型生态系统，其中绿色空间是整个城市复合生态系统的主要组成部分❺。从景观构成的角度来看，城市绿色空间广义上泛指在城市环境中存在的任何植被所在的空间，包括存在于建筑之

---

❶ 路阳. 城市综合体与城市公共空间的融合［J］. 建筑知识：学术刊，2014（B03）：29-30.
❷ 刘亚琴. 城市基础设施与公共空间及其活动的关联性研究——以武汉长江大桥为例［D］. 武汉：华中科技大学，2017.
❸ 李青青. 城市公共空间复合化发展研究［D］. 广州：华南理工大学，2009.
❹ 杨保军. 城市公共空间的失落与新生［J］. 城市规划学刊，2006（6）：9-15.
❺ 王如松. 转型期城市生态学前沿研究进展［J］. 生态学报，2000（5）：830-840.

外的用于聚会的场所，这些场所为市民提供了互相交流、休闲游憩的空间，也为自然界的物种提供了生境，维护了城市生物多样性。

3.1.1　绿色空间功能

城市绿色空间具有重要的生态服务功能。绿色空间的生态服务功能是指绿色空间为维持城市人类活动和居民身心健康提供物态和心态产品、环境资源和生态公益。它在一定范围内为人类社会提供的产出构成生态服务功效。主要包括：①净化环境，包括净化空气、水体、土壤，吸收二氧化碳，生产氧气，杀死细菌，阻滞尘土，降低噪声等；②调节小气候，调节空气的温度和湿度，改变风速风向；③涵养水源，助力雨水渗透、保持水土等；④土壤活化和养分循环；⑤维持生物多样性；⑥景观功能，组织城市的空间格局；⑦休闲、文化和教育功能；⑧社会功能，维护人们的身心健康，加强人们的沟通，稳定人际关系；⑨防护和减灾功能，抵御大风、地震等自然灾害[1]。

3.1.2　绿色空间的类型和内容

绿地是城市生态系统的重要组成部分，对于改善城市环境、提升居民生活质量具有重要意义。传统的城市绿地指城市中的绿地、水域和建筑物上的自然或人工植被覆盖

区域，包括公园、广场、湖泊、绿化带等。城市绿色空间与传统的城市绿地概念不同在于：城市绿色空间既可以是公园、廊道、自然保护区等已开发利用的具体场所，也可以是待开发利用的绿地空间。它是一类以土壤为基质、以植被为主体、以人类干扰为特征，并与微生物和动物群落协同共生的人工或自然生态系统，是由园林绿地、城市森林、立体空间绿化、都市农田和绿色廊道等构成的绿色网络系统。城市绿色空间不只是一种花香鸟语、绿荫林茂的形态绿地，而且是一种乔木、灌木、草本植物合理布局，结构、功能过程和谐的系统绿地，是一种技术、体制、行为配套，以及竞争、共生、自生功能完善的机制绿地[2]。

城市更新中主要涉及的绿色空间为城市绿地、绿色廊道、立体绿化等类型。

1）城市绿地

城市绿地作为城市的重要空间组成部分，承担城市生态、景观、休闲等重要作用。在城市更新片区构建城市生产、生活、生态空间的工作中，保留生态用地和城市绿地，是保障城市健康可持续发展，以及营造宜居环境的根本。城市绿地所具备的遮阴、降温、增湿、调节风速和缓解城市热岛效应等功能为城市居民提供舒适性保障。城市绿地的布局，除影响城市风貌外，还对公共空间的布置和市民日常休憩产生影响。

---

❶ 李锋，王如松. 城市绿色空间建设的内涵与存在的问题［J］. 中国城市林业，2004，2（5）：4-8.

❷ 李锋，王如松，Juergen Paulussen. 北京市绿色空间生态概念规划研究［J］. 城市规划学刊，2004（4）：61-64，96.

按照《风景园林基本术语标准》CJJ/T 91—2017，城市绿地分为公园绿地、防护绿地、广场绿地、附属绿地和区域绿地。

（1）公园绿地

《风景园林基本术语标准》CJJ/T 91—2017对公园绿地的定义为：向公众开放，以游憩为主要功能，兼具生态、景观、文教和应急避险等功能，有一定游憩和服务设施的绿地。公园绿地包括综合公园、社区公园、专类公园和游园。

公园绿地作为城市范围内专门规划建设的绿地，是供民众公平享受的绿色福利，具有开放共享、供人观赏游憩、娱乐、健身、交友等主要功能，同时兼具美化环境、改善生态、传承文化、科普教育、城市防灾减灾等作用，是现代城市建设中不可或缺的一部分。

《中华人民共和国城市绿化条例》第九条规定："城市绿化规划应当从实际出发，根据城市发展需要，合理安排同城市人口和城市面积相适应的城市绿化用地面积。"《住房和城乡建设部关于印发国家园林城市申报与评选管理办法的通知》（建城〔2022〕2号）中"国家园林城市评选标准"规定：国家生态园林城市，人均公园绿地面积不低于14.8m²/人，城市各城区最低值不低于5.5m²/人；国家园林城市人均公园绿地面积不低于12m²/人，城市各城区最低值不低于5.0m²/人。

国家生态园林城市的公园绿化活动场地服务半径覆盖率采用"国家生态园林城市标准"的公园绿化活动场地服务半径覆盖率不低于90%的指标要求。国家园林城市的公园绿化活动场地服务半径覆盖率采用"国家园林城市标准"的公园绿化活动场地服务半径覆盖率不低于85%的指标要求。

目前城市更新片区公园绿地存在一些普遍的问题，如绿地分布不均衡、结构不合理、功能不完善、品质不高，不能适应城市发展需要，不能满足改善人居环境、提升百姓生活品质等需求。目前，多数城市绿地通过构筑微地形、栽植园林植物、布置景观小品构成优美的城市环境，为人们提供游憩空间。如《北京市城市更新专项规划（北京市"十四五"时期城市更新规划）》指出，要面向市民日常游憩需求，提高各级公园绿地、小微绿地、附属绿地的品质和功能；在现有公园绿地中适当增补景观化、智能化、节能环保以及适老适幼的休闲设施，考虑公共活动使用，增补活动场地；整合利用城市零散闲地、边角碎地、街道胡同转角空间与建筑退线空间，见缝插绿建设口袋公园；鼓励公共建筑前空间、商业建筑前附属绿地、适宜的道路附属绿地开放，配置游憩设施（图3.1）❶。

公园体系和绿道系统是落实城市休闲、游憩、科普教育功能的主体。通过城市公园分级分类配置形成的公园体系与城乡绿道网络体系相结合，来促进与城市慢行交通系统兼容，完善城乡休闲、游憩功能。其中，综

❶ 中国固废网. 北京市印发"十四五"时期城市更新规划 四方面完善市政供给体系［EB/OL］.（2022–05–19）［2022–05–19］. https://www.solidwaste.com.cn/news/334970.html.

图3.1　合肥园博会开幕时在园博园（改造骆岗公园）游玩的市民

合公园和社区公园承担城市居民日常休闲功能；以植物园、动物园为主体的专类公园，在进行动植物科学研究、保护等工作的同时，承担科普教育、特色游憩活动；游园是综合公园和社区公园的重要补充；另外，充分利用生态保育区域与生态修复后的区域建设郊野型公园，增加城市公园供给❶。综合公园和社区公园承担城市居民日常基本休闲功能，按照服务半径分级均衡配置。专类公园具有特定内容，面向城市和区域服务，不参与分级规划控制。

社区公园作为居民健身锻炼、休闲放松的重要场所，与城镇居民距离最近、生活最为密切相关。社区公园面积一般在0.4～5.0hm²，和城市公园相比，规模小，投资小，功能简单，具有更高的开放程度和使用频率。社区公园功能和传统城市公园相同，但使用人群比城市公园更为固定。满足居民对日常生活的需求是其首要任务，

社会公益性和邻里交往的便利性是其主要特点。

《城市居住区规划设计标准》GB 50180—2018中对居住区集中设置的公共绿地规模提出了控制要求，明确了各级生活圈居住区的公共绿地应分级集中设置一定面积的社区公园，其中15分钟生活圈的人均公园面积不低于2.0m²/人，10分钟生活圈的人均公园绿地不低于1.0m²/人，相加共3.0m²/人；还规定了应在公共绿地中设置10%～15%的体育活动场地，为各级生活圈做相应的配套服务。

社区公园布置形式多采用开放的自然式，或规则式与自然式相结合的混合式。造园要素除配置丰富的植物景观外，还要有出入口、园路、运动场地、文娱活动室、茶室、凳椅、水景、花架、亭榭等，还需配备厕所、垃圾桶、饮水器、小型音响设备、指示牌、宣传栏、灯光夜景等公共设施。

❶ 中华人民共和国住房和城乡建设部. 园林绿化工程项目规范：GB 55014—2021［S］. 北京：中国建筑工业出版社，2021.

传统的社区公园以绿化美化、休闲观赏功能为主，配以少量运动和儿童活动设施。新时代社区公园在满足日常需求、促进邻里交往的基础上更加注重居民全龄段、全天候的活动空间需求。社区公园更新可将错落有致的绿地绿植、起伏的地形、蜿蜒的园路、时尚的雕塑小品、花园泳池及水—树—云—光影效果互相搭配，交相呼应，并配以儿童游乐场、健身器材等，共同构筑社区与自然共生的邻里交往、宜居生活的共享空间。如北京市北三环裕中社区的更新改造，社区里面增加了儿童游乐设施、互动交流场所，受到了市民的广泛好评（图3.2）。

社区公园设施的丰富程度决定了居民满意度的高低，特色鲜明、功能完善的社区公园能更好地提升住区环境景观品质，提高居民生活水平和质量。社区公园中健康、运动、休闲、社交等功能空间的塑造及各种文体活动的举办，有利于健康文明的社区文化的形成。理想的、可持续的社区公园，是良好的社区文化建设的载体和生动的自然环境教育场所。社区公园通过地形地貌恢复、湿地植被恢复、生态护岸等手段，合理布置游步道、景亭、花架、山石、瀑布等景观，营造出乔木林、灌丛、浅滩、生境岛、深水区等多样化生境，为动植物提供栖息环境，成为周边居民休闲活动场所和儿童自然生态教育的课堂。如北京市北四环中路的亚运村北辰中心花园之间，运用海绵城市建设理念建成了北京首座小微湿地"城市花园"。

（2）防护绿地

防护绿地一般为不宜游人进入的绿地，具有卫生、隔离、安全、生态防护等功能。它的主要功能是对自然灾害和城市公害起到一定的防护或减弱的作用。防护绿地对改善城市生态环境起着重要作用，防护绿地的布局可以更好地发挥绿地的多种功能，起到防风固沙、净化空气、隔离噪声、防污除尘等作用，还有艺术性地营造、美化城市的作用。一般不宜兼作公园绿地使用。

图3.2 北京裕中社区改造后的儿童游乐场

随着城镇园林绿地建设质量的提高，各种防护绿地的尺度、结构、类型、内容都发生了巨大变化。尤其是城市防风林、城市组团隔离绿带、道路防护绿地、河流水系，防护绿地的建设已脱离了简单植树造林的传统做法，而是与绿道、绿带及城镇公园绿地系统相融合，成为绿色城镇化和城乡一体化的重要推手。

城市防护绿地更新通常将原有城市防护林升级，通过新的造林绿化工程，构建起城市生态屏障与公园环、滨水生态带，楔形绿色空间，生态廊道等高质量融合发展的城乡绿色空间格局。

（3）广场绿地

《林学名词》第二版中将广场绿地的定义为"以游憩、纪念、集会、避险等为主要功能的公共活动场地或开放性绿地"。

广场是城市居民日常生活中重要的活动场所，广场绿化能充分满足城市居民多样化的活动，如健身、表演、展览、赏景、社交等的需要。广场规划应充分考虑广场与周边环境的时空连续、尺度协调及与城市性质的匹配，充分体现以人为本的原则，体现城市特色，规划时应从城市历史文化特色和历史发展背景中寻找广场发展的脉络。

由于广场硬质铺装相对较多，更应强调植物配置在广场构成中的作用，同时要求空间形式丰富多变和小品的齐全多样。凡绿地率达到65%以上的广场，因市民游憩使用率高，可以作为城市绿地计算，纳入公园绿地指标体系。

（4）附属绿地

附属绿地指城市建设用地中除绿地以外各类用地中的附属绿化用地，包括居住用地、公共设施用地、商业服务业设施用地、工业用地、物流仓储用地、道路与交通设施用地、市政设施用地和特殊用地中的绿地。

由于附属绿地分布面较为广泛，其绿化质量和分布情况直接影响着城市绿化的水平。由于附属绿地的实际规划建设与维护管理是由各单位自行负责，因此其具体工作必须由城市主管部门按照国家有关规定严格监督执行，以确保附属绿地规划的实现。附属绿地规划应针对城市各单位用地的不同特点和要求，确定其绿地率标准，并提出绿地建设的量化要求，全面提高城市绿量。

（5）区域绿地

《城市绿地分类标准》CJJ/T 85—2017对于区域绿地的解释为"位于城市建设用地之外，具有城乡生态环境及自然资源和文化资源保护、游憩健身、安全防护隔离物种保护、园林苗木生产等功能的绿地。"

区域绿地由于其面积较大、生物多样性丰富，且一般生态、景观较好，可承担城市生态、环境景观、居民游憩等功能，对城市建设用地中的绿地起到景观上的丰富、功能上的补充以及绿地空间上的延续等作用。使城市能够在一个良好的生态、景观基础上进行可持续发展。区域绿地规划要求保护或利用好这些宝贵的资源，建立与公园绿地、防护绿地、广场绿地和附属绿地一体的完整的绿地系统。

2）绿色廊道

绿色廊道是一种线性开放空间，是城市绿色空间组成要素中重要的一部分，它不仅仅是指城市绿地系统中一条绿色的景观带，它是由纵横交错的绿带以及绿色节点构建的绿色生态网络，通过绿色廊道的建立，充分发挥其生态功能，提高城市生态承载力。

根据空间跨度与连接功能区域的不同，绿色廊道分为区域级绿道、市(县)级绿道和社区级绿道三个等级。区域级绿道构成了区域绿道网络的骨架，加强了城乡之间的互动；市（县）级绿道连接贯通区域绿道和社区绿道，促进了城市各个功能组团的有效连接，确保绿道连通成"网络"，构建起城市间和城市内多层次的绿色网络格局；社区级绿道惠民百姓，实现了绿道网络的可达性，引领居民绿色健康生活方式。从全国建设实践的绿道项目梳理分析看，珠三角绿道网络体系建设最具代表性和典型性：生态型、郊野型和都市型三大类型的区域绿色廊道加强了城市之间的贯通，完善了绿色廊道网主体框架；整个绿色廊道可串联森林公园、自然保护区、风景名胜区、郊野公园、滨水公园和历史文化遗迹等节点；层次分明、功能综合、体系完善的综合性绿色生态网络构建，保证了整个国土开放空间的连续性和连通性，并构建了地区"多层次、多功能、立体化、复合型、网络式的区域生态体系"，成功解决了宏观尺度上创建自然、连续、和谐、城乡一体化的绿色框架网络体系难题。

大尺度成带成片、互联互通的城市绿化空间系统建设及更新，可提升生态防护功能和绿色廊道景观效果，提高生物多样性，保障高效、高质量的生态发展。如广州市实行"绿心南踞，绿脉导风""组团隔离，绿环相扣"规划以来，在中心城区预留控制和建设

巨型绿心的同时，沿着城市快速路系统建设一定宽度的城市组团隔离带和绿环。其中，内环路10～30m、外环路30～50m、华南快速干线及广园东路50～100m、北二环高速公路300～500m。使之成为降低热岛效应、改善生态条件的导风廊道，构筑了全市绿树成荫的生态系统。

据北京市园林科学研究院研究成果显示，廊道绿带宽度在32～38m以上时，可取得较好的温湿效益和较高的负离子浓度，其宽度至少应该在30m以上时才能更好地发挥生物迁徙、种群扩散等生物多样性的功效。因此，构筑一定宽度的廊道绿带，城市防风林、城市组团隔离绿带、道路防护绿地、河流水系防护绿地等各种类型绿地之间相互渗透与融合是构建城市绿色空间行之有效的方法，为国内外各大中城市所实践（图3.3）。

3）立体绿化

立体绿化是指在城市建成区范围内，为改善城市的自然生态环境，充分利用不同的立体条件，选择攀缘类等不同的植物，栽植或依附于各种构筑物和建筑物或其他空间结构上，丰富人工改造环境空间。立体绿化通过多层次、多形式的绿化，丰富城市绿化，扩展城市绿色空间，最大程度地增加城市绿量，减少城市热岛效应、吸尘以及减少噪声，从而改善城市生态环境，创造宜人的人居环境。

与传统的城市绿化相比，立体绿化拓展了城市绿色空间和三维空间，让"混凝土森林"变成"绿色森林"，更能丰富城镇园林

德外大街

新街口外大街

五路通街

六铺炕二巷

北二环路

鼓楼西大街

旧鼓楼大街

护国寺街

地安门西大街

社区级绿道
市／区级绿道

图3.3　北京西城区绿色廊道示意图

绿化的空间结构层次和立体景观艺术效果。立体绿化广泛应用在建筑墙面、屋顶、坡面、堤岸、护坡、门庭、花架、棚架、阳台、廊、柱、立交桥、栅栏、枯树及各种假山与建筑设施上。

立体绿化主要有墙面绿化、屋顶绿化两种途径。

建筑物内外墙和各种围墙墙面绿化是立体绿化中占地面积最小，而绿化面积最大、绿化效果最为突出的一种垂直绿化形式。依据技术形式和施工做法划分，墙面绿化主要分为传统的攀缘式和摆花式，以及新技术集

成支撑的模块式、铺贴式、种植槽式。由于室外建筑墙面夏季气温高、风大、土层保湿性能差，冬季则保温性差，室外墙面绿化植物的选择应以耐旱、耐热、耐寒、耐强光照、滞尘控温能力强、抗强风、少病虫害、易养护管理，且具有较高观赏价值，能够快速形成景观效果的植物为主。植物品种选择以乡土藤本植物或多年生草本植物为主，适当引种绿化新品种。我国北方地区植物品种主要有爬山虎、藤本月季、扶芳藤、常春藤、美国地锦、金银花、凌霄、茑萝、紫藤、铁线莲等；中部地区植物品种

图3.4　日本大阪难波公园的立体绿化

主要有爬山虎、金银花、凌霄、五叶地锦、常春藤、紫藤、扶芳藤、金银花、薜荔、藤本月季等；南方地区植物品种主要有云南黄馨、琴叶珊瑚、炮仗花、蒜香藤、三角梅、软枝黄蝉、凌霄、昆明鸡血藤、长春花、紫花马缨丹、垂叶榕、黄金榕、肾蕨、铁线蕨等。

屋顶绿化是指在建筑物、构筑物的顶部、天台、露台之上以植物材料为主体进行绿化和造景的垂直绿化形式，故又称屋顶花园、空中花园、悬挑花园（图3.4）。屋顶绿化区别于地面上传统的园林绿化形式，是城镇绿化建设拓展的新领域。高空作业、受屋顶负荷限制、植物生境条件差、施工与养护难度大、涉及多学科与众多社会单位是其主要特点和难点。故植物选择遵循适地适树

原则的同时，以乡土植物为主，且其比例应大于70%，选用具备姿态优美、抗风、耐旱、耐热、耐修剪、滞尘能力强、好维护管理等特点的花灌木、小乔木、球根花卉和多年生花卉。园林小品及公用设施设置应遵循相关规范要求，选择安全、轻质、环保的材料。

3.1.3　绿色空间更新策略

城市更新片区应合理规划绿地系统，合理安排产业、市政、交通、文化、人居及生态空间，保证更新片区绿地总量和各类绿地达标。根据片区地形地貌、地理环境、气候特点及经济社会发展现状和目标，合理设置轴、楔、廊、带、园、环等绿地结构要

素，确保绿地框架结构满足生态保护和良好人居环境建设需要，达到生态空间山清水秀、生产空间集约高效、生活空间宜居舒适的目标。

在保护现有绿化成果的基础上，通过城市更新与局部改造，最大限度地增加片区绿量，提升品质。保护原有绿化成果，合理保护保留原有片区内的绿地和大树、古树及历史悠久的行道树等，保障市民的绿色福利、留存"城市记忆"；积极拓展绿化空间，通过拆迁建绿、拆违建绿、破硬增绿等形式，加强城市更新片区中绿化薄弱区域的园林绿化建设和改造提升；提升更新片区绿地品质，因地制宜采用小规模、多数量、匀布局、精水平、全功能的手法，结合更新改造，建设具有文化特色的公园、口袋公园等；积极推广立体绿化，引导和推广屋顶绿化、墙体绿化、阳台绿化美化，庭院增设多种多样的种植箱种植池、花架花钵、廊架等，有效拓展绿色空间。

例如，《北京市城市更新专项规划（北京市"十四五"时期城市更新规划）》指出，北京市要依托市域"风景自然公园体系—城市公园体系—绿道体系"三级绿地游憩体系，重点面向一道绿隔城市公园环、城市公园集群和城市绿道，强化城市绿色空间的体系性、连通性、开放性和功能性，丰富绿色空间的公共服务供给和公共活动内容，塑造功能复合、品质优越的绿色区域❶。

3.1.4　生态环境安全与生物多样性

1）生态环境安全

生态环境安全是指维持一个国家人与自然协调发展，其生态环境以及自然资源长期处于没有危险、不受威胁的稳定状态。生态环境安全是一个城市发展的根本与基础，实现城市生态环境安全就是要保持水、土壤、空气等自然资源，能为人类的发展提供必要的生活需要，同时也能为城市的发展提供更大的发展空间和更多的创造机会。城市更新片区既有建筑作为城市建筑存量中占比相当可观的一部分，实现住区生态安全对维护城市生态环境安全具有重大意义。

城市更新片区作为城市生态系统，与自然生态系统截然不同，自然生态系统是以绿色植物为中心，而城市更新片区则是以人为生态系统的核心，人在其中起主导作用。人类的居住、运输、生产等活动对生态环境存在着一定的消耗和破坏。这也是城市更新片区生态环境的特点。

城市生态环境安全多存在以下问题：一是环境污染问题，随着城市化进程的发展，不可避免地已经导致水土流失、光污染、施工噪声污染、废水、废气、固体废物排放以及热岛效应等城市问题，由此造成的生态环境安全问题不尽相同，各项防治、整治工作任重道远；二是水污染及水资源短缺问题，水是生命之源，没有水，就没有我们美丽的世界，目前水资源短缺、水污染严重已成为

---

❶ 中国固废网. 北京市印发"十四五"时期城市更新规划 四方面完善市政供给体系［EB/OL］.（2022-05-19）［2022-05-19］. https://www.solidwaste.com.cn/news/334970.html.

我国面临的主要问题；三是管理问题，目前我国在生态系统的研究上不能完全适应国家发展，不同于西方以追求回归自然的理想化目标，我们要更加适应国内发展政策，协调发展，从根本上完善相应的配套制度，因地制宜，完善相关条例及出台法律，发挥宏观管理的功能。

解决城市生态环境安全问题的对策措施如下。

（1）合理规划城市布局

首先，合理规划绿地位置，形成良好的城区生态布局。例如结合城市风向规划绿地、水系等生态空间，提高城市绿化屏障，控制空气、噪声等城市污染，减少环境对居民生活产生的不利影响，改善城区生态环境安全性。其次，努力提高城市绿化覆盖率，《城市居住区规划设计标准》GB 50180—2018明确规定，居住街坊内集中绿地的规划建设，新区建设不应低于0.5m²/人，旧区改建不应低于0.35m²/人。所以城市更新片区，在土地面积有限、建筑屋顶占据大量面积的基础上，更要在有限的土地上努力提高城市绿化效率。最后，提高绿地生态效益的效率。一方面增加绿地面积，另一方面也要合理布置乔、灌、草相结合，构建复合群落，控制植林地比例，不能片面地以草坪取代绿化。公共绿地植林地比例应不低于25%，防护绿地植林地比例应不低于60%，其他建设用地植林地比例应不低于40%。

（2）维护安全水环境

城市更新片区要确保水环境安全，首先，必须要加强水资源的开发和保护。只有确保自身环境安全，才能满足水资源的使用需求。应合理开发利用水资源，保障水资源可持续利用。其次，对城市更新片区内水系空间的改造，应尽可能营造自然水系状态，以多样化的护岸形式、滨水空间营造构建丰富多样的城市水系空间。最后，应加强水资源重复利用，增加水资源可重复利用率。

城市景观水体是人居环境的重要组成部分。城市景观水体大多为封闭状态，水体流动缓慢，水流循环不佳，自净能力低，总氮和总磷浓度水平高，透明度差，严重时引起水体富营养化，水体变黑发臭，致使其生态功能和景观价值丧失，影响生态环境质量和居民的生活环境。

城市景观水体水质净化主要包括物理净化、化学净化和生物净化。物理净化法主要包括底泥疏浚、水系连通、机械除藻等处理技术，此类技术绿色环保，但不能从根源上清除水体污染物。化学净化法是通过投加化学药剂，降低水体中悬浮物、胶体杂质、藻类和营养盐浓度，增加景观水体的透明度，提高水体水质和景观效果，控制水体富营养化现象发生，此类技术见效快，但易产生二次污染。生物净化法是通过筛选适合景观水体环境特点的优势菌种，加以选育、培养、驯化、合成具有特殊降解功能的微生物菌剂，起到吸附、降解有机污染物，提高水质的作用，但存在一定的生态风险，或者放养以藻类为食物的浮游生物，在景观水体内部进行水体自净，但作用效果欠佳。

（3）防止与治理土壤污染

对于土壤污染问题，一方面是"防"，采取对策防止水土流失及土壤污染，加强植被覆盖、减少农药等排放对土壤的污染；另一方面是"治"，对已被污染的土壤进行整治、改良，可深翻或换土、植物处理、高温处理等。

（4）噪声与光污染的治理

对于噪声污染与光污染，首先尽量考虑从源头避免，加强噪声隔离，减少对人群的损害。对于光污染，建筑改造设计将其考虑其中，尽量避免大面积玻璃幕带来的光污

染，同时尽量采用其他新材料、新技术。

（5）改善城市热岛效应

随着全球城市化进程，城市热岛效应不可避免，城市更新片区运用旧城区改造更新策略，合理布局绿地，并与公共空间的融合，提高地表面粗糙度以及充分利用绿化植物的吸附性及层次性，起到美化环境同时缓解城市热岛效应的多重功效（表3.1）。

生态环境控制内容　　　　　　　　　　　　　　　　　　表3.1

序号	研究对象	控制内容	指标赋值
1	大气环境	年PM2.5平均浓度达标天数	≥200d
		年空气质量优良日	≥240d
2	水环境	集中式饮水水源地水质达标率	100%
		城区最低水质指标	达到Ⅳ类
3	环境噪声	环境噪声区达标覆盖率	≥80%
4	土壤环境	是否存在水土流失	—
		无土壤污染（土壤氡浓度）	≤20000Bq/m³
5	室外环境	是否满足通风条件	—
		城市热岛效应强度	≤3.0℃

2）生物多样性

生物多样性是指生命有机体及其赖以存在的生态复合体，包括植物、动物、微生物各物种所拥有的基因和由各种生物与环境相互作用所形成的生态系统，以及它们的生态过程。生物多样性通常可划分为三个层次，即遗传多样性、物种多样性与生态系统多样性[1]。

景观设计在生物多样性保护中起着决定

性的作用，城市建成环境中外部环境受限且环境日趋人工化的情况下，可以通过绿地、水系等巧妙布置来保持生物多样性。

（1）进行合理的景观规划布局

城市绿地和水体是生物多样性的重要体现，城市建设进程中，有些原生生态系统已经被破坏，将自然重新再引入城市作为城市生态系统的补充，保证充足的绿地及水系才能有效地保护生物的多样性。充分利用现有绿地空间，将现有的绿地、湿地、水系作为

---

❶ 王照霞. 陇中黄土高原高泉后湾地区植物物种多样性研究［D］. 兰州：甘肃农业大学，2005.

一个生物多样性的起点，改造设计延伸到现有绿地中，增加各个生态空间的连接性，有效增加生物之间的交流与迁徙。绿地空间的建立与连接中，加强生态廊道系统建设，如在雨水花园、生态湿地中建立生物走廊，提高景观生态性，减少人为干预，促进人与自然良性互动。英国矮树篱作为英国园林美学中的一部分，是实现生物多样性的典型案例，灌木为大型动物和人类提供天然屏障，下层空间可供小型动物通过，实现各个绿地空间的连接。

（2）充分发挥植物作用

植物作为生态系统中的生产者，是生态系统中的重要因素，植物种类的选择以及植物的多样性对建立一个良好的生态系统起到决定性作用。在规划设计时，坚持生态优先，构建兼顾景观与生态功能的绿色片区；树种选择上，兼顾美观性、经济性、区域性原则，乔、灌、草结合层次丰富、季相明显，落叶及常绿合理搭配，增加观花观果树种的应用，速生树与慢生树结合。创造符合适地适树、绿色生态的植物环境。在景观设计中，使用乡土植物已经成为最基本的设计原则之一。乡土植物是自然及历史选择的结果，为避免外来物种的大量繁殖带来的生长不良及物种入侵。大力使用乡土物种，有助于构建生物多样化基础格局，营造具有地方特色的植物景观风貌。

（3）构建人与自然的联系

据研究表明，良好的生态环境、与自然亲密的接触对人的生活态度、行为方式、身心健康有着重要的影响，提升生物多样性有利于增加人对环境的参与感与归属感，提升

城市更新片区人居环境品质。

3.1.5　海绵化技术

在新形势下，海绵城市是推动绿色建筑建设、低碳城市发展、智慧城市形成的创新表现，是新时代特色背景下现代绿色新技术与社会、环境、人文等多种因素的有机结合。城市更新中的"小海绵+大海绵"的融合互存的模式，是推动规划与建设的同步，进一步完善水安全、水生态、水资源和水环境方面的综合生态方案。

1）海绵规划设计

城市更新片区水网构建时，应综合考虑周围地块水网结构，推行绿色雨水基础设施，通过控制径流总量、消减洪峰流量、净化雨水等方式进行区域内涝防治，采用源头消减、过程控制和末端调蓄等措施，降低雨水径流污染，实现城市水生态修复、改善城市水环境、保障城市水安全、提升城市水承载能力等多重目标。海绵规划设计多与城市河道治理、滨水空间营造、喷泉跌水以及公园水系营建等相结合。其在传统园林营建及技术措施上多有创新，在设计营建过程中，可考虑在生态、雨洪蓄滞、防旱排涝等功能要求基础上，以海绵城市理念为指导，注重多层次山形水系的营造，布置溪流跌水、下凹绿地、潜流湿地、雨水边沟、蓄洪景观草坪等调蓄滞洪、收集利用雨水的海绵设施体系，打造优美的山水园林景观。如北京城市副中心城市绿心森林公园雨洪区，湖面面积9.38hm^2，为整座公园的五大功能区，承担

着雨洪蓄滞、防旱排涝等重要功能。

从技术层面来说，海绵城市遵循生态优先的原则，通过采用"源头削减、过程控制、末端处理"的方法，在"渗、滞、蓄、净、用、排"六个方面分别采取措施，将自然途径和人工措施相结合，最终实现"小雨不积水、大雨不内涝、水体不黑臭、热岛有缓解"。城市更新片区水网构建同样遵循以上技术措施。源头消减指在雨水进入河道水网之前进行的各种处理，主要目的是减少污染物、控制雨水径流量。过程控制是指利用生态基础设施在雨水输送过程中对污染物进行截留、储存和处理，措施包括周围道路雨水口截污挂篮、初期雨水弃流、雨水沉淀、过滤等。末端处理是指将河流周围雨水收集到排水系统的末端，进行集中处理，从而去除雨水中的各种污染物，最后排放入水体或进行回用。末端处理措施包括入河口截污、湿塘、湿地等。海绵设计结合景观绿地，以加强雨水调蓄、截污净化、雨水利用等功能为主，通过透水铺装、下凹绿地（图3.5）、雨水湿地、湿塘等工程措施，增强雨水的渗透、调蓄和净化，形成完整统一的海绵网格。通过自然和人工强化的渗透、

积蓄、利用、蒸发、蒸腾等方式，达到年径流总量控制率的要求。

2）改造实施方法

（1）现场调研评估

应对更新地块内的场地竖向、雨水径流途径、汇水分区等径流控制利用现状进行实地踏勘，并对场地海绵化改造面临的问题、外部条件及本底条件进行评估。改造问题评估包含积水问题、水环境污染及居民评价。积水点问题评估宜从积水频次、积水点个数等方面展开。水环境污染评估宜从表现污染、潜在污染两方面展开，表现污染包括封闭水体和过境水体，潜在污染评估应从建筑雨水立管、雨污合流、雨污混接错接、屋面铺装材料及地面垃圾污染程度等方面开展。改造条件评估应包含外部条件评估和本底条件评估。外部条件评估内容应包括改造政策和地方改造计划；本底条件应评估地形坡度、铺装路面、土壤渗透性能、可调蓄空间、排水系统完善度、地下空间等。

（2）评估分级及对策

根据外部条件和本底条件进行片区海绵化改造分级，可分为基础类、完善类和提

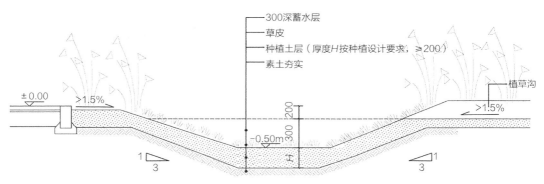

图3.5 下凹绿地做法图（单位：除标出外，均为mm）

升类：基础类海绵改造应以解决涉水问题为主，海绵化改造年径流总量控制率可取低值；完善类改造应在基础类海绵改造的基础上提升景观环境，海绵化改造年径流总量控制率目标可取高值；提升类海绵改造应在完善类海绵改造的基础上，提升景观效果及户外活动体感质量，建设系统化的海绵设施，海绵化改造年径流总量控制率目标宜取高值。

（3）改造实施路径

改造实施主要通过划分海绵建设改造区和海绵生态修复区展开。

海绵建设改造区年径流总量控制率不低于55%，主要采用"滞、渗、蓄、排"的低影响开发设施。通过见缝插针的形式尽可能增加绿地面积，并充分利用现有公园绿地进行改造建设，配置适用低影响开发设施以缓解城市热岛效应；在开发强度较大的区域，应促进土地资源的集约利用，引导用地结构优化，增强用地的海绵功能。公共建筑与住宅小区应尽可能改造设置蓄水池、雨水罐等蓄水设施，提升场地蓄洪能力，提高雨水资源利用。疏浚清淤、修复并适度提高标准改造现状排水管渠，保证强降雨期间区域的排水能力，力争区域内地块外排径流峰值流量减少5%，杜绝内涝黑点的出现。实行雨污分流排水体制，有条件改造路段实施分流改造❶。

海绵生态修复区年径流总量控制率不低于75%，应严格控制城市发展边界，防止城市无序蔓延，禁止大规模开发建设，保证

一定的植被覆盖率。因地制宜利用低洼场地建设蓄水池、调节塘等蓄水设施，提升片区的蓄洪能力。针对区域内的河涌水系，尽量不对现有自然堤岸进行硬化、裁弯取直等人为改造；对已经硬化的河涌水系，在不影响行洪能力的前提下，通过扩大河滩湿地或构建复式断面等方式进行生态修复；对于黑臭河涌，加快截污工程建设，同时利用河涌两侧的水体与低洼地构建加强型人工净化湿地，提升河涌水质。有计划、有步骤地对区域内水体、裸地、荒地等进行生态恢复，优化缓冲区内生态结构❷。

3.1.6　绿地低碳建设技术

1）绿地低碳建设技术概述

（1）绿地低碳建设技术的意义

低碳建设是城市绿地"减少碳源"的重要方面，包括建设期间碳足迹、顺应及利用现有地形减少土方量施工、选用碳友好材料、重构及改装废弃材料、综合利用水资源、绿色构筑物及小品设施的营建、减少后期维护管理的碳排放、使用可再生能源以及延长景观生命周期等多种技术途径❸。

（2）绿地低碳建设技术的措施

绿地建设中，树种的选择不仅要考虑其美观程度，还要充分考虑当地的气候、土壤条件，并根据不同树种的生长特点、习性、用途和功能，树木成熟后所需的空间来合理搭配和布局，综合实现降本增效。实施低碳

❶ 张容芳，刘飞. 四会市海绵城市建设实施路径［J］. 2020（13）：67-69.
❷ 吴李. 浅析居住区规划设计中海绵城市理念的运用［J］. 居业，2020（1）：9-10.
❸ 徐丽华，陈婷，张瑞华. 低碳园林研究综述及研究热点分析［J］. 园林，2022，39（1）：10-17.

种植工程，应采用先进的栽植技术及器具，提高移栽、种植效率，在种植过程中实施精细化管理，降低苗木枯死、补种的比例和频次，减少资源浪费。

城市中的绿地建设，植物种植是基础，应在树种选择及种植季节方面遵循植物本身生长发育的规律，提供相应的植物品种及种植条件，以此来提高栽植成活率，大大降低补苗概率。为了更好地推行低碳绿化，主要选择种植规格适中的乡土树种。这些植物管理粗放，生长快，适应性强，绿化效果及郁闭度等都较好。如北方种植乔木多选择槐树、白蜡、杨树、柳树、马褂木等耐寒、耐旱、抗逆性较强的树种；南方则多选择香樟、桂花、梧桐、泡桐等多花、喜湿的景观树种，并以乔木、灌木、地被相结合的群落生态种植模式来表现景观效果。

2）低维护技术

（1）灌溉节水

在绿地养护过程中，使用具有节水潜力的喷灌、微喷灌等节水技术，不仅成本较低，还能提高水资源的利用率，相对于传统的浇灌技术，节水灌溉技术可节省用水30%~50%，而且还可节省劳力，进而降低养护碳排放。

（2）施肥技术

施用有机肥和生物药剂。使用以有机肥为主的施肥模式，使用生物药剂等，可有效减少因施肥、打农药所产生的碳排放。水肥一体化技术主要利用滴灌或喷灌系统将水和液态肥料直接运输至植物的根系，与传统的撒施和沟施方法相比，不但节约了人力，还减少了肥料与土壤的接触，提高了肥料和水的利用率，降低了成本及养护碳消耗。

（3）病虫害绿色防控技术

根据不同绿地结构、养护条件和病虫害发生情况，选择有针对性的绿色防控技术措施，能够有效降低病虫害药剂使用频次，降本增效。林带养护粗犷、乔木较多，蛀干害虫危害严重，可采用增加植物多样性、合理修剪和生物防治为主的绿色防控技术；行道树品种单一、长势积弱，重点病虫长期为害，可采用土壤改良、加强养护管理和科学用药为主的绿色防控技术；公园养护精细，观赏植物较多，病虫害种类多样，可综合应用生态调控、生物防治、理化诱控和科学用药技术[1]。

（4）园林废弃物循环利用

通过资源化再利用等措施，实现园林废弃物低碳处理。将园林绿化废弃物转变为绿色资源并循环利用。

3）绿化固碳技术

从高固碳植物筛选和高固碳植物群落配置及低维护模式方面综合构建绿地碳汇功能提升技术。高固碳植物筛选，应优先选择乡土树种，抗逆性、适应性相对更强；还可选择病虫害少、低维护且固碳释氧能力强的树种。减少植物碳排放量，对景观整体碳汇起到促进作用，也能减少养护成本。科学研究发现，不同植物的固碳量有着较大差异，例

[1] 涂广平，严巍. 上海园林绿化病虫害绿色防控技术应用与示范［J］. 中国植保导刊. 2018, 38（8）: 55-60.

如泡桐、槐树、乌冈栎、垂柳、糙叶树、醉鱼草、木芙蓉、乌桕、黑松、香樟、樟叶槭、蜡梅、夹竹桃、女贞等植物对二氧化碳的日吸收量较高；而另一些植物如椤木石楠、山茶、玉簪、蔓长春花等的固碳量则相对较弱[1]。

环境中植被的多样性越高，组成越复杂，层次越多，那么这一环境中植物的总固碳能力也越高。绿化固碳可选择高固碳量的树种，还需要加以适当的搭配才能发挥出它们最大的固碳效果。群落结构复杂，乔木、灌木、草本层兼备的植被结构，通常都具有较强的固碳能力；而常绿落叶混交林则比单纯的常绿林或落叶林具有更强的固碳能力[2]。

城市绿化过程中的树种选择和景观配置，从固碳角度而言，应优先选择高固碳类型植物种植，同时辅助以"高低结合，错落有致"的乔、灌、草齐全的景观配置，才能在构建优美的景观同时提升绿化场所的固碳能力，为实现"双碳"目标发挥出自己的力量。

高固碳植物群落配置方法应以自然式为主，通过乔木、灌木、草本、花卉搭配栽植，注重不同类型植物碳汇能力的优势互补，才能使形成的群落绿量指数、冠幅指数高，单位面积固碳效益高（表3.2）。

4）绿地低碳宣传教育

应加强关于绿地低碳的宣传与教育，提高全体居民的公众意识，提倡全民护绿行动，使得社会各界人士都能够充分意识到绿地低碳的重要意义，从而加快实现绿色循环低碳发展。

3.1.7 项目案例——合肥园博园城市更新项目

园博园城市更新项目位于合肥市骆岗机场跑道以东、黄河路（待建）以北、包河大道以西、繁华大道以南，规划总面积约为323hm^2。与西侧的锦绣湖公园，一并称为骆岗生态公园。

项目选址在退役的骆岗机场，距离老城区7.5km，距离巢湖6km，是内接老城、外连巢湖的关键节点，也是新城市发展中心和拟建的骆岗生态公园的重要组成。

1）项目场地概况

项目场地为骆岗机场搬迁后遗留用地，地形平缓，起伏较小，北部片区为密林；西部为跑道、停机坪，存有大量混凝土铺

不同覆被类型绿地40年固碳量[3]　　　　　　　　　　　　　　表3.2

覆被类型	阔叶大乔木	阔叶小乔木、针叶乔木	密植灌木	草本	乔木、灌木、草本
固碳量（kg/m^2）	900	600	300	20	1200

---

❶ 王琦. 基于模糊聚类准则的低碳环保植物美景度优化设计路径——以广州市为例［J］. 绿色科技，2022，24（19）：56-60.

❷ 陈玺撼. 掌握固碳"密码"，"绿肺"精准规划［N］. 解放日报，2022-02-11（008）.

❸ 中国城市科学研究会. 中国绿色建筑[M]. 北京：中国建筑工业出版社，2022.

图3.6 园博园场地特征

装，跑道两侧为草坪；中部遗留较多建筑物（图3.6）；许小河从场地东侧穿过。

园博园项目范围内，硬质铺装、建筑、林地、草地、水体等资源要素丰富，是整个骆岗生态公园中现状条件最复杂、功能最复合的板块。

2）城市更新策略

（1）强生态基础——绿色+蓝色：完善蓝绿空间体系，实现园区绿地率82.6%的目标，健全城市生态网络，建立与巢湖城湖一体的有效连接。

（2）补服务短板——绿色+产业：解决骆岗生态公园超大体量绿地空间服务能力差和类型单一的问题，补齐合肥缺少综合类参与性环境空间的短板，推动发展城市新业态，完善和提升城市功能。

（3）惠百姓民生——绿色+活力：释放绿色空间、建筑空间、广场空间，承载多元场景，满足多样需求，提供与百姓需求和市场环境相匹配的持久活力和动力。

（4）留城市记忆——绿色+人文：保护具有历史文化价值的街区、建筑及其影响地段的传统格局和风貌，保留城市记忆，塑造

具有时代特征、机场特色的园博街区。

（5）增科技亮点——绿色+科技：以园博园为载体，展示城市建设和城市发展相关的"新理念、新技术、新成果"，使园博园成为展现合肥创新之都的首个室外智慧园区。

3）绿色低碳实践技术

园博园项目坚持绿色化、低碳化原则。

项目园区内不仅保留了原航站楼、大机库、灯塔等构筑物，也保留了街巷肌理、机场跑道、树木、水体等原有场地地貌特征，在规划设计源头就确定了坚持绿色低碳更新的基本原则。

（1）植被普查评估+生态景观系统营建

对场地植物开展全面普查评估，形成"一图一表"形式的乔木清单，根据清单指导场地乔木的"留、改、移、伐"策略，建立现状乔木保护利用档案。最终保留乔木7713株，移栽乔木1037株（图3.7）。

结合山水格局营建山地、谷地、坡地、河湖湿地四大类生境；为实现生态景观营建，将常绿、落叶植物数量比调整为4∶6，模拟合肥自然生态特征，大幅增加植物种类，尤其是乡土植物、落叶乔木、花灌木及

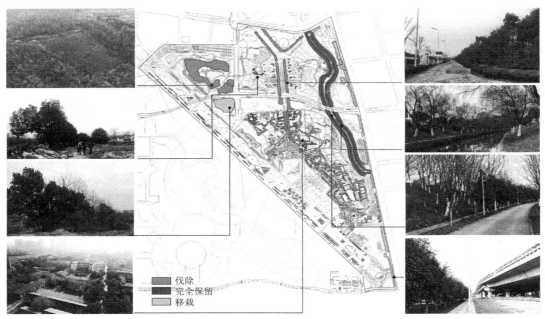

图3.7   园博园场地内植物保留利用方案

宿根类草本植物。全园乡土植物种类占比达70%，最大限度保证了植物生态系统的稳定性和可持续性。同时采用生态措施，运用专属土壤改良配方、植物景观与海绵功能融合的生态技术方法织补生态空间，提出城市绿地的价值和未来意义。

（2）建筑评估利用

既有建筑实施全面评估，变"拆改留"为"留改拆"，科学保留，活化利用（图3.8）。

（3）山水系统重构

充分利用场地山水重构，构建一体化海绵城市解决方案。集园区雨水组织、景观水

量保障、管渠排口净化与山水空间塑造、城市生境营造进行一体化设计，实现土方平衡、防洪排涝、雨水收集、生态补水功能的协调统一，真正实现园区的低影响开发（图3.9）。

（4）水系海绵系统设计

通过水体（连通渠、湖体）、海绵设施（植草沟、雨水花园、下凹绿地等）、植物景观（驳岸植物、水生动植物）的布局，营造贴近自然的湖渠景观，提供丰富多样的生境供游人观赏游憩，构建良性、绿色生态和可持续发展的公园水系统。

践行"海绵城市"建设理念，按照源头

图3.8   园博园城市更新前后照片

减排、过程控制、系统治理的技术路径,通过园博园水系设计和海绵城市构建,突破传统公园水系设计思路,重点打造以下三方面的设计内容(图3.10)。

图3.9 园博园山水系统影像

图片来源:张锦影像工作室

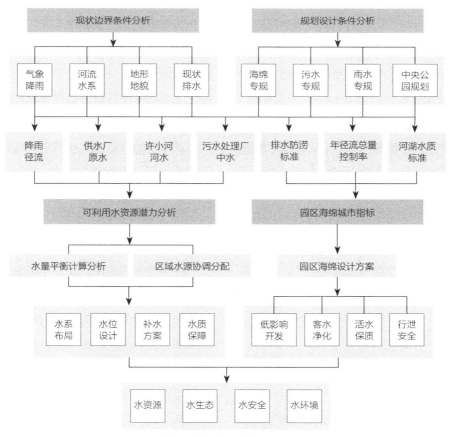

图3.10 合肥园博园水系海绵设计策略流程图

图3.11　合肥园博园生态滤池与周边景观环境融为一体

水资源保障：以水量平衡计算为基础，系统协调各汇水区域径流水量，打造内部水源调水分配，外部水源多元补给策略，满足水资源保障需求。

水环境维持：以汇流通道疏通水系脉络，在坑洼地布设蓄水型水系，保障水脉连通；通过内外部水系循环和生态滤池净化，保持良好水环境（图3.11）。

水生态、水安全提升：以绿色海绵设施疏通汇流水系，贯通"源头、过程、系统"的汇流路径，全面提升园区水生态、水安全的海绵功能。

3.2　滨水空间更新技术

随着我国对优质人居环境需求的不断增强，长期以来"以防优先、以排为主"的水

利灰色基础设施化的城市河道，在以人本功能为导向的城市公共空间变革中显得格格不入。如何对滨水空间进行景观化改造，形成融合生态与城市功能的蓝绿基础设施成为当今滨水空间设计研究的一项重要任务。

滨水空间打造是结合特色地域元素，通过滨水地区水景建设实现的，"驳岸宽度"引导特色水岸的建设，"河阔比"限制引导确定滨水建筑高度。采取一系列的控制方式，达到滨水地区可视性和可达性的目标。

在城市河流沿岸，建设传统滨水公共活动区，营造当地特色水乡环境。商业娱乐、文化等公共功能空间，通过水系规划的引导，成为公共活动的核心区，并以滨水区为重要载体，展现当地文化的传承和发展。滨水区设置多种绿地空间，采用低影响开发技术措施，在服务市民、游客游憩的同时，提升区域排水防洪能力，控制径流污染，提升

第 3 章　公共空间类绿色低碳更新技术　　065

滨水绿地景观质量和生态效益。

3.2.1　滨水空间更新策略

1）修复自然生态

城市滨水空间更新应体现生态优先的原则，良好的自然生态环境可以拉近人与自然的距离，增加滨水空间活力。基于尊重场地现状，对滨水空间进行整治治理，保护恢复滨水空间自然环境的设计，恢复水体自身特色，让生态自己做功，创造宜居环境，形成生态与环境相宜的城市滨水肌理，构建城市特色滨水景观空间（图3.12）。

坚持生态化修复原则对河岸进行生态修复，给人们带来美好的感受。应按照景观生态学原理，增加景观异质性，保留河岸原始的自然线形，运用植物以及其他自然材料营造河岸景观。以堤岸生态修复为例，利用适

宜在潮间带生长、观赏性强的绿色植物，选择稳定、环保的生态工法，打造绿色柔性的生态驳岸。

2）补全城市功能

随着社会发展，对城市功能也不断提出新的要求。城市滨水空间更新常常伴随城市自身的功能升级。滨水空间更新不仅还城市以良好的生态、优美的环境，还可以丰富人们的生活，满足人们的亲水性需求，为人民提供休闲游憩的空间，并为滨水地区增添活力。

3）城市文脉的延续与保护

城市文脉既是城市的精神财富，也承载着悠久的历史文化。滨水空间在不断的更新过程中，也不断见证着城市的发展。以地域文化特质为基底，打造特色亲水空间，提供

图3.12　合肥园博园滨水空间
图片来源：张锦影像工作室

多元化亲水体验，更好地保护和延续历史文脉，打造独特的城市名片。

4）延续生物多样性的生态基底

通过植被、水体等生态性结构要素的科学重组，修复滨水空间现有植被群落，构建一条适宜动物迁徙、生存的生态廊道，用以保护生物多样性、过滤污染物、调控洪水等。在设计中增大坚果类、翅果类植物的比例，形成食源植物丰富的灌丛。形成郁闭度适宜的复层群落，营造适合鸟类的觅食地。通过乡土花卉的种植，为蜂蝶提供蜜源的同时，形成有明显季节变化、色彩变化、种类丰富的高草地被植物景观。在水岸构建滨水过渡带，形成深潭、浅滩相

间的弯曲河道形态，形成适宜物种生存、繁衍，具有丰富自然生境，保障水质及周边生态系统的蓝绿基底（图3.13）。

5）打造产城融合发展样板

打开滨水廊道公共空间，植入商业文化地标，引入活力商业、休闲办公和创意产业作为开发支撑，塑造精致城市产城融合空间典范，形成宜居、休闲、商务、科技多元活力区，建造开放式亲水景观平台。

6）实施"水岸共治"

实施"五水联治"——治污水、禁地下水、用再生水、蓄雨水、抓节水。治水、修岸、绿化、修复和亮化建筑外立面，打开河道

图3.13　青岛汽车公园滨水空间

生态空间，拆除各种形式隔离，城市蓝线、绿线、红线"三线融合"，实现"建筑—绿地—水面"无缝衔接。以水为魂、以绿为底、蓝绿交织，为城市更新发展擦亮生态底色。

3.2.2　构建滨水生态系统

滨水空间是城市公共空间的文脉缩影，根据滨水空间的主要形态，分为点状滨水空间、线状滨水空间和面状滨水空间。

1）点状滨水空间

城市中一些小型水域或湖泊在滨水空间中被归纳为点状空间。因为其面积相对较小，所以导致这一类滨水空间一般较为封闭，且具有一定的聚集性。这类滨水空间一般作为城市景观中的"点景空间"，可提供休闲游憩、互相交流的空间。

2）线状滨水空间

在城市规划的水体系统中，将城市内部

的小型河流、水道的滨水空间叫作线状滨水空间（图3.14）。线状滨水空间纵向延伸感强，使人行走其中，产生亲近水体的欲望。其空间侧面的围合感较强，在空间中具有一定的方向引导性。线状滨水空间多是市民休憩游玩的公共空间，但同时又承担着连接景观系统、步行系统的功能，以及整个城市水体系统的循环功能。

3）面状滨水空间

面状滨水空间大多为经过城市的大型水体，如大型江河湖泊或者港口的滨水空间。一般空间宽阔，尺度较大，水岸线一般不规则，形成开阔的视野空间。大体量的水体形成独特的城市景观，在城市景观建设及形象营造上起到十分重要的作用[1]。

3.2.3　构建滨水植物系统

滨水景观带上可以结合布置绿地、公园，营造出舒适的生态环境和宜人的居住环

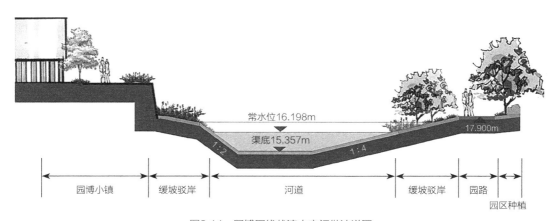

图3.14　园博园线状滨水空间做法详图

❶ 王冠. 城市滨水空间更新研究［J］. 城市住宅，2020，27（6）：161-162.

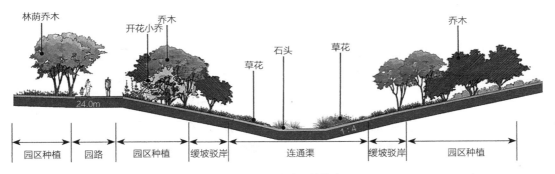

图3.15　人工生态湿地做法

境。植物是园林景观和景观设计中富有活力的元素，做好植物景观设计可以提升风景园林的观赏性，营造自然舒适的环境，同时运用植物本身的颜色营造缤纷的自然景色，可以让人们有一个放飞心灵的地方，合理搭配不同的景观元素，可以更好体现出园林景观设计的艺术性。可通过建造人工湿地（图3.15）、人工接种水质净化微生物、放养水生动物等，利用动植物和微生物复合生态系统的转化及降解作用，保持水体清澈和水生态系统平衡，营造各种优美的可持续的水体景观。

滨水区的植物景观要保持生态连续性与整体性，要遵从生态环境特征，体现生态优先、文化融入，突出地方性特色和文化文脉等。根据其生活方式，水生植物一般分为挺水植物、浮叶植物、沉水植物、漂浮植物以及湿生植物等。目前，全国风景园林工程中用量最多的水生植物品种主要有荷花、睡莲、花叶水葱、千屈菜、梭鱼草、花叶鸢尾、花叶菖蒲、花叶芦苇、花叶鱼腥草等。实践证明，这些水生植物品种不仅具有较高

的园林观赏价值，还有吸收水中重金属，分解利用污水中的氮、磷污染物、抑制藻类生长，改善水质的功能，提高水体透明度的同时还为水生生物提供了更多的生活栖息场所。

3.2.4　构建生态水网

在城市水网系统中河道水体种类繁多，其边界岸线各不相同，滨水空间更新设计中，不仅要强调岸线的线性特征，也要注意设计符合其自然特色的滨水岸线。在对城市滨水空间进行更新改造时，不能拘泥于一河一水的滨水空间，要注意城市整体滨水空间系统的结构设计，放眼全局，对空间系统进行整体性宏观更新❶。

水网的建设将显著增强建设区的排水防涝能力，提高居民的生活品质，提升周边土地的价值，改善区域内滨水生态景观。河流与堤岸生态修复、绿化与景观工程等，可显著改善河涌与陆域生态景观，大幅增加绿化面积，提高与周边环境的协

❶ 闫丽红，周昌燕. 城市滨水绿地景观规划［J］. 旅游纵览（下半月），2012（10）：78.

调性，营造出人水和谐的生态景观。应建成标准协调、质量达标、运转灵活、管理规范的排水防涝工程体系和现代化管理制度，基本形成与和谐社会相适应的综合排水防涝减灾体系。

水清，岸绿，风景美。蓝绿交织，水绿交融，大规模的水网及绿地建设，构建了国土大地上的生态绿色廊道和绿色框架网络体系，是新时期水生态文明建设的新思路、新举措。2010年，广东率先在全国开展绿道规划建设，万里绿道网络成为珠三角生态文明建设的靓丽名片。2020年8月，广东省人民政府正式批复《广东万里碧道总体规划（2020—2035年）》，又先一步探索出引领中国江河湖泊绿色发展的新理念、新模式。该规划对广东省碧道建设发挥引领性、指导性和约束性作用，并重新赋予了江河湖泊新的含义：广东万里碧道是以水为纽带，以江河湖库及河口岸边带为载体，统筹生态、安全、文化、景观和休闲功能建立的复合型廊道。

3.2.5　城市建设与滨水空间协调

城市滨水空间的更新和整治避免不了与城市建设产生交集。城市建设过程中，滨水空间设计往往更加注重经济效益，导致现有滨水空间功能不合理、缺乏景观环境优势。因此，滨水空间的更新要与城市建设统筹考虑，通过政府的行政手段等，将经济发展与自然环境协调统一，发挥滨水

空间景观环境优势，为城市空间增加亮点与活力，也为土地带来更高的经济价值[1]。

1）道路系统

滨水空间道路系统从剖面角度上来说可以分为三个层次空间，分别是亲水步道、健身步道和兼具一定非机动车行走停靠功能的人行道，应更好地梳理城市的交通，使之相互协调，共同构建城市滨水慢行交通，盘活城市滨水空间。

2）休憩空间

休憩空间是城市公共空间的重要组成部分，为人们提供休息停留的场所，由于滨水空间大多呈线性分布，滨水空间中休憩空间主要表现为局部的节点放大。可通过置入功能性景观构筑物，丰富空间同时满足功能需求；同时配置多层次植物种植，营造良好的景观环境。

3）周围建筑

滨水空间与周围建筑相结合，会增加城市空间活力，促进城市有机更新，进一步提高土地价值。

4）桥梁空间

桥梁作为河两岸的交通枢纽，是连接两岸区域的关键，也是滨水空间的重要一环。不仅要满足通行功能，也要满足人停留驻足的功能需求；同时在风貌上要与周围建筑形成良好的呼应，巧妙地融合滨水

❶ 李洋. 城市更新语境下的城市滨水空间设计研究——以许昌市中心城区为例［J］. 建筑与文化，2021（6）：78-79.

空间，形成滨河景观视觉轴线，成为城市肌理的自然延伸。

3.2.6　驳岸类型与技术措施

驳岸是水体和陆地的景观边界，驳岸的形式直接影响着水体的景观形象和动植物的生态环境。传统水利工程建设基本以垂直硬质驳岸为主，笔直的河道走向、整齐划一的河道断面、灰白色的堤防护岸，大大影响了水体的可达性和景观性。河岸硬质化，直立式的混凝土、浆砌石墙式护岸阻断了水体与土地的物质生物交换，破坏了植被从旱生向水体的过渡生长，使驳岸区域具有生物多样性的景观带消失，破坏了界面的生态平衡。

由于各城市间驳岸自然因素的地域性和复杂性，驳岸设计需要基于流域的生态状况、功能定位和设计主题进行选择。按空间分布将滨水绿地的驳岸分为三种类型，即自然生态型驳岸、过渡型驳岸、人工建设型驳岸。

1）自然生态型驳岸

多采用自然的驳岸形式，运用优美的自然曲线形态、较缓的坡度和优良的植物种植将驳岸美化，结合驳岸上方植物种植，保持或恢复堤岸的自然形态，为生物的栖息提供了生存环境，有益于生物多样性的维护，有利于形成一个水陆复合型生物共生的生态系统。这一类驳岸由于更加接近水面，容易使人群聚集在此，设计时应充分考虑水生植物和水生动物的区域。

自然生态型驳岸技术措施可通过使用植物或者植物与工程材料结合，减轻坡面及坡脚的不稳定性和侵蚀，保持自然岸线的通透性及水陆之间的联系，同时实现物种多样性，达到比较自然的景观和生态功能。要注意植物群落配置后的立体轮廓线应与水景的风格相协调；水生植物与水边的距离要有远有近、有疏有密，切忌沿边线等距离种植，要留出必要的透景线；近岸的地方要考虑安全，种植水生植物，不宜太深，一般0.4～0.6m，中部则要考虑种植、底坡稳定和水体自净，不能过浅。

2）过渡型驳岸

在较陡的坡岸上种植自然植被，同时采用人工材料加固护底。过渡性驳岸兼具人工建设型驳岸的护堤功能和自然生态型驳岸的自然渗透调节功能。

3）人工建设型驳岸

是以人工材料如混凝土、砖石为砌筑材料，以整齐的形式砌筑出的立式驳岸（图3.16）。这种形式通常可提供较大面积的硬质空间可供活动，同时也能最大程度地减少驳岸的体量，形成开阔的水面视野空间❶。

❶ 许劼，王荻，刘学，等. 绿色校园建设中滨水绿地驳岸的生态改造——以上海城市管理职业技术学院为例［J］. 草原与草坪，2013，33（6）：47–54.

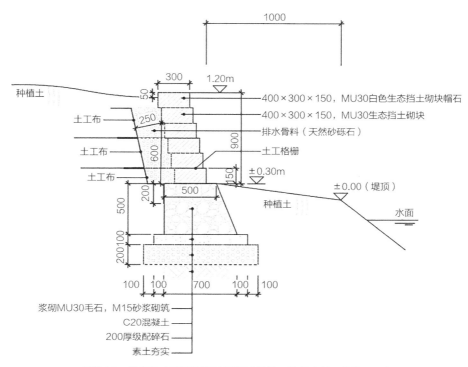

种植土

土工布

土工布

土工布

400×300×150，MU30白色生态挡土砌块帽石
400×300×150，MU30生态挡土砌块
排水骨料（天然砂砾石）
土工格栅

1.20m

±0.30m

±0.00（堤顶）

水面

种植土

浆砌MU30毛石，M15砂浆砌筑
C20混凝土
200厚级配碎石
素土夯实

图3.16　浆砌生态石驳岸做法详图（单位：除标出外，均为mm）

3.2.7　项目案例——佛山三洲水系提升改造项目

佛山三洲水系提升改造项目位于荷城公正路以南、村后山以北、高明河以南，总用地面积为24.49hm²，全部为公园绿地，是三洲旧区重点更新改造项目。场地北临高明河，南接南沙至高明高速公路，场地内地势平坦，现状为水塘、未利用地等，周边为居住、商业、公共服务设施建设用地。

1）项目场地概况

整个场地背山面水，内部河涌纵横，圩田坑塘散布，林木生长茂密，自然本底优越，但因周围市政基础设施和住宅区的建设，场地内原本的自然肌理正在逐渐消失。

建设项目范围内，现状有建筑、硬质铺装、水体等。其中建筑物主要分布在横基街两侧、沧河东路南侧、民康路两侧，以1~2层建筑为主，建筑基底面积占比6%，建筑面积约1.79hm²。水体面积占比4%，包含许水塘、水渠等水资源，占地面积约5.9hm²。

三洲旧街片区的历史建筑和街巷肌理保留相对完整，相较于外围现代化的住宅小区和正在建设的工程项目，三洲旧街成为片区中的文化风貌高地和现状开发凹地。

2）城市更新策略

（1）承记忆续纹理，保留场所特质

相地合宜，构园得体，把握地段特征，充分利用现有水塘肌理，对原吊脚楼等建筑基址、铺装场地进行生态修复及环境整治提升，突出场所精神，展示当地自然、人文特色，因地制宜营造具有场地特色和文化烙印的生态场所，凸显地域特色。

延续场地数百年来码头商埠的场地属性、时代积淀的历史风貌和岭南水乡的田园基底，保留场所特质；北部滨江堤岸，拆除现状吊脚楼建筑，对堤岸进行加固和整修，保障堤防的完整与安全；利用原吊脚楼建筑基址进行景观化改造，融入文化展示、休憩观景、休闲服务等功能，追忆历史、情景再现，打造三洲记忆长廊。

（2）理系统提品质，塑造公共空间

优化全域的空间规划格局，成为立足全国的城市更新先行区、立足珠三角的休闲旅游目的地、立足广佛的生态宜居示范区、立足高明的历史人文展示厅，对水系环境进行生态修复和环境整治提升，打造城市更新理念引领下的生态环境优先的人居环境营造典范（图3.17）。

（3）生态优先，综合协调

充分利用园区内自然地势及现状生态条件，注重现状水塘与规划内河涌水系的布局，与该片区的功能定位紧密结合，打造生态高地，延展区域生态格局，突出生态效益。同时水系提升改造与整个三洲旧街改造整体考虑，使之成为三洲旧街整体环境的一部分，同时协调红线内各个独立空间的关系，避免各自为政。并从服务功能、改善民生、完善生态、传承文化等多方面综合考虑，强调空间的复合性和实用性，避免单纯从视觉美观出发的环境堆砌。

3）绿色低碳实践技术

（1）水系综合治理

统筹考虑水系统治理的综合性、系统性

图3.17　佛山三洲水系滨水空间效果图

和区域性，从水资源、水安全、水环境、水生态等方面综合考虑进行小流域综合治理。

统筹水资源。保障上游来水，并积极探索通过雨水回用、尾水回用以及提水泵站等水工程设施的建设，统筹水资源，保证区域水量。实现雨水资源化利用，制定雨水综合利用方案，通过各种方式充分利用雨水，以改善城市水生态环境、涵养地下水。同时，雨水利用工程建设应与城市景观系统建设结合起来。

保障水安全。以排涝安全为前提，构建内河涌水系，通过新开、改建内河涌，使内河涌以网状化连通，确保内河涌水系的循环流动，增加排水通道，提高内河涌的排水能力。同时疏浚内河涌、增强河涌的强排设施建设及增加行泄通道。

改善水环境。在推进主干河涌整治的同时，加强截污治污，提高污水处理率，结合清淤疏浚、水系连通、生态修复等措施遏制河涌功能退化，改善内河涌水质，促进河涌水生态环境修复。

营造水生态。落实海绵城市规划要求，海绵城市的建设主要随城市更新和项目的改、扩建同步进行。应科学划定汇水分区，实现年径流总量控制率75%的目标，结合竖向设计科学合理布置低影响开发设施，如绿色屋顶、透水路面与生态停车场、植草沟、生物治理设施、驳岸缓冲带和人工湿地等。

（2）水生态植被修复设计

现状植物保护利用。现状植物保护利用包括胸径或地径10cm以上的乔木，保留利用方式包括保留、移栽、采伐三类。保留乔木106株，移栽乔木87株，采伐单株乔木69株（不含记忆花园的现状乔木）。移栽主要为满足防洪要求和新建道路，采伐乔木主要为胸径10cm以下的小苗及构树，除此之外的乔木采用保留或移栽的方式，应留尽留。

设计原则及策略。优化种植比例，以南亚热带植物区系树种为主，以常绿为主，常绿与落叶相结合。结合观赏需求，增加落叶乔木和花灌木，适度选用佛山表现良好的新优品种。营造多种生境，以场地原有格局为基础，形成缓坡、谷地、河湖湿地等主要生境，根据生境特点细分为多种植物种植类型，包括常绿落叶阔叶混交林、疏林草地、花海等。季相变化丰富，针对佛山四季常绿的植物特点，增加色叶植物和落叶开花植物，形成四季有景、季相分明的植物景观（图3.18）。

（3）水系及驳岸设计

根据上位规划，水系池底宽度分为两类：一类池底最窄宽度20m，另一类池底最窄宽度25m。驳岸为坡度1：1.5的硬质护坡，池底高程为-0.756m，最低运行水位0.244m，常水位1.444m，最高运行水位1.944m。

结合项目场地特征及观赏效果，水系设计对上位规划设计进行落实及优化：河道断面以"自然缓坡+垂直驳岸""垂直驳岸+垂直驳岸"的形式，以"河、湖、湿"形态为主，以三洲南涌、G-03三洲东涌水环境整治片区（诗话荷园）内三洲湖以及G-06明华路街头绿地（雨水花园）为主体，形成丰富水系，构成蓝色纽带，呈现净水、悦水、亲水的自然环境。

图3.18　佛山三洲水系效果图

综合考虑多种因素，驳岸设计实现两个和谐：设计形式与内部结构和谐、驳岸与环境功能和谐。公园内主要采用五种驳岸形式：垂直驳岸、石笼墙驳岸、毛石护坡驳岸以及1:3草坡入水驳岸、1:5草坡入水驳岸。

垂直驳岸：采用钢筋混凝土挡土墙的形式，下面用承台及防滑桩支撑，挡土墙立面采用毛面石材干挂进行遮挡美化。采用该驳岸的区域主要集中在河道宽度受限的、淤泥范围内的垂直驳岸，如G-03三洲东涌水环境整治片区（诗话荷园）南岸的垂直驳岸。

石笼墙驳岸：采用三层石笼墙上接矮挡墙的形式，石笼墙基础采用钢筋混凝土结构，墙体外露面进行生态化处理。石笼墙相较垂直驳岸更为自然，故采用该驳岸形式的区域集中在河道宽度紧张但有空间进行一定生态化处理的、淤泥范围内的驳岸，如G-05沧江南路街头绿地（运动花园）东部、G-03三洲东涌水环境整治片区（诗话荷园）南岸河口处。

毛石护坡驳岸：采用毛石砌筑0.4m厚、1.7m高、坡度1:1的护坡，护坡下部为1m×0.8m通长的砌石基础，毛石护坡顶低于常水位0.5m，上为1:3的草坡入水，可以种植湿生植物，到达最高水位线后，设置绿化隔离网以防止行人或工作人员不小心跌落入水。毛石护坡比起石笼墙驳岸更为经济。在效果上，毛石护坡在丰水期可以隐藏在水面以下。采用该驳岸形式的区域位于淤泥范围，并且属于非游人密集区域（图3.19）。主要集中在G-05沧江南路街头绿地（运动花园）西侧、G-03三洲东涌水环境整治片区（诗话荷园）西岸北部、G-04三洲南涌水环境整治片区（四时花

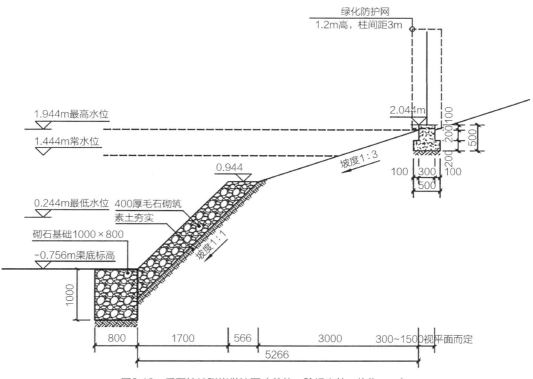

图3.19 毛石护坡驳岸做法图（单位：除标出外，均为mm）

园）西岸以及河口处。

　　草坡入水驳岸：在场地比较开阔的区域，采用缓坡入水的自然驳岸，更加自然亲水，在岸边结合水生植物的种植，营造水生动物的栖息地，形成自然之景。

3.3　慢行系统更新技术

　　城市慢行系统将步行人群、自行车骑行者、借助轮式工具的人群及残障人群等慢速出行群体作为交通的主体。应结合市民出行需求，沿滨水和城市公共绿地，将慢行系统与城市功能的其他空间进行整体化考虑，制定详细的方案，充分尊重游客、居民、办公人员等不同人群的出行需求，布局非机动车廊道和步行空间。

　　城市慢行系统更新要整合城乡绿色资源和碎片化绿色资源，依托各类体育设施、旅游配套设施、特色小镇、林盘院落等，植入文化、体育、休闲功能，提供骑行、休闲、散步、晨练场地，助力享受"慢生活"（图3.20）。

3.3.1　建立慢行系统意义

　　作为生态基础设施的一部分，建立便捷系统的慢行体系可以克服许多城市问题，利于恢复弹性城市，对发展可持续城市具有重要意义。在可达性前提下，优先选择更为健康、安全的自行车和步行出行方式，不仅可以缓解交通和环境的压力，还可以提高人的

图3.20　佛山慢行绿道系统

身心健康。促使"车本位"的观念向"以人为本"交通理念的转变，促进了城市的绿色发展、人文关怀[1]。

3.3.2　慢行空间组织原则

1）慢行系统与道路及环境结合

滨水且具有良好生态环境，有建设慢行专用道的空间，可以结合景观的开发构建生态慢行道路；较小路幅、等级较低，道路两侧具备一定的商业功能的道路，可结合两侧建筑形成骑楼慢行空间；较大路幅、等级较高，符合人流主流向的城市道路，适宜建设地下商业街，构建舒适的空间尺度，增加步行的安全性[2]。

2）步行系统与地铁站点结合

地铁站集散人流主要集中在半径800m辐射范围内，区域内可结合地铁站点建设地下商业街，满足集散需求。

3）慢行系统与居住区人流集散结合

慢行系统与居住区道路贯通，构建地面道路两侧绿地和水域的地面慢行系统，结合风雨连廊、海绵工程等，为居住区打造任何天气、任何条件都可以出行的慢行体系。

3.3.3　慢行系统更新策略

慢行交通系统通常沿河滨、绿化带、风景道路等自然和人工廊道建立，通常为线性绿色开敞空间。可供人们步行、骑行或其他慢速交通通行，同时也连接主要公园、自然保护区、历史古迹和城乡居住区等，形成相互贯穿的绿色通道网络。

按照"慢行优先"的原则，编制慢行系统规划，并将之纳入法定规划编制体系，可体现路权、通行权的公平，让人行道、慢车道越来越顺畅。宏观层面将慢行系统规划纳入城市总体规划，统筹考虑市域综合交通规划、公共交通规划、绿地系统规划等专项规划与慢行系统规划的衔接。中观层面将慢行系统专项规划内容纳入控制性详细规划，保障慢行设施空间"落地"。结合城市改造更新，引导重点区域、重要廊道和关键节点慢

❶ 喻梦杰，吴铁明．慢行系统研究进展［J］．农村科学实验，2020（21）：121-122.
❷ 周赵玉．城市地下空间规划设计与理念［J］．工程建设与设计，2020（13）：11-13.

行系统建设与城市土地开发相融合，引导社会力量参与慢行系统建设。微观层面落实到慢行系统的具体设计。结合区块城市设计、城市环境景观设计、市政道路设计，引入宁静化交通设计❶。制定详细的规划和设计指引，将其纳入城市总体城市设计导则当中，作为交通空间引导内容，有序引导慢行设施布局和设计，逐步改善和提升慢行交通环境。通过信息化技术手段，增加语音过街与提醒设施，改善交叉口、人行过街设施安全度和舒适度。

塑造林荫路、林荫景观街、林荫漫步道等林荫街巷。结合道路横断面改造方案，增加林荫路两侧行道树，实现中央绿化带上连续绿荫，补植林荫景观街行道树断点、替换树冠稀疏的行道树，提高林荫漫步道的连续性与舒适性（图3.21）。

图3.21　北京文慧园北路林荫路

3.3.4　慢行空间塑造方式

依据城市发展经验，一个城市慢行环境的塑造直接影响其城市的品质，良好的慢行系统可以为城市生活提供更加舒适便捷的空间条件，也促进人与生态环境更加和谐友好。同时，慢行为主导的出行模式也促进城市低碳化，促进城市可持续发展。

1）生活慢行空间

沿社区、办公、科研等功能区的城市支路布置慢行道路，部分区域结合当地建筑特点，在小尺度街道两侧沿街建设风雨连廊等形式的步行空间，与建筑底层空间共同构建遮阴避暑的慢行方式。

2）滨水慢行空间

沿城市河道，设置步行道和骑行道，将城市滨水公园、滨水慢行道有机衔接起来，形成滨河慢道、商业水街等多种具有地域特色的慢行空间，在慢行出行的同时，为居民创造舒适的滨水游憩空间。

3）地下慢行空间

结合尺度较大、级别较高的城市道路的地下空间开发，将人流、车流流线进行综合考虑，利用开发的地下商业街、地下过道等空间，建设满足慢行的地下通勤空间，化解地面人车干扰，创造别样休闲慢行体验。

❶ 吕洪杰. 城市慢行系统存在的问题及对策浅析［J］. 工业建筑，2017，47（增刊）：121-122.

3.3.5　慢行系统设施建设

1）自行车停放设施建设

自行车停放设施布设点主要分为四个层次。第一层次自行车停车布设点与交通枢纽相结合，主要是满足慢行方式在交通枢纽换乘；第二层次自行车停车布设点与公共交通首末站、公交站点相结合，主要目的是满足慢行交通与公共交通之间的联系需求；第三层次自行车停车布设点在居住社区内部，目的是满足社区内部的对外慢行交通需求；第四层次自行车停车布设点布设于部分道路路段中、旅游景点附近，目的是服务休闲旅游慢行交通需求❶。

自行车停放设施布局原则：停放点尽可能分散布置，且靠近目的地，充分利用支路、街巷空地设置；避免停放点出入口直接对接交通干道；按照小规模、高密度的原则进行设置，服务半径不宜大于50m；轨道车站、交通枢纽、广场等周边应设置路外自行车停放点，服务半径不宜大于100m，以方便自行车驻车换乘或抵达❷；路侧自行车停放区应充分利用设施带或绿化带划定专门用地设置，不得占用人行道，干道交叉口周边30m区域内以及支路交叉口路缘石弧形区域内不建议设置路侧停放区；在路段中部设置自行车停放区应结合公交车站，同时与地块出入口保持合理间距。

2）过街设施建设——地上过街设施

过街设施布局要满足行人的过街需求，减少绕行，体现人性化要求，路口采用半径转弯，右转机动车强制减速后再缓慢转弯，保障行人过街安全，同时减少过街距离。路缘石半径根据道路功能区别对待，控制在3～10m。

城市更新区内宜采用平面过街设施，因河涌、地势等造成物理高差难以实现平面过街时，采用立体过街设施，同时设置自动扶梯等人性化设施。过街设施应连续、平整、防滑，满足无障碍通行需求及海绵城市建设等相关要求，且应设置配套的标志标线。

行人过街设施结合公交站点布设时应保持一定距离，防止公交车在行人过街横道前排队；同时由于公交车体积较大，很容易阻挡其左侧机动车司机和右侧过街行人的视线，保持一定距离也可以防止交通事故的发生，保障安全。

在道路机动车车道宽度过大时，设置行人二次过街设施；当行人穿过半幅路时，安全驻足区给行人明确的空间占用权，为其提供静止等待下一次穿过剩余半幅路的机会。无中央分隔带时利用栅栏形成安全驻足区，有中央分隔带时利用中央分隔带形成安全驻足区和错位人行横道。

3）过街设施建设——地下过街设施

为了保障行人过街安全，结合地下空间的开发利用，在轨道交通站点周边结合地下商业的开发，设置地下步行道路。

4）人性化的绿道慢行设施建设

高品质人性化的绿道慢行设施应考虑以人为本，重点关注慢行行为的安全性、舒适

---

❶ 上海市城市建设设计研究总院. 中新天津生态城综合交通体系规划分报告6：步行与自行车系统规划［Z］. 2016.
❷ 中华人民共和国住房和城乡建设部. 城市步行和自行车交通系统规划设计导则［Z］. 2013.

性和可达性等基本需求，同时兼具美学观赏性。可增设休憩点、配置相应的休闲座椅、标识系统、照明系统、分类垃圾桶、距离及信息标识、服务指示牌等；公交站台、休憩点等服务设施设计应融入与整体景观相应的创意文化元素，以达到和谐统一❶。

3.3.6　项目案例——德胜街道城市空间改造提升

德胜街道位于北京市西城区的东北端，与朝阳、海淀、东城三区接壤，辖区面积4.14km^2。东以旧鼓楼外大街为界，与东城区和平里街道相邻；西以新外大街划线，与海淀区北太平庄相邻；南至北二环路与新街口隔河相望；北到北三环路、裕民路，分别与海淀区花园路街道、朝阳区安贞街道相接。

德胜门自古就是北京重要的交通枢纽。街区范围内有北二环、北三环、京藏高速三条城市快速路，以及新街口外大街、新康路、冰窖口路、黄寺大街、安德路五条城市干道，外部交通便捷，但也是全国著名大堵点。

1）项目现状交通概况

路网密度低，断头路多，缺乏道路微循环；内部交通常年常时拥堵，停车困难，侵占慢行道和人行道现象严重；人车混行，道路安全隐患较多；盲道、人行道设置不合理。

2）城市更新策略

以"绿廊+驿站"的方式将重点区域的公共空间、历史文化空间、休闲设施、特色商业串联起来，打造特色鲜明的文化绿道与科技绿道。

文化绿道：以三大公园为基础，构建四个绿色廊道，以点、线、面的形式串联滨河路历史文化街、安德路民族文化街、旧鼓楼传统文化街、大院文化街（安德里北街）、"老北京百老汇"（黄寺大街）、西黄寺等文化驿站，全面展示北京德胜地区文化风采。

科技绿道：以科技科教为主要内容，构建二环一线的绿色廊道，以点、线、面的形式串联中国工程院、孔子学院、中关村德胜科技园、科技之园、合生财富广场、双秀公园、少年文化广场（马甸街旁绿地）等的科技驿站，多层次展示北京德胜地区科技氛围。

3）绿色低碳实践技术

（1）骑行畅通

保障非机动车，特别是自行车行驶路权。系统规划设计非机动车道。安德路、六铺炕街、黄寺大街、双旗杆路等自行车骑行与路边停车需求较大的道路，采用自行车道与路边停车错峰使用的方式，用管理手段来实现非交通高峰期停车，高峰期自行车专用。

主、次干道对机动车与非机动车进行硬质隔离，分色铺装强调非机动车道，设置非机动车标识（图3.22）。

（2）提供宽敞、畅通的步行空间

对人行道进行分区，保障步行通行需求（图3.23）。

鼓励电缆电信设施入地；对市政与休憩

---

❶ 邹林芸，张继刚，曾静. 城市绿道慢行空间系统规划浅析——以成都市为例［J］. 上海城市规划，2017（6）：103–106.

自行车专用道
无自行车专用道
规划范围

图3.22 非机动车道规划图

绿化带与设施带
市政与休憩设施

步行通行区
保证步行通畅

建筑前区
提供交往与交流空间

图3.23 人行道划分图

设施进行整合，集中布置在设施带中；指示、电杆等多种设施可以由一杆进行整合。

避免对步行通行区造成障碍与不合理占用；人行道过窄时将树池盖板，补充通行功能。

（3）过街安全

规范自行车过街方式。

鼓励社区支路和慢行支路采用路面抬升、人行道铺装等方式优化过街体验。

（4）自行车及共享单车停靠设施

根据现状寻找共享单车停放规律，在地铁站、企事业单位、医院学校等人员密集区域，共享单车需求高，可在其周边划定集中停车区，规范共享设施。

（5）环境可靠

人行道应提供充足的照明；人行道铺装应满足防滑要求；人行道应满足无障碍要求；附属设施不得妨碍行人活动安全。

3.4　历史文化风貌传承

在城市的发展、扩大和丰富的进程中，由于城市规模和功能的扩大、产业和社会结构的改变，许多城市内早期形成的区域也逐步改变了味道，失去了活力。在城市的风貌上体现为建筑质量、文化传统、生活环境的衰败，原生秩序随着时代更迭而被破坏，城市建设逐渐脱离地方文化，脱离街区所蕴含的特殊历史文脉，破坏了老城区独特的空间格局和历史肌理。

以"在地文化"为导向开展城市街区更新提升，使城市文脉得到传承与复兴的同时，实现绿色低碳的更新目标。

3.4.1　历史文化风貌特色识别、提取与运用

习近平总书记指出："保留城市历史文化记忆，让人们记得住历史、记得住乡愁"。在城市发展的历史变迁中，长期积累的地域文化是一个城市最基础、最本质、最深刻的内涵和底蕴。城市的历史与文化彰显了城市发展的脉络以及文明的传承和延续，是人们对一个城市的记忆。一个城市历史文化的表现形式包括历史建筑及街区、具有代表性的工业遗迹、历史文化景观，这些区域突出反映了一个城市独具特色的历史和文化，具有标志性及历史价值，同时也是城市更新中的重难点区域，兼顾传承保护与绿色发展的双重目标。城市更新需要在进行整体布局控制与历史风貌的原真性保护的同时，促进历史街区新旧功能转换，充分活化历史资源，提高街区的绿色更新效果，如提升基础设施、补充使用功能短板、补充绿地、提高生态环境和生活品质等，使居民生活区得以完善，城市公共空间得到补充。

1）历史文化风貌特色识别与留存分析

（1）风貌特色的识别

城市中的历史遗存，是长久以来城市文化在历史长河中所留下的标志，在不同的历史文化、自然条件、生活习惯的影响下，城市形成了各自独有的特色。更新的过程中应尊重原本的地域文化，并加以挖掘发扬，延续城市历史文化。

城市风貌特色由当地的人文、经济、政治、历史沿革等因素决定了其外在的表现形式，具象表现在城市有形的街道格局和无形的开放空间中。对城市风貌具有体验及感官影响的可识别特色要素，中观层次包含城市肌理、空间格局、空间序列、街区尺度等；微观层次包含立面风格、建筑材料、建筑细部等。

（2）历史文化价值判定

对历史遗存进行评估分类，通过对历史年代、文化价值、特殊历史事件意义、完整程度等方面的评定，可将城市内建筑物、构筑物等划分为保护修缮、保留改造、更新整治、拆除改建四个类别。对于具有历史价值的、留存较为完好的建筑、构筑物等，提倡进行保留、修缮，延续使用，减少大拆大建，并将城市历史文化通过建筑这类实物载体进行传承延续。

（3）识别、分析方法

文献研究法：通过对城市史志、相关历史文献等查阅与研究，明确城市风貌形成的历程与原因，了解主要风貌特色。

层次分类法：对城市街区的中观层次和微观层次要素进行采集和归纳，构建风貌体系。

图底分析法：运用城市图底理论，以建筑投影为主体识别、研究城市肌理特征。

2）历史文化风貌元素的提取与利用方法

识别城市历史文化风貌特色后，进行进一步分析，提取风貌区内具有代表意义的元素进行扩展利用，对风貌区的更新整体统一考量，使更新后的片区具备历史文化

特性，并且具有整体性、统一性，能够形成具有文化影响的体量规模。街区内可以提取并加以发扬的因素包括人文特色、街道旧称、原有工厂名称、建筑风格元素、色彩等，将这些具有历史记忆的元素提取出来，以原有历史文化为基础，引入创意产业、社区活动等，对街区进行整体风貌更新以及文化更新，重新激发城市历史认同感，同时也可使之成为传承城市传统文化的纽带，成为城市特色风貌的集中表现。如成都宽窄巷子的提升改造，较好地保留了原有街区的尺度和历史文化元素，延续了历史传承的产业作坊，也引入现代商业，让人们感受到当地历史文化氛围的同时，满足了商业消费需要（图3.24）。

对历史文化风貌要素的测绘与采集信息量较大，依托数据分析的新技术手段，为信息的采集分析提供了更加便利与精准量化的方法。

（1）三维激光扫描技术

三维激光扫描技术也称为"实景复制技术"，具备高精度、高密度点云的优势。利用三维激光扫描技术对风貌区逐一进行扫描，对获取的点云进行实时拼接，获得风貌区数据影像。

（2）倾斜摄影及建模技术

倾斜摄影是在一部航拍机器上配置多个捕捉镜头，并在一定距离同时拍摄各角度影像，可以获取到建筑大量的影像信息。通过倾斜摄影方式获得建筑外观影像，沿街道方向进行倾斜摄影，利用倾斜摄影处理软件，通过导入影像数据和地面像控点进行测量计算，生成三维密集点云模型，再进行分块建

图3.24　成都宽窄巷子街景

模，最终通过纹理映射生成包含全要素的三维模型。

（3）GIS数据平台与空间形态分析法

GIS可作为数据整合平台，可对片区更新的数据进行高效整理与分析。在GIS中可对建筑与空间的图底关系、街道尺度、地形高程等进行分析，将建筑价值影响因素如建筑层数、建筑结构、建筑年代、建筑质量等权重值输入GIS属性表，可发掘不同要素空间及属性的关联，进而对建筑价值和特色做出综合评价。

（4）基于图像学习的街景图片分析法

对信息数据的收集可以通过地图功能中的街景图像，利用网络爬虫的方式可以对所选定的街区图片进行检索和整理。图像语义分割的方法是通过深度学习，对图像中各类视觉要素进行定量化分析，进而将图片转化

为包括道路、天空、树木等要素在内的各要素视觉所占图幅的数值。根据相关感性关联模型，可以将这些数值转化为使用者对于该图片在不同语义维度的感性评价值，从而实现对街区不同位置、不同年份的街景状况的感性评价❶。

（5）基于空间感知的问卷调查及VEP分析法

对人群进行调查问卷发放，通过人们对城市风貌的感受与认知，获得城市风貌的公众印象，即基于空间感知的问卷调查。

VEP（visitors employed picture）分析法即游客受雇佣拍摄法，组织志愿者实地拍摄照片，再根据研究客体已选的主题或关注的对象产生的视觉数据进行归纳、分析❷。

风貌特色评价指标及其相应的提取与分析方法见表3.3。

❶ 王昭雨，庄惟敏. 基于图像深度学习的街区更新后评估方法研究——以北京什刹海街区为例［J］. 新建筑，2022（3）：5–8.

❷ 汪强斌，张欢，吴小刚. 基于VEP方法的历史街区景观更新研究——以晋江五店市街区为例［J］. 四川建筑，2021（2）：27–30.

风貌特色评价指标及其提取与分析方法　　　　表3.3

一级指标	分项指标	风貌特色	关键技术
景观风貌	历史文化	历史文化建筑留存比例	GIS、街景图片、倾斜摄影、三维激光扫描
		历史文化元素运用情况	GIS、街景图片、倾斜摄影、三维激光扫描、问卷调查、VEP
		协调发展适应性	GIS、街景图片、倾斜摄影、三维激光扫描、问卷调查
	建筑风貌	肌理密度	GIS、图底分析、倾斜摄影
		空间序列	GIS、图底分析、倾斜摄影
		街巷尺度	GIS、图底分析、倾斜摄影、问卷调查
		建筑形态特征	街景图片、倾斜摄影、三维激光扫描、问卷调查、VEP
		本土建筑材料	街景图片、倾斜摄影、三维激光扫描
	城市色彩	延续性	街景图片、倾斜摄影、三维激光扫描、问卷调查
		协调性	街景图片、倾斜摄影、三维激光扫描、问卷调查
	城市家具	生态修复	街景图片、问卷调查、VEP
		资源循环再利用	街景图片、倾斜摄影、三维激光扫描、问卷调查
		健康行为引导	问卷调查、VEP
		生活空间舒适性	问卷调查、VEP

3.4.2　历史文化风貌更新设计

在旧街区建筑改造提升中，建筑立面风貌改造方面，针对不同的改造，其侧重点也有许多不同。对于需要保护的历史建筑，可能就要采用"修旧如旧"的策略；对于没有风格保留价值的建筑就需要采用重塑风格，以获得新生的策略。而对于大多数建筑而言，可能就要有保留和重塑风格取舍的问题。不同的地域特点形成了不同的地域文化，不同的地域文化反映在建筑上就形成了丰富多彩的建筑文化元素。传统地域性建筑的内部空间、屋顶样式、装饰图案等各个方面为建筑设计提供了丰富的素材，通过对这些素材的研究，可以提炼出地区独有的特点。

通过对街区在地文化特征要素的收集归纳，将无形的文化思想与实际的空间表象有机融合，在建筑与空间上表达出在地文化的深刻含义，是发掘城市自身特点、防止同质化发展的有效触媒。

1）城市更新区域风貌形态的设计原则

（1）保护利用与城市发展协调一致原则

城市更新由大规模增量建设转为存量提质改造，以保留提升为主，无论是历史文化街区还是其他居住、工业街区，都将在城市更新中被赋予城市所需要的功能，继续发挥作用，那么旧街区更新提升的定位是否顺应城市发展则显得尤为重要。

天津原意大利兵营建筑，依托其原有功能的空间特点，改造为空间模式相适宜的共享办公楼，为小微创业企业、自由职业者提供租金较为低廉的办公空间，这座历史保护建筑在城市发展的进程中持续发挥着作用（图3.25）。

挖掘街区的历史文化记忆，对于不同社会分工、不同类型的街区赋予相应的功能定位，发现街区的历史文化价值并使其适应当下的城市生活，依托人的活动进行活态传承，补充所需功能，增加公共空间、生态绿地等，通过加强文化遗产、历史文化街区与人们生活的融合，使其成为与群众互动的文化纽带，并在日常生活中自然传承，形成鲜活且有温度的民俗文化。

（2）可行性、可持续发展原则

城市更新的主要目标是恢复城市活力、减轻土地压力、推动产业升级、提升城市形象、改善生活品质，在更新的同时也要做好历史文脉传承和街区经济的协调发展，在活化和发展中实现对城市历史文化遗存的保护修缮，并改善街区生活环境和提升经济活力，将人民对优质居住环境的追求、多元丰富的精神需求，与传承城市文化记忆的使命有机融合起来，走可持续更新的道路，这样城市才能焕发永久的活力。

为了更深层次地挖掘在地文化，可以了解居民对片区的印象，并加以复原和重现，使在地文化作为内生驱动力，提高文化凝聚力，提升居民对片区的归属感，从而激发居民自身对街区更新保护发挥"在地"作用，对于保持街区持续健康的发展具有长期的效果，适应"以人为本"的城市发展要求。成都枣子巷街区以中医养生为社区主题，发掘自身特色，社区内以医馆为主要发展业态，街区景观小品也以中医药知识为主题，赋予了街区可持续发展的生命力（图3.26）。

总体来说，应以人民需求为中心进行城市更新，创造多元包容的、富有亲和力的城市公共空间和休闲空间，补齐区域短板，营造低碳生活方式，延续城市整体人文特色。

图3.25 天津原意大利兵营改造为共享办公楼

图3.26　成都枣子巷街区改造

2）风貌特色更新设计控制要点

（1）城市肌理空间格局的管控

采取改造提升建筑与周围环境、城市有机融合的设计策略，旧建筑风格延续城市特定文化肌理、元素，加入的新建筑元素与旧肌理融合统一，形成新的有机体，融入整个城市。

旧街区建筑改造提升中建筑风貌的研究，不应仅停留在一个建筑的立面造型上，而要上升到社会文化、建筑文化传承的高度上来理解。这样在改造设计中，我们才会去关注传统文化的继承和发扬，才会关注建筑的民族性，才能创造出具有地域文化的建筑风貌，弘扬地域传统文化。

在旧街区更新提升的实践过程中，会发现由于具备法定效力的历史保护建筑数量较少，而使得街区中大量建筑在更新过程中被改造或拆除，但这些建筑正是组成城市肌理的重要因素。更新如不能做到整体规划，由空间格局至建筑细部，只着眼于建筑单体本身，会导致城市肌理的消失，而这并不能表达城市更新的本意。

在更新之初首先应对现状街区风貌进行整体评估，对街区内的各类构成要素的信息进行收集和分析，确定更新保护原则。对街区肌理、空间格局、建筑形态、历史文化元素等方面进行评估，将街区内的建筑、构筑物等进行分级评定，可分为保护修缮、保留改造、更新整治、拆除改建四类。分析街区肌理构成，空间组织形式，对街区肌理的历史价值进行评估。城市更新应同时关注建筑保护与肌理保护，识别街区建筑风貌形态、空间格局和肌理特点，结合城市发展理念，对街区的更新形成保护和控制要求。

合理控制肌理密度，利用现状街区的密度作为参考值，结合城市发展和现代使用需求，分区域设定肌理密度限值。并应根据不同区域的功能分布，及其需求的差异、保护级别，对肌理保护类型做出区分。可分为肌理维系、肌理修复、肌理重塑，实现对街区肌理差异化的控制引导，避免出现因追求硬性控制指标而发生的不合理更新。

（2）空间序列关系的确定

空间序列保护主要体现在延续原有格局和遵循原有街区的建筑构成关系。城市发展过程中通常会形成具有特点的序列布局，或是轴线对称布局，或是中心发散布局，如北京的中轴线对称布局（图3.27）。对于空间序列的控制可通过提取原有空间形态、街巷数量及布局、节点位置的方法并将其作为主

要控制指标，然后根据区域的使用功能和规划引导，结合街区历史风貌保护要求和当今提升改善需求，设定合理的空间序列布置。

（3）街区尺度的量化

街区尺度保护主要为在满足现代生活使用需要的情况下，继续延续其独特的街巷空间尺度，使街区的历史记忆和生活习惯得以保留，并发扬和传承其既有的人文价值。如北京杨梅竹斜街（图3.28）与长沙若干老街（图3.29）保留原有街区尺度，并且由此可见，具有不同功能的街区，其尺度也不尽相同。采用街巷内视野的比例关系作为主要的控制要素，选取主街长度与支路长度作为主要控制指标。将现状街区尺度作为基础参考值，根据街巷视野的宽度高度的比例关系，确定街区更新的街巷尺度限值，结合对建筑高度的控制，通过对街区尺度的量化，达到对街区空间感知的保护目标。

（4）建筑立面风格控制

沿街界面风貌控制。对建筑界面的保护主要为延续街区的功能布局，传承沿街城市界面的原有风貌并加以发扬更新，融入现代

图3.27　北京中轴线空间序列布局

图3.28　北京杨梅竹斜街尺度

图3.29　长沙老街尺度

护的沿街建筑，沿街风貌、建筑立面应符合既定更新目标。

建筑形态特征控制。在对历史文化街区进行保护、更新、提升后，其内的历史建筑应能在外观表现上保持原本基本特征。同时在实际使用中，应融入现代功能需要，可采用现代设计与技术手段，优化内部构造。建筑形态特征上将屋顶形式、开间尺度、装饰花纹、建筑材料、反复出现的文化元素等作为主要控制要素。

在西宁贾小巷街区改造的实践中，立面的更新设计提取了当地河湟文化的符号元素，应用在门头、檐口上，在沿街功能上也整合了商业立面，整体风貌统一，效果较好（图3.30）。

（5）建筑材料的使用

控制用材总量。在建筑的改造项目中，采用"微介入"的改造策略，最大化利用原有建筑空间及结构，同时避免增加过多的装饰性构件，既是对原有建筑的尊重，也是合理运用资源，减少建筑材料不必要的浪费。如上海油罐艺术中心（图3.31），原为服务于上海龙华机场的一组航油罐，现成为活

需求，丰富沿街界面的功能形态，提高公共性。控制指标可采用沿街建筑高度与沿街公共界面的比例为主要指标，确定需要重点保

图3.30　西宁贾小巷改造后沿街实景

图3.31　上海油罐艺术中心

跃于上海文化艺术聚合区的热门综合性艺术中心，其外观完全保留了油罐原有表皮，没有增加过多的装饰构件，内部空间也很简洁，利用必要的立体交通划分出了各个功能空间。其屹立于黄浦江边，用极简的外观及配色，展现了历史建筑独具的特色与态度。

采用当地建筑材料。尽量选取当地区域常规材料作为装饰主材，可减少运输过程中的损耗及运输成本。也鼓励对拆除材料的再利用，可减少对社会的垃圾输出和排放。如拆除砌块作为景观墙、小品，或者作为地面铺装等，这种做法有利于展现当地建筑风貌，延续场所记忆。

3.4.3　城市色彩

城市色彩展现了城市的历史文脉、特色风貌，同时也影响着城市的更新发展。城市的色彩在视觉上最易被感知并形成对一个城市的记忆点。在城市更新的过程中，应该尊重城市自身的色彩特点，尤其是历史文化名城或街区，确定符合城市定位的色彩属性，对城市的色彩进行规划和把控。

1）城市色彩的形成及意义

一个城市色彩的形成，包含多种原因。有人文影响因素，如在时代背景下由宗教、礼仪、制度等约束下，反映了历史环境、宗教发展、民族文化、社会生活演化等历史信息的延续，从而形成了公众视觉的感受。北京历史街区中的建筑色彩特点是在整体的统一中加入细节的变化，黄瓦红墙、丹楹绿檐、青瓦灰墙，是在宫廷礼制影响下形成的风貌特点。在西藏的民族文化中，雪白的墙壁、红色的檐口、鎏金的屋顶，与湛蓝的天空形成鲜明的视觉冲击，展现出庄严的神圣感，形成独特的色彩语言体系。

也有自然影响因素，建筑活动与城市所处自然地理环境有关，地貌环境、土壤色泽、河流山川、气候区位等与生俱来的自然因素，造就了丰富多样的地域建筑风貌，因此而形成的具有当地特色的建筑色彩，也是城市文化的重要表象之一。江南如泼墨山水画卷般的水乡色彩，北方红砖砌筑的老宅屋院，都承载了人们对家乡的记忆与归属感，是永远怀念的、不可磨灭的颜色。

我国发布的国家标准《城市色彩设计指南》GB/T 42648—2023中确立了城市色彩的总体原则，适用于全域空间城乡建设中的色彩设计及管理。

2）城市色彩构成要素

（1）建筑色彩

建筑色彩在城市整体色彩中所占比重较大，建筑的色彩运用，决定了城市、街区的主体色调，奠定了带给人们的感官氛围的基调。

当我们漫步在城市的大街小巷，一栋栋高楼大厦、一座座古老建筑，都在用无声的语言向我们诉说着这个城市的历史、文化和特色。而在这其中，建筑色彩无疑是城市色彩中最为重要的元素之一。它不仅为城市景观注入了生机与活力，更在无形中影响着我们的情绪和心理状态。

建筑色彩的设计需要充分考虑建筑的性质、功能和特点。例如，商业建筑通常采用鲜艳的色彩以吸引顾客的眼球，而文化建筑则更注重历史和文化的传承，采用与周围环境相协调的色彩。这些色彩的选择都是为了更好地突出建筑的特点和风格，让人们在第一眼就能感受到它所散发出的魅力和氛围。

同时，建筑色彩的设计还需要与周围的环境相得益彰。在自然环境方面，建筑色彩应该尽可能地融入自然景观中，使人工与自然达到完美的和谐。而在人文环境方面，建筑色彩则应该尊重和传承当地的文化传统，让人们在其中感受到浓郁的历史和文化氛围。

当然，城市建筑色彩设计并非简单地堆砌和搭配。它需要在多样性和统一性之间找到平衡。只有多样化的色彩才能为城市注入更多的生机和活力，但同时也需要统一性来保持城市的整体感和秩序。因此，需要在充分考虑城市的特点和需求的基础上，为城市建筑色彩设计制定出一套既符合艺术审美又实用的搭配方案。

建筑色彩不仅需要适合建筑功能，同时也要贴合街区、城市的发展规划。建筑作为个体具备其独立性，但却不能与周边环境、与所处街区割裂开来，建筑色彩组成了一个街区乃至城市的色调，同时也可以起到对城市整体观感的调和作用。通过色彩的处理，使街区、城市风貌达到和谐统一。

（2）景观小品色彩

景观广场、道路铺装是城市景观的一部分，其铺装样式及色彩应与其功能、主题等相匹配，作为城市的重要空间节点，通常是居民聚集的中心。美观并具有特色的铺装和色彩搭配，可以给人们增添活力，为街区及城市增添一道多彩的风景。

城市的标识牌、指示牌、站牌、广告、雕塑、座椅等，运用适宜的色彩，可以有效传达信息，同时也可以作为城市的色彩点缀。如运用对比色、多彩的颜色给城市增添丰富的色彩，形成具有特色的城市景观。但也要注意需要特别提醒的标识牌，如危险部位、电力设施等应使用规定专用色，起到提示的作用。因此，景观小品的色彩运用应兼顾功能与美观。

（3）灯光色彩

灯光照明是营造城市夜景的必要措施，

图3.32　北京蓝色港湾商业区灯光设计

灯光不仅可以使建筑在夜晚也成为景观，还可以对构筑物、景观小品、草坪树木加以装饰，构建光彩绚丽的城市夜景。彩色灯光在黑色夜空的衬托下，色彩感相比日间更为强烈，在同一个街区可以形成白天与夜晚截然不同的景色。北京蓝色港湾商业区利用灯光对树木、草坪进行装饰，结合建筑灯光设计、广告及橱窗照明，渲染出热闹的氛围，形成了独具特色的夜景商业区，吸引了大量人群聚集（图3.32）。

（4）生态环境色彩

自然的色彩是城市环境中的必要元素，生态环境具有生命力，不同的植物展现出不同的色彩，随着季节的变化也呈现不同的状态，如枫树、银杏、雪松等，春天展现不同的绿色，到了秋天则变化为红、黄、绿色，色彩丰富。水体也会因其内部的不同生态，以及设计的不同形态，呈现不一样的景观色彩。生态环境的合理搭配，为城市增加具有生命的、生长的、变化的色彩。

3）城市色彩的设计原则

（1）城市空间色彩整体性规划原则

城市空间由建筑单体、道路广场、景观小品、生态绿地等元素构成，各类元素具有不同的色彩，需要做整体规划，通过对不同元素的色彩赋予，对不同色彩的协调搭配，为空间色彩找到适配的处理手法，如同色系、对比色、互补色、主从色调等色彩规划，使各类元素和色彩形成和谐的整体空间，在变化与统一中实现平衡。

（2）既有色彩延续性原则

城市在持续的发展进程中，其建设与更新都基于传统文化底蕴，随着元素的进化与叠加，逐渐形成了城市特有的风貌。城市的色彩容易留在人们的记忆之中，成为人们对城市的印象。现今城市色彩越来越被重视，一些城市也确定了城市的主色调。提取城市色彩并加以延续，使传统历史文化在视觉观感上得以传承，城市整体性、特色特征得以强化，并增强人们的历史记忆及文化认同感，城市色彩将成为城市历史文脉与居住游憩功能之间的联系纽带。

（3）色彩与功能协调性原则

城市色彩在整体规划下，形成统一的感官效果，同时也应融入功能因素的影响，色彩与功能相适配，并与主色调相协调。城市色彩设计与城市规划相结合，根据区域、功能等多种因素的综合条件，赋予相应的色彩规划。城市色彩不仅表达了城市的历史文化特征，也通过发展与更新，将城市色彩进行提炼、提升，使之更加能够适应现代城市的发展理念，促进城市形成系统有序的文化风貌，并使得城市色彩与区域功能有机生长、丰富多变又协调统一。

3.4.4　城市家具

城市家具（Urban Furniture）最早起源于英国，主要指摆放在"城市客厅"（公共空间）里的各类"家具"，即城市街道上众多的公共环境设施。由于不同国家和地区之间社会历史、文化传统及政治环境等存在差异，因此城市家具在各国有不同的名称，英国称其为"街道家具"，美国称其为"城市街道家具"，日本则称其为"步行者道路的家具"，西班牙等国称其为"城市元素"❶。

跟随城市更新片区的提升，城市空间、环境、设施也同时需要根据地区需求进行补充与再设计，以提升城市品质。城市家具建设基于城市历史文化特色进行融合设计，对

其加以提炼并发扬传承，彰显城市特点。

1）城市家具在城市更新中的作用

城市更新片区往往存在居民日常生活需求与公共服务设施不足之间的矛盾激增的问题，如配套服务设施缺乏、景观绿地缺失、活动场地拥挤、空间秩序较差等问题。而通过城市家具节点的补充调节，可将此类问题解决或弱化，对于老旧街区的持续发展有着重要的作用。城市家具在设计布置中较为灵活，易于布置在空间较为拥挤的区域，对于环境的无序杂乱能够起到整合、补充的作用。如成都枣子巷社区利用街边的有限空间规划布置休闲座椅，采用合适的设计形态，即可使其提供邻里公共空间的同时也成为城市景观的一部分（图3.33）。成都东郊记忆园区利用废弃的管道下部空间，设计工人生产主题雕塑，丰富了园区内景观，也留住了园区的历史记忆（图3.34）。

2）城市家具设计原则

（1）功能性与设计性并重原则

城市家具作为功能型的要素，往往被忽略了其也可以成为城市景观的特点，可与周边建筑和环境相融合，提升空间品质。有些设施如栏杆、公交站点、休息座椅等，只做到了满足功能的需求，布置简单粗暴，无美感可言，又缺乏人文关怀，这种设施的布置未经过整体规划，与周边环境无法达到和谐统一。如果在更新提升过程中，将城市家具作为其中的组成元素进行

❶ 方晓风，城市家具研究现状与前景展望［J］．家具，2022（3）：1-7.

图3.33　成都枣子巷街边休憩空间及绿化

图3.34　成都东郊记忆园区内工厂主题雕塑

整体策划研究，能更好地发挥其在空间中的作用，使城市家具更具有温度感，提高使用者的幸福感。

（2）融入文化精神的系统性设计原则

城市家具的设计应用包含空间规划与功能使用，同时也涉及设计理念、材料运用、地域文化、管理维护等多方面的内容，城市家具并非独立于空间构建之外，而是与城市空间相辅相成，与城市整体风貌相互融合。

城市家具能够精准表达和传递城市历史底蕴、文化信息、风土人情，丰富空间文化价值。在具体造型中赋予其文化信息对应空间，可以帮助参与者深入理解城市家具的文化精神，就是把这种文化价值"活化" ❶。城市家具可以成为历史街区的延续和补充，更易于提炼文化符号和元素，强化街区文脉价

---

❶ 褚军刚. 基于空间叙事的城市感性家具设计研究［J］. 创意与设计，2018（4）：77–80.

值和特性，起到传承历史文化，彰显时代特征的作用。

结合城市更新理念在材料的选择上优先考虑采用环保材料、本土材料以及回收再利用材料，合理控制成本及碳排放。利用新材料如多孔混凝土等透水性材料，对雨水进行渗透与收集，提高对水资源的利用效率。

城市家具与生态营造相结合，不仅完善了城市生活功能，也起到了美化城市、改善生态环境的作用。城市生态环境的营造，同时也可以改善城市噪声影响，减少尘土污染，提升空气质量。

（3）场景构建与行为引导原则

城市家具作为公共设施，具备相应的功能，目的是为人们提供日常服务，因此在设计中应坚持以人为本的基本原则。

功能多样的城市家具对应了不同的使用人群，对人群类别、需求、行为方式进行调研划分，预设使用场景，将人群的切身需求置于其中，最终的分析结果反映在城市家具的设计中，将其因地制宜地与城市更新相融合。

利用适宜的城市家具设置引导人们形成健康低碳的行为习惯，将城市家具与城市环境融合设计，营造宜人氛围，触发人们对空间的探索，提高人与城市环境的亲密程度。如利用景观小品、休憩座椅、道路铺装区分，增设道路慢行系统，优化出行环境（图3.35）；利用生态绿化设施的合理布置，增加场地区域之间的连通性，优化场地可达性；通过增设休闲娱乐设施等措施，鼓励居民绿色出行，减少私人交通工具的使

图3.35　成都枣子巷慢行步道

用，促进运动等健康低碳生活的养成。

3.4.5　城镇社区标识系统

标识系统是指环境中静态的识别导向符号，城镇社区标识系统是为了指引在社区内的人群日常行为方式而设计的。随着国家经济和城镇化的发展步伐加快，人们对于社区环境的重视越来越凸显，而社区也渐渐成为一个集居住、休闲、娱乐为一体的整体。标识系统作为一种信息载体，将复杂的社区空间简单化、层次化、条理化之后传达给使用者，在社区生活中，标识系统的设计就更为重要，它起着视觉导向、内容说明、紧急疏散、形象标识甚至丰富景观等作用。同时，它最重要也是最基本的功能就是能够最快地缩短人们寻找目的地、方位的时间，为人们

的休闲娱乐和日常生活创造更为方便、快捷的行为方式❶（图3.36）

1）设计原则及要求

社区标识系统的规划及设计是展示城镇社区总体形象的重要手段，是为整个城镇社区运营服务的，在现代城镇社区中发挥着重要作用。标识系统是由信息部分、视觉部分及材料部分所构成，设计时要对各部分的具体要素，如文字、图形、色彩、材质等进行综合考虑。

（1）系统性原则

城镇社区标识系统的系统性原则是指空间布局与功能指示的系统化，体现为标识系统整体视觉信息的连贯性及系列化设计方面。结合现代城镇社区的特点，它不仅需要整个社区中每个子社区标识系统诸要素相互

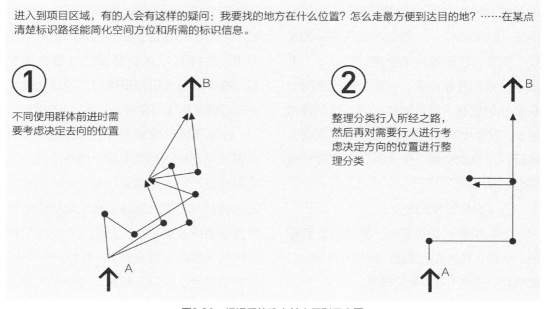

图3.36　标识系统建立基本原则示意图

❶ 安泽勤，许伟. 因地制宜创建标准——为建设完整居住社区注入持续活力［J］. 住宅产业，2020（11）：90–93.

关联、信息连贯，而且也要求各个子社区的标识系统之间彼此联系，构成整个城镇社区系统化的标识系统。置身于社区中，身处任何一处都可以作为起点，应能系统宏观地说明所处位置和周边区域的位置。

在设计时应保证同一社区标识系统内如导向信息的连续性、设置位置的规律性和导向内容的一致性；应保证在同一个住宅社区标识系统中色彩的统一、设计风格与设计形式的统一、使用材料与规格的统一，使其成为一个整体有效的系统。

（2）功能性原则

社区标识设计首先要体现出功能性，标识系统既要满足人们的实用需求，即能够帮助人们快速准确地抵达目的地；又要满足人们的情感需求，即对社区所产生的归属感等。设计时，为了满足需求，实现表现形式与体现内容的高度统一，应首先从城镇社区的类型、规模、目标人群等方面进行分析与研究，找准定位，再通过对生动简练的文字、图形、色彩等构成要素进行设计，形成可感知的外在形象，让受众快速准确地获得社区配套、场所地点、行为提示等信息。在设计中不可只注重视觉艺术效果而忽略标识本身的功能，使人辨认不清或造成误会。

（3）易识别性原则

标识系统从建筑形体、风格、立面颜色、材质、标志牌的样式、环境布置等手段和载体上给使用者明确的信息。

内容简练。社区标识设计的简介内容应精练便于记忆，不宜用太复杂或者字数过多的文字。为了照顾不同文化水平居民的理解能力，应适当使用符号和图案作为文字标识的补充或阐述。尤其对于老人和儿童，活泼生动的图案比枯燥乏味的文字更容易被认知。同时还要注意符合人们通常的用语习惯，避免引起歧义或者词不达意。指示信息应精准简单，在路程或通道弯曲较多的情况下，应适当增加标识数量，以免迷路等情况的发生。提醒警示信息要求醒目并适宜使用警示性较强的符号及色彩，以引起公众的重视。

位置醒目。社区标识应设置在人们容易看到和经过的明显处，避免被建筑物或树木等遮挡。供近距离浏览的标识高度宜处于人的平行视线高度处，以使标识容易被看到和适于长时间浏览。标识应尽可能设置在环境光线或者亮度充足的地方，避免处于较暗的地方而被人忽略。具有标志性的标识应考虑人的视线导向，根据标识所处的位置不同来进行不同的设置，比如社区总平面图可置于社区出入口附近的道路旁，这样可以达到最大的信息传递效果。楼梯的出入口应设置与人视线高度大致相符的楼栋或门牌号。

图文清晰。根据人的生理特点，标识内容应保证能从视觉上进行清晰辨认，可采用的设计手法例如采用易识别的文字、图形色彩有明显对比等。标识牌的表面材质宜选用漫反射材料，避免它产生的反射光线对人眼产生眩光刺激，加大标识内容的辨识难度。同时，针对视力水平下降的老年人和残障人士，可适当增加声音及触觉感应的辅助，如提示话术、盲人书籍等，以求能够顺利地传达信息。

（4）设计的人性化原则

标识系统的设计应站在使用者的角度出发，充分考虑其在使用过程中的亲和性、方便性、舒适性以及安全性。避免对标识设计按个人喜好和个性发挥，力求将它做成大家都能懂得的无声语言，做到艺术性与功能性的统一。

标识设计是衡量社区服务质量的重要标准之一，以明确的导向、指示和清晰的识别为基本目的。在设计标识标牌的时候要从整体的角度出发考虑标牌的设计和外观，造型要兼容艺术化和独特性，并让它融入周边环境之中。与当地的人文环境、周围自然环境以及居民公共关系相联系，不仅只是局限于设计者创造的标识和符号形态意义的本身，这才是做好标识系统设计中"人性化"最重要的因素。在标识系统设计中处理好标识系统、人和环境的关系是重中之重。

信息受众可分为不同的类别，比如国别、民族、年龄、受教育程度等情况的不同，健全人群和有生理缺陷人群的不同，这些都是在导视设计中需要考虑到的现实问题。因此在导视标识标准化的体系下，在体现功能性和艺术性的同时要更全面地了解信息受众的具体情况，根据具体情况有针对性地分析信息受众，才能实现精准传达的设计目的。

社区标识的人性化设计的成功体现在它满足了不同审美和阶层的居住和活动人群的需求，因此，在设计标识标牌的时候必须要从整体的角度出发考虑标牌的设计和外观，首先要对社区的档次、定位、设计主题以及风格有所了解，然后结合这些来确定标识系统的设计路线。要将整个社区看成一个整体，融入这个整体但又不失去其亮点，这才能与周围环境相得益彰。满足大多数人群的共同的需求，进行有较强针对性的设计，设计出适合当地这个社区风格而又具有独特魅力的标识系统作品，在实用性和艺术感受两方面体现对人的尊重和关怀，在必要的环境情况下设置盲文、盲道、语音提示和触觉指示等多功能标识系统。如在公共电梯的楼层选择按钮上除了一般的数字和红色信号灯外，还设置方便触摸的盲文；在游乐区、休闲娱乐区等儿童家长聚集的地方，提醒警示标识尽量采用卡通化、生动活泼的标识，让上面的提示信息内容醒目、简单而又有趣（图3.37）。

在设计社区标识系统时，对图案、纹样、材质的使用同样要体现出人性化，利用感性的艺术语言让社会各类人群可以感受到温暖（图3.38）。

人性化设计不仅满足了人们生理上和心理上的需求，还体现了社区的服务品质，更调节了人与环境、人与人之间等的关系。使用优秀的标识系统设计，不但合理地解决了功能性、实用性和美观性之间相结合产生的一系列困难，并且融入了社区的优秀文化，让人与人之间、人与自然之间更加和谐，这就是"以人为本"人性化的充分展示。

2）周边环境对标识系统设计的影响

（1）周边建筑对标识系统设计的影响

对于现代城市而言，建筑、人、标识这三者之间形成了一种平衡的三角形关系，建筑和标识分别是三角形的底边的两个角，人

人性化

对于使用者来说指引功能都是必须首要解决的问题。

"人性"即功能性，强调不同区域的标识系统都应该充分考虑其不同功能和使用需求进行设计和设置。

最终目的：易于人的识别。

图3.37　标识人性化设计示意图

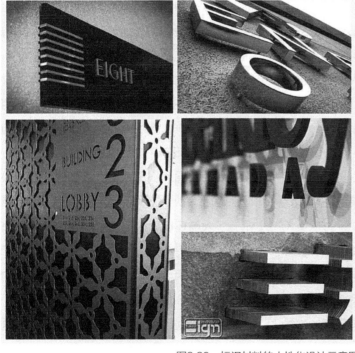

材料的人性化

标识系统材料的人性化，首先体现在材料的选择上，根据不同的设计环境与设计意图，选择最适合环境与意境的导示材料，使之符合环境本身内涵同时呼应企业文化，并且照顾人的心理感受。

其次体现在设计者对材料的设计改造上，设计能赋予材料高于它本身的内涵与意义，使之在完成本身的功能价值的同时更加完美，绽放光芒，更好地为人服务。

图3.38　标识材料的人性化设计示意图

作为这个三角形关系的顶角统领关联着全局。建筑与标识系统这两个底边的两角之间并不是完全的对等关系，它们之间是整体与局部的关系，是主体与辅助的关系，首先要确保建筑的完整性，以建筑为主体，标识设计为辅助，这就要求建筑和标识系统必须有机地结合。

标识系统要从各个方面与建筑的大环境相搭配，无论是从风格、体量还是尺度等方面，这样的标识系统和建筑才能更好地服务于在三角形顶端的人类的社会生活。标识系统设计不宜给人产生很强的冲击力，应与建筑设计搭配，否则会造成标识系统在建筑环境中虽然抢眼但却显得格格不入。标识系统的设计应该放到现实环境中，让建筑成为标识系统的设计基础和形象依托。

同时也要重视标识系统的比例，设计的体量尺度上要有一个适当的比例，过大过小都会产生不适宜的效果，不仅要在设计图上细细揣摩它的设计细节，还要放在现实中根据切身感受来设计它，让设计结合实际。相反，当标识系统所在的环境中的建筑物造型和色彩表现都比较普通，整体空间平淡无味的情况下可以运用对比性较强的标识系统来提亮空间色彩，给空间增加亮点，但是就算在这样的情况下，进行标识系统设计时还是要以建筑环境为设计基础，可以更加注重表现标识系统本身的特点，要与建筑在整体和局部中寻找统一与和谐（图3.39）。

无论什么情况，标识系统和建筑都不可以是单独的系统，孤立存在；它们都是营造周围环境的一部分，只要存在建筑的空间，它们之间的关系都会是相互依存的。没有完整的标识系统的建筑无法充分地体现其自身价值和使用性；而没有建筑的标识系统也必是皮之不存，毛将焉附，没有任何存在的意义。标识系统与建筑是既矛盾又统一的存在，在规划中须将两方均放置在整体的空间去思考设计，标识与建筑、环境与标识、整体与个体才能保证和谐的统一。

（2）周边环境与标识系统设计的关系

标识系统设计应融入整体环境中，注意与其他环境元素的结合、互动和对话，避免过度张扬产生环境设计噪声或过分的唐突生硬。

在色彩的配置上，既要考虑标识本身，也要考虑到标识系统与周围环境之间的色彩对比关系。住宅区内的标识应该通过合理规划变得更加系统化，将导向图形符号与信息相结合，标识的造型可以适当细致一点，作

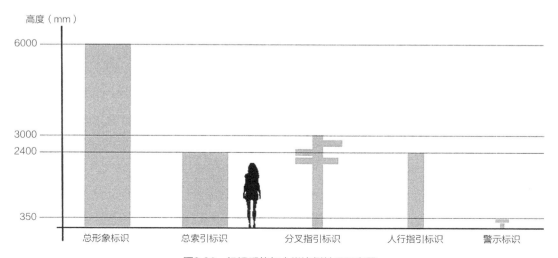

图3.39　标识系统与人类比例关系示意图

为一种对环境的点缀艺术品，色彩对改变或活跃环境氛围是一种很好的辅助剂。标识系统是文字、图形信息与人之间交流的媒介，它直接与人交流，所以在设计时从功能和色彩搭配等方面来进行考虑，利用不同的色彩代表不同的情感表达来满足人们的心理需求，以此作为最大效率地发挥其功能性实现的突破口，这也实现了标识系统的功能性与艺术性的统一。

第4章

既有建筑绿色低碳更新技术

- 建筑专业绿色低碳更新技术

- 结构专业绿色低碳更新技术

- 水暖专业绿色低碳更新技术

- 电气专业绿色低碳更新技术

- 光储直柔系统

我国城镇既有建筑规模大，且大部分属于非"绿色"存量建筑，都存在资源消耗水平偏高、环境负面影响偏大、工作生活环境亟须改善、使用功能有待提升等方面的不足。推进既有建筑绿色低碳更新改造，可以集约节约利用资源，提高建筑的安全性、舒适性和健康性，对转变城乡建设模式，破解能源资源瓶颈约束，培育节能环保、新能源等战略性新兴产业，具有十分重要的意义和作用。

提升建筑能效，降低建筑能耗，发展清洁能源、可再生能源在建筑中的应用技术是未来既有建筑绿色节能改造领域低碳减排的必要途径，也将是我国实现碳减排目标的重要手段。为了贯彻国家相关法律法规和方针政策，保护生态环境、应对气候变化，落实国家碳达峰、碳中和的决策部署，提高能源资源利用效率，推动可再生能源利用，降低建筑碳排放，营造良好的建筑室内环境，满足经济社会高质量发展的需要，住房城乡建设部制定了《建筑节能与可再生能源利用通用规范》GB 55015、《建筑碳排放计算标准》GB/T 51366《既有建筑绿色改造评价标准》GB/T 51141等一系列规范和标准。

根据《既有建筑绿色改造评价标准》，绿色改造是指"以节约能源资源、改善人居环境、提升使用功能等为目标，对既有建筑进行维护、更新、加固等活动"。以上定义具有两层含义：第一，绿色低碳改造有三重目标需要实现，分别是节约能源资源、改善人居环境、提升使用功能；第二，绿色低碳改造具体做法是对既有建筑进行维护、更新、加固，体现的是一个整合现有建筑资源并合理利用的过程。

既有建筑绿色低碳改造，与新建绿色建筑不同，绿色低碳改造并未采用绿色建筑评价标准中"安全耐久、健康舒适、生活便利、资源节约和环境宜居"等方面的综合性能来定义绿色性能，而是按专业类别重新整合，形成了改造标准特有的指标。本章通过建筑专业、结构专业、暖通专业、给排水专业、电气专业五个专业分项研究既有建筑绿色低碳更新的技术内容。

4.1　建筑专业绿色低碳更新技术

4.1.1　既有建筑常见问题分析

既有建筑物理环境包括风环境、光环境、热环境、声环境等，主要存在如下问题。

1）场地风环境舒适度低

由于老旧建筑群布局设计不合理，如建筑朝向不在主导风向范围内，建筑群多采用行列排列方式，建筑间距过小，前后建筑形成遮挡，后排建筑处于前排建筑的通风负压区，无法有效组织自然通风。另外，由于高层建筑密集布置，导致过道之间产生"狭道风"，风过大不仅产生噪声，而且也影响人行区的舒适性。同时，建筑室内平面布局不合理，窗户开口尺寸、开窗方式不合理等导致建筑室内无法实现有效的自然通风。

2）室内光环境较差

在城市用地日益紧张的情况下，为了充

分利用土地，建筑开发的密度越来越大，高层建筑不断出现。由于建筑布局设计不合理以及建筑间距过小，造成建筑间互相遮挡，影响住宅、幼儿园、养老院等建筑的日照；同时，也造成很多公共建筑室内光线昏暗，即使在天气晴好的时候，仍然需要开灯加强室内照明，不利于建筑节能和室内环境改善。

3）城市热岛效应严重

随着我国经济的高速发展和城镇化进程的加快，许多城市的老旧片区人口急剧增长，建筑物越来越密集，机动交通工具越来越多，加上工业生产等因素，已经造成了城市老旧片区严重的热岛效应。夏季，高温酷暑已经影响到人们的正常生活和工作，成为人们生活质量进一步提高和城市高质量发展的制约因素[1]。

4）室内外噪声环境不达标

随着经济发展以及人们生活水平的提高，城市与城市之间的高铁、飞机出行日益增多，城市内汽车数量急剧增加，地铁、高架桥也是越修越长，这些设施或工具给人们生活带来便捷的同时，也给城市居民带来了环境问题，如城市噪声已经成为社会关注的环境污染问题之一。城市干道或高架旁边的噪声甚至可能超过70dB，严重影响了城市居民的健康。

此外，室内噪声源也日益增多，如在写字楼、商业建筑中，由于隔声减振措施不到

位或者风管缺少消声措施，室内空调送风口或回风口风机导致空调风口噪声污染；在酒店建筑中，明显感觉到很多洗手间排风扇噪声大；住宅建筑中，仍然有较多的既有建筑采用单玻钢窗，特别是当建筑临近公路时，室外交通噪声容易传递到室内，影响室内人员休息。另外，住宅建筑楼板普遍存在隔声性能较差的现象，上层居住的人走路或者进行其他活动产生的噪声容易传递到下层居住空间，给下层居住空间的人的生活造成影响。

5）围护结构热工性能差

老旧建筑中非节能建筑占很大比重，其围护结构保温隔热性能相对较差，一方面是由于老旧建筑建造的年代新型建筑材料产品较少，材料本身的热工性能相对较差，如我国20世纪80、90年代主要使用的建筑材料为黏土砖、多孔砖、加气混凝土、膨胀珍珠岩等。随着绿色节能建材的发展，保温材料的品种日渐丰富，如有机类型的有EPS板、XPS板、PU板、酚醛板、复合板，无机类型的有泡沫玻璃、保温砂浆、岩棉等。另一方面是早期国内建筑节能标准还未制定或者节能标准要求较低，如我国1986年颁布的《民用建筑节能设计标准（采暖居住建筑部分）》，节能要求仅为30%。围护结构热工性能差，一方面会大大增加空调能耗，另一方面由于室外环境热量的进入和室内热量的损失无法得到有效阻隔，室内热舒适度会受到影响。

[1] 王超，徐作涛. 城市热岛效应 [J]. 江西化工，2008（2）：58-59.

6）内表面结露

由于既有建筑的围护结构保温隔热性能差，在室内供暖或者空调供热的情况下，墙体内表面温度低于室内空气露点温度，容易导致内表面结露，长时间还会发霉，严重影响室内人员身体健康。对于夏热冬冷地区的建筑，梅雨季节时室内相对湿度较大，一般在80%以上，对于室内和地下室区域，如果通风不畅或者未采用其他除湿设备及时进行除湿，湿空气容易在室内通风死角或者低处沉积，从而导致该处区域墙面或者家具表面结露，引起墙面或者家具表面发霉，影响室内环境卫生。

4.1.2　既有建筑诊断、无损检测及数字测绘技术

1）既有建筑诊断技术

（1）既有建筑诊断流程

进行既有建筑绿色改造诊断时，一定要立足于既有建筑绿色改造目标，从建筑环境、围护结构、暖通空调、给水排水、电气与自控以及运营管理等几方面进行诊断和分析，发现既有建筑存在的问题和提升的空间，从改造的经济性和技术的成熟性两个维度，评估既有建筑的绿色改造潜力，为后续改造项目的实施提供科学的依据。

目前既有建筑性能缺陷分析下来主要包括四大类型：一是设计不合理，即由于先天的设计不足，导致建筑在后期运行中出现一

系列的问题，这些问题可通过后期的调整进行优化和功能提升，如场地规划和建筑设计中，建筑室外场地风环境、光环境、声环境、景观绿化、围护结构热工性能的改善和提升等；二是建筑设备系统硬件故障导致系统无法正常工作，需要更换相关硬件设备才能确保其继续工作，这类问题也是最容易发现、最迫切需要解决的问题，常见的如暖通空调系统、给水排水系统、电气与自控系统等；三是建筑设备系统能正常运行，但未达到节能运行水平，可通过改善运行管理方式和系统调试等手段来提升其运行水平，即在现有基础上提升其正常功能，这类问题是最常见，但容易被管理人员所忽略，导致建筑高能耗的问题，最常见的如暖通空调系统，由于系统初期的调试不到位或者设备运行中的维护保养不到位，如阀门开度未调节到最佳位置或者冷凝器未及时清洗，导致空调系统末端供水量不足或者冷水机组制冷效果不佳，通过现场再调试和改进运行管理手段可使系统运行水平得到进一步提升；四是设备系统运行正常，但与现有的一些新设备、新技术相比，还有较大的提升空间，最常见的如照明系统、给水排水系统，大部分既有建筑中普遍存在采用低能效照明灯具和高水耗用水器具的现象，可通过更换节能照明灯具和节水器具，达到节能节水的目的，整个改造实施过程简单，效果明显❶。

既有建筑绿色性能诊断应采用基于"问题/现象→原因"以及"整体—局部→原因"相结合的诊断方法。即根据被诊断建筑

---

❶ 孙金金，李绅豪. 既有建筑绿色性能诊断指标和实施方法［J］. 绿色建筑，2016，8（3）：22-26.

的实际情况，一方面可以从建筑已有的问题或现象直接出发，分析问题所关联的系统和设备，然后按照可能造成此问题或现象的原因，由表及里，逐层递进的方式进行诊断排查，最终确定问题产生的真正原因；另一方面是在存在相关问题或现象的条件下，从建筑的整体性能指标出发，如能耗指标、水耗指标以及室内环境指标，快速判定建筑可能存在问题的方向以及与之关联的系统，然后针对各关联系统进行由表及里、逐层递进的方式进行诊断排查，最终确定问题产生的真正原因。

对于既有建筑诊断结果的分析，可以按照下列步骤进行。

①进行诊断数据处理

现场获取的诊断数据一般都不是最终所需的诊断指标结果，一般需要作进一步的处理才能得到最终的诊断指标数据。针对数据的处理应根据具体的诊断指标和计算要求进行，可以是一段时间内采集数据的加权平均，也可以是几个测点数据的线性回归，最终要根据具体的指标参数计算要求来处理。

②根据处理的诊断数据结果分析诊断指标目前所处的性能水平

诊断结果分析可按以下几种方式进行：

a. 按照现有的节能标准或者其他能效限值标准的要求进行分析，判定该项指标的诊断结果是否满足标准要求，或者还有多少提升空间，如外墙K值、外窗气密性、空调机组能效值、照明灯具能效值等；

b. 按照《既有建筑改造绿色评价标准》GB/T 51141的要求进行分析判定，如透水地面比例指标、可再生能源利用比例指标等，通过最终的现场诊断结果，判定其是否满足标准要求。

c. 按照现有文献统计的数据进行分析，如单位面积空调能耗指标、水耗指标等，判定其是否高于正常能耗水平。

（2）既有建筑诊断方法

在实施既有建筑绿色性能诊断过程中，要根据既有建筑现状，依据诊断指标特点和已有的诊断条件，采用短时数据检测和长时数据监测相结合的方式来开展，以提升诊断的效率和质量。具体技术方法概述如下。

①检测

指采用检测仪器设备，如温湿度计、电能表以及流量计等，对被评估对象进行直接或者间接的测试，以获取其性能数据的方式。对于有明确量化数据和检测方法的指标参数，如场地环境噪声、围护结构传热系数、室内照度等，应根据已有的国家或行业检测标准中提供的方法进行检测。抽样的数量可不必完全按照标准要求来进行，达到诊断目的即可。对于无国家或者行业标准的指标参数，应根据自制的作业指导书或者检验细则进行检测[1]。

②核查

指对技术资料的检查及资料与实物的核对。包括对技术资料的完整性、内容的正确性、与其他相关资料的一致性及整理归档情况的检查，以及将技术资料中的技术参数等与相应的材料、构件、设备或产品实物进行

❶ 孙金金，李绅豪. 既有建筑绿色性能诊断指标和实施方法［J］. 绿色建筑，2016，8（3）：22-26.

核对、确认。对于难以量化，无法用仪器设备进行测量的指标参数，如无障碍设施设置、停车位设置等，宜采用核查的方式进行诊断。对于现场核查内容，应制作核查作业指导书，细化核查技术要点，包括抽样数量、核查方法和核查步骤，以规范核查诊断工作，提高诊断质量。

③监测

指采用仪器设备对被诊断对象进行长时间监测以获取其运行性能水平数据的方式。在既有建筑绿色化诊断工作中，对于一些随时间变化较大的诊断指标，采用短时的现场检测或者核查无法达到诊断目的，如场地风环境、单位面积暖通空调能耗等，需采用风速仪或电能表、热量表等监测仪表进行长时间监测以获取其运行数据，并进行最终的诊断分析。

2）既有建筑无损检测技术

无损检测技术是通过一些物理手段实现无损检测，在建筑工程的检测工作中具有非常重要的作用。随着建筑材料市场的不断扩充，市场上的新型材料越来越多样化，其质量并非都能保证工程施工的效果。因此，为了提升建筑施工质量需要严格把控建筑材料的使用，无损检测技术在这个过程中能发挥极大的作用，可以在不损害建筑材料的基础上，对其进行质量检测，是一种检测建筑工程质量的理想方式，在现代建筑工程质量问题越来越复杂且多样化的今天，发挥了极大的应用价值。无损检测技术被广泛应用于建筑工程的检测工作中，对于建筑工程中的异常现象以及内部情况进行判断，进而判断建筑工程的质量。

（1）超声波检测技术

超声波检测技术是指通过超声波穿透被检测的物体，通过被检测物体所反射的声波可以清晰地掌握物体外部、内部结构信息，并将反射回来的声波信息，作为被检测物体质量评估的标准。穿透性强是超声波的特点，通过声波的集中控制来实现检测质量的专业化标准。一般在建筑工程的实际应用中，超声波检测技术的应用范围主要包括以下两方面：一是检测新型建筑材料，在使用复合型材料或新型金属材料的建筑工程施工过程中，需要提前对材料的性能、尺寸、内部结构以及缺陷进行精准的评估；二是对建筑工程的地基、混凝土结构进行检测，充分利用超声波的高穿透性，掌握地基以及混凝土结构的抗压能力指数，并检测其内部结构是否存在缺陷，以确保建筑工程的质量❶。

（2）红外线检测技术

红外线检测技术是一种在线监测的非接触性的高科技技术，通过将光成像、计算机、图像处理等技术结合为一体而快速发展成的一种先进、新型的数字化无损检测技术。利用红外线检测技术，可以对金属、非金属以及复合型材料的脱黏、裂纹等缺陷进行检测，具有非接触性、在线监测、检测速度快等特点。该技术主要的应用原理是通过对被检测对象的内部温度分布情况进行全面分析，判断被检测对象的内部结构是否存在

❶ 高菊. 无损检测技术在建筑工程检测中的应用分析［J］. 工程与建设，2022，36（4）：1031-1032.

质量问题。主要的操作流程是在建筑工程混凝土结构的四周安装好红外线摄影设备，经过一段时间后混凝土结构会反射出红外辐射信号，此时运用专业的处理系统对于信号进行分析并形成温度场分布图像，从而评估混凝土内部结构是否存在缺陷问题❶❷。

（3）磁粉检测技术

磁粉检测技术是指通过磁粉对被检测物体进行探测。该技术的应用原理是将被检测物体用磁性材料与之发生反应，被检测物体磁化后结构内部会产生明显的磁感应，非正常结构与正常结构所发生的反应现象有很大差异，当内部结构存在异常或缺陷时，材料的局部会形成断续的磁感应，此时可判定为磁场侧漏。磁粉在磁力线的作用下，会在被检测物体的表面位置重新绘画与堆积，展示内部结构存在质量缺陷的位置，帮助检测人员更加精准地判定缺陷位置。

（4）渗透检测技术

渗透检测技术是指在被检测对象表面涂抹上荧光材料或者是有染色作用的材料，待材料渗透到结构内部后，利用显像剂的吸引作用，将被检测对象有缺陷的区域通过辅助系统反映出来。检测人员可以利用光源照射的原理对内部结构可能存在缺陷的位置进行判断，被检测对象缺陷位置的表面的渗透材料会被重新吸回显像剂中，进而明确被检测对象缺陷位置的具体形状与尺寸信息❸。

（5）高精度仪器测量技术

高精度仪器测量技术是指基于北斗高精

度安全检测系统，集成倾斜仪、裂缝计等设备，实现多维、立体式的监测，集成三维建模技术，实时动态监测高层建筑物的倾角、扭矩等，并且通过连续观测，监测沉降及位移等参数，同时可以兼容温度、湿度、扰度、加速度的传感器和倾斜仪等传统传感器实现多维度的安全监测，打造建筑物健康监测系统。在对建筑物进行三维模型构建的基础上，实现对超高层建筑进行实时监测，并获取建筑物当日最大振幅、各方向偏移量、倾斜、沉降、摆动等信息，实现超高层建筑的日常监护及紧急情况下的预警。

3）既有建筑数字测绘技术

现阶段，国内的工程建设节奏逐渐放缓，城市中的既有建筑改造工程逐年增多。常规的改造设计模式较为依赖工程的竣工图纸，但大多数既有建筑存在竣工资料缺失或与现状不符的问题，对设计精度的影响较大。如何在既有建筑改造工程中进行详细测绘并实现精细化设计是此类工程的技术难点。

（1）三维激光扫描检测技术

针对既有建筑测绘的难点问题，引入三维扫描技术进行建筑内墙、梁、板、柱与现状机电管线的全方位测绘，并将三维扫描结果与设计BIM模型相结合，进行设计可实施性的全面检验。

三维扫描技术最早应用于机械行业，用于工业设计和既有产品的模型重制。1999

❶ 周庆宇. 红外热像技术在房屋建筑检测中的应用分析［J］. 安徽建筑，2022，29（3）：155-156.
❷ 邢双军，许瑞萍. 红外热像技术在房屋建筑检测中的应用［J］. 煤炭工程，2004（11）：68-69.
❸ 高菊. 无损检测技术在建筑工程检测中的应用分析［J］. 工程与建设，2022，36（4）：1031-1032.

年莱卡推出Cyrax2500全球首台可在1秒钟内采集1000个点的三维激光扫描仪。2010年左右由美国法如公司推出的Focus大空间三维扫描设备将三维扫描技术推广至工程行业。现在，三维扫描技术在工程行业已逐步成熟，相关设备与配套软件技术也逐渐完善。在未来，三维扫描技术将在工程行业推广普及。三维扫描技术本身在工程行业中的价值并不凸显，其潜在价值在于为精细化设计提供准确的基础数据，三维扫描技术与AI数据提取及BIM技术的结合是未来这一技术能否产生推广价值的关键。

三维扫描仪的基本工作原理是采用一种结合结构光、相位测量、计算机视觉的复合三维非接触式测量技术。采用这种测量原理，使得对物体进行照相测量成为可能，所谓照相测量，类似于使用照相机对视野内的物体进行照相，不同的是照相机摄取的是物体的二维图像，而测量仪获得的是物体的三维信息。与传统的三维扫描仪不同的是，三维激光扫描仪测量时光栅投影装置投影数幅特定编码的结构光到待测物体上，成一定夹角的两个摄像头同步采得相应图像，然后对图像进行解码和相位计算，并利用匹配技术、三角形测量原理，解算出两个摄像机公共视区内像素点的三维坐标。

三维激光扫描是21世纪测绘领域的一次巨大发展，但是三维激光扫描必须要跟影像配合使用；激光扫描"点云"本身只能得到物体的白模，而影像本身就可以做三维建模，从技术本体上体现了三维激光扫描的一个劣势。然而，目前三维扫描与BIM模型互通，将数字信息采集到BIM设计过程的技术

已演进得较为成熟。在面对需要精细测绘的时候，激光扫描技术的精度优势、高效特点则显现出来。三维激光扫描设备工作成本较高（相关设备成本居高不下），与重要的改造类工程设计应用结合并使用三维信息模型才能形成实际应用价值，大幅度提高设计效率，所以在国内工程设计公司内的设计应用中具有较好的推广价值和技术应用前景。

（2）倾斜摄影检测技术

倾斜摄影是国际测绘领域发展起来的一项高新技术，它颠覆了以往正射影像只能从垂直角度拍摄的局限，通过在同一飞行平台上搭载多台传感器，同时从一个垂直、四个倾斜等五个不同角度采集影像，将用户引入了符合人眼视觉的真实直观世界。倾斜摄影测量，以大范围高精度高清晰的方式全面感知复杂场景，通过高效的数据采集设备及专业的数据处理，为产生的数据反应物的外观位置和测绘精度提供了保证。传统的航空摄影以获得正射影像为目的，采用像片倾角小于2°的摄影方式，称为竖直航空摄影。这一方式便于后续的正射纠正与立体测图等处理工作，但是会失去地物的侧立面细节。

通过倾斜摄影技术可以快速复原当前既有建筑的现状三维景象，借助于实景模型分辨率高、环境真实、立体呈现等特点，可以快速发现既有建筑的问题。例如通过日照分析来判断楼间距，通过纹理信息判断是否存在诸如墙体开裂等安全隐患，通过测量获取小区内部道路的宽度、长度并分析其通行能力。尤其是老旧小区的屋顶情况，一般扫描受限于高空采集数据的局限性，针对大面积

的老旧小区既有建筑测绘信息使用倾斜摄影技术是经济、高效的，也很容易获取供决策者审阅的图像数据条件（图4.1）。

近年来，多镜头航摄仪的发展很好地克服了精度问题，同时实现了对地物顶部和侧立面的建模和纹理采集，使得倾斜航空摄影在大范围三维建模方面表现出了卓越的能力。倾斜摄影可以一次性获取几十平方公里的城市建筑物及地形模型，建模速度快，纹理真实性强，具有非常有冲击力的视觉感受。同时，倾斜航空摄影也能在建模之余，获得正射影像和数字高程模型。

倾斜摄影由于航摄时航高的因素使得接近于地表的细节损失相当严重。目前呈现出无人机低空摄影表现优于大飞机高空航摄的趋势，但无人机单次采集区域又过小，依然无法保证地面细节的完美度。未来采用低空倾斜摄影和地面激光扫描结合可能是建筑生成数字模型的最优方案。

（3）贴近摄影测量检测技术

无人机摄影测量变得空前火热，从固定翼到旋翼，从垂直摄影到倾斜摄影，进而到多视摄影，获取的影像越来越丰富多样，通过众多影像信息可以恢复各种目标的三维信息。无人机摄影测量的下一步发展必将是影像信息数据的精细化，贴近摄影测量则可以看作是获取精细化影像的一种思路和方法。贴近摄影测量是面向对象的摄影测量（object-oriented photogrammetry），它以物体的"面"为摄影对象，利用旋翼无人机贴近摄影获取超高分辨率影像，进行精细化地理信息提取，因此可高度还原地表和物体的精细结构。更有人称这是"第三种测量方式"，是因为相比较现有的垂直航空摄影测量、倾斜摄影测量是对三维空间（或称2.5维——三维空间的表面）进行摄影，贴近摄影测量是针对"面"（三维空间任意坡度、坡向的面）进行摄影（图4.2）。

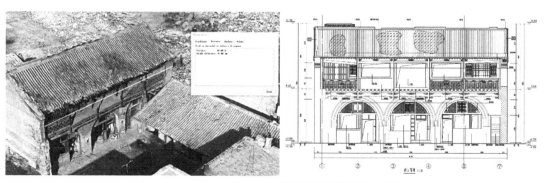

图4.1　山西柳林明清街保护更新项目倾斜摄影技术应用
图片来源：中国建筑设计研究院有限公司建筑历史研究所

图4.2　北京某民宅贴近测量图

贴近摄影测量也不简单等同于近景摄影测量，无人机近景摄影测量是贴近摄影测量的一个特例。如果要对一个建筑物实现精细建模，就能看出两者的差异性。其不仅实现了对建筑物精细建模，还可以根据贴近摄影测量的3D信息绘制高精度的立面图。

贴近摄影测量可以通过软件形成三维矢量化文件，与传统绘图软件CAD对接，可进行精确复尺。贴近摄影测量是计算机视觉、摄影测量的一个技术策略，是时代发展的必然。人们期望对被拍摄物体各个面都能获取厘米甚至毫米级别的影像测量，可为古建筑、既有建筑等数字化重建提供有效的补充手段。贴近摄影测量刚刚开始应用，在既有建筑改造过程中可以应用于初期获取门窗洞口等改造位置的初始数据，方便统计工程量信息，是一种高效快捷的新测量技术。未来相关测量手段必然还会有所提升，技术也会有所扩展，能更精确、更好地与智慧城市完成信息对接。

4.1.3　既有建筑绿色改造技术

1）围护结构保温隔热改造技术

围护结构，是指围合建筑空间的墙体、门窗等。根据在建筑物中的位置，围护结构分为外围护结构和内围护结构。外围护结构包括外墙、屋顶、外窗、外门等，用以抵御风雨、温度变化、太阳辐射等，应具有保温、隔热、隔声、防水、防潮、耐火、耐久等性能；内围护结构如隔墙、楼板和内门窗等，起分隔室内空间作用，应具有隔声、隔

视线以及某些特殊要求的性能。既有建筑绿色低碳改造通过优化设计和采用创新技术，保障围护结构能够充分与气候互动，从而在保障建筑环境舒适的前提下最大程度地节约能源资源。

根据不同气候区主要围护结构性能指标及其对建筑节能的影响排序，不同气候区的气候适应性表皮模式也不同，北方严寒和寒冷地区为以适应"保温为主"的围护结构设计模式，夏热冬暖气候区为以"隔热为主"的围护结构设计模式，夏热冬冷地区应根据建筑的具体要求，在围护结构设计时需要兼顾保温和隔热。同时，提高围护结构的气密性以及采用高性能门窗都对提高改造建筑的节能性和舒适性有很大作用。

（1）外墙保温隔热

围护结构的传热耗热量约占建筑的70%~80%，其中外墙占25%，占比较大。既有建筑绿色改造采用高性能墙体保温材料是关键技术之一（图4.3）。根据各地气候特点、资源条件，因地制宜、就地取材地选用节能、保温的建筑材料。围护结构材料的保温隔热性能及结构密封性能决定着建筑使用能耗，因此所用墙体材料选择是否恰当科学，围护结构组合是否合理直接关系到建筑节能。根据目前装配式建筑等新型建筑工业化的发展要求，墙体保温材料还应满足工业化生产的要求。以往的墙体材料在达到使用寿命期限时，除了变成废弃物抛弃，再无选择，而新型节能墙体材料在达到其使用寿命时，可通过进一步改造、加工等方式对其进行可再生回收利用，符合资源循环利用的现代化要求。

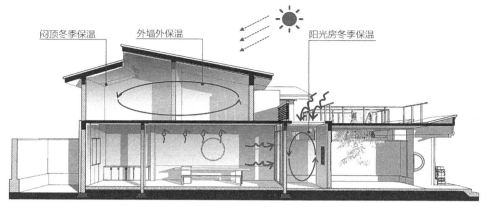

闷顶冬季保温　　外墙外保温　　阳光房冬季保温

图4.3　冬季保温

（2）屋面保温

既有建筑普遍存在屋顶结构老化、保温性能差等问题。一般情况下，屋面的热损失占整个建筑围护结构热损失的30%左右。经多年的风吹、日晒、雨淋、霜冻等外部环境的破坏，屋面的保温隔热性能下降，已不能满足新的需要。因此，对屋面的改造也是不容忽视的。常见的屋面保温隔热改造措施是增加保温材料，如聚氨酯保温板、挤塑聚苯板等，从而提高屋面的保温隔热性能。

屋面设计应选择经济适用、高强轻质、绿色环保的屋面材料部品，优先选择获得绿色建材标识的材料部品；当屋面保温层采用

两层保温材料时，应分层错缝铺贴，各层之间应有可靠粘接。墙角处采用成型保温构件、保温层采用锚栓等无热桥专项设计，保证围护结构保温层的连续性。屋面应根据居民生活需求，预留太阳能生活热水、太阳能光伏发电等系统所用设备的支撑构件及相应预留管线，并采取无热桥措施。

既有建筑的屋面不仅多存在保温隔热的问题，且往往伴有破损、漏雨等其他问题，而老旧片区存量建筑本身还存在自然采光、自然通风不足的现象，所以，在建筑改造中，一般会将屋面拆除，增加天窗后，在屋架上增设保温材料（图4.4）。在历史价值

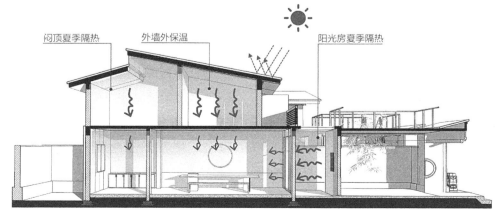

闷顶夏季隔热　　外墙外保温　　阳光房夏季隔热

图4.4　夏季隔热

相对较高的存量建筑中，若要在屋面增设保温层，需要先将原屋顶瓦片等拆下并保存完好，在屋面板上铺设保温层，再将原屋顶瓦片等按原做法施工，恢复建筑原来的风貌。

（3）门窗保温隔热

门窗热损失占比远超过其面积占比，单位面积门窗的热损失约有墙体的四倍之多，因此在保温隔热改造过程中，门窗的保温隔热性能提升应是重点。既有建筑的外门窗大多数年代久远，窗已老化，不能满足新功能的需要。对门窗保温隔热的改造技术措施主要从三个方面考虑：传热量、渗透量和太阳辐射。常用的改造技术措施有：采用中空玻璃、Low-E玻璃等节能玻璃窗减少传热量；增加密封材料提高窗户气密性减少渗透量；设置遮阳措施等。对于窗户的改造主要有四种方式：替换玻璃、增加玻璃、增设二道窗户、整体更换。

建筑由于年久老化、温湿度变化等的影响，玻璃和窗扇之间、窗框和窗扇之间、窗框和墙体之间的连接处难免会产生缝隙，从而导致了窗户的密闭性下降，热损失增加。对于玻璃和窗扇之间的连接处，可用密封条或密封胶密封；窗框和窗扇之间的连接处，可将陈旧的密封条更换成弹性高、耐久性好的密封条；而窗框与墙体之间的连接处，可现场使用发泡聚氨酯进行填充，同时，其良好的保温隔热性能也得以充分发挥。

可通过增加外窗的遮阳措施，提高窗户的保温隔热性能，以防止太阳辐射热透过窗户进入室内。常见的遮阳措施有：固定式外遮阳，如遮阳板、雨棚等，但外遮阳会对建筑的外观产生一定的影响，应根据具体情况考虑是否可行；活动式内遮阳，如遮阳卷帘、百叶等或选用内含遮阳百叶的中空玻璃窗，内遮阳对建筑外观影响不大，所以在实际的工程实践中，应用较多；窗户贴膜，该措施成本较低，施工简便，具有可逆性，可应用于历史价值较高的建筑改造再利用中[1]。

2）自然采光改造技术

随着城市发展进入有机更新时代，大量的既有建筑通过改造的方式获得新的使用功能。老的建筑由于历史发展阶段的社会经济及技术水平等原因，往往在建筑立面上采用较小的外窗，因此普遍存在室内采光严重不足的问题，而改作新的功能之后，从提升建筑品质，提升建筑室内自然采光和室内自然通风效果等宜居和健康的角度考虑，需要相比原来更多的开窗面积来满足更新后的功能要求，所以在建筑更新利用设计中，自然采光的改造设计就显得尤为重要。

（1）增加采光口面积

在外围护结构的不同部位增加采光口面积，会得到不同的光环境效果。利用门窗采光、墙体设置采光孔、屋面开设天窗、将传统窗更换为落地窗等方法均可增加建筑的采光口面积（图4.5）。对既有建筑的门窗进行改造，增加采光口的面积，是较为常见和经济的改造方法。

❶ 王英妮. 乡土工业建筑改造再利用设计的技术选择研究［D］. 南京：东南大学，2019.

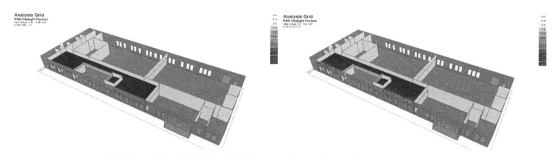

图4.5　中国城市建设研究院科研创新基地国家级零碳实验室夹层采光优化

增加自然采光最简单的方式，就是在墙体上增加窗户的数量或增大窗户的面积。外墙增加自然采光的效果受两方面因素影响：①窗洞的大小；②窗洞的位置。通过调节窗洞所在的位置，可以调节光线的照射范围，可根据室内空间的需要，选择最佳窗洞位置。如在外墙增加采光，位置可以选择较好的朝向和室外景观，可同时借光和借景。但当空间进深较大时，单侧采光往往不能满足现有的采光需求，这种情况下，可以通过室内自然采光模拟分析与优化，来权衡选择合理的窗墙比设计，同时兼顾建筑立面造型的要求确定需要开窗的面积、位置和形式（图4.6）。

如果是外墙承重的建筑，窗户面积增大或数量增加，是否会对建筑的安全性产生影响，也需要经过安全性评估和结构安全验算。除了安全性的考虑外，当外墙窗户面积增大或数量增加时，保温隔热性能也将受到影响，所以，在增加窗户数量或增大其面积时，应根据建筑功能需要确定合理的窗墙比。建筑窗墙比越大，建筑室内自然采光效果越好，太阳光能够进入室内进深更大的区域，减少白天人工照明的使用，降低建筑照明能耗。建筑立面上可开启面积越大，建筑自然通风效果越好，室内自然风流通效果更好，在过渡季能够通过建筑自然通风，减少空调的使用，降低建筑能耗。与之相对，较大的建筑窗墙比意味着夏季更多的太阳光会进入室内，会增加夏季空调的制冷负荷；同时，随着建筑窗墙比的增大，围护结构的传热系数也随之增大，会增加建筑整体的空调负荷。因此，在进行建筑围护结构设计时，需要根据地理和气候特征，通过合理的窗墙

图4.6　中国城市建设研究院潞河中学改造项目

比设计，在优化建筑自然采光和自然通风的同时，权衡建筑围护结构性能表现。

屋面增加采光面积的形式有很多种，包括平天窗、锯齿形天窗及矩形天窗等。屋面摄入的光线从上向下照射，照度分布较为均匀，采光效率较高，对室内光照的改善效果明显，且不易形成眩光，但只能为建筑顶层或单层建筑提供自然采光。

（2）增加采光口空间

除了在外围护体系增加采光面积外，还可通过增设采光井、中庭、边庭等空间增加室内自然采光。在大开间大进深的存量建筑自然采光改造中，首先可通过在建筑中间增设中庭的方式，形成上下贯通的采光空间，为建筑中部功能区引入自然光。其次可增设边庭空间，变相地减小了建筑的进深，同时，有大面积侧窗可以用以采光，从而改善建筑室内自然采光效果。边庭空间也是连接室内与室外环境的过渡空间，通常向街道开放，兼有入口和门厅的功能。边庭可以是从上到下通体的透明玻璃，也可以是完全开敞的空间，从而更易获得自然采光。但当建筑室内空间有限，不能满足边庭空间的设置时，亦可采用外边庭附加的方式，即将边庭空间设置在建筑外侧，通过过渡空间增加室内自然采光。若两栋建筑距离较近，可共用外边庭空间，这就形成了起到中间连接作用的中庭空间❶。

（3）利用采光装置

除了通过增加采光面积、增设采光空间来满足采光需求外，还可利用采光装置增加室内采光。最常用的就是采光板，其原理是：室外自然光线通过较小的上部窗户开口被采光板反射到室内顶棚，再经过顶棚的反射，均衡了室内的照度分布。在窗户大小不变的情况下，通过采光板的设置，离窗户较远的室内空间亦可解决自然采光问题。

在改造中还可利用光导管技术。其原理是室外自然光线通过采光装置汇集，经导光装置传输后由底部的漫射装置把自然光均匀地照射到需增加采光的地方。光导管技术具有安全、环保、低能耗的优势，但初期投入较高，成本回收周期较长，且室内获得自然光的照度受室外光照强度的影响。用于采光的光导照明系统主要由三部分组成：集光器、管体、出光部分。集光器的作用是收集尽可能多的日光，并将其聚焦，对准管体。集光器有主动式和被动式两种，主动式集光器通过传感器的控制来跟踪太阳，以便最大限度地采集日光；被动式集光器则是固定不变的。管体部分主要起传输作用，其传输方式有镜面反射、全反射等。出光部分则控制光线进入房间的方式，有的采用漫透射，有的则反射到顶棚通过间接方式进入室内。有的会将管体和出光部分合二为一，一边传输，一边向外分配光线。垂直方向的导光管可穿过结构复杂的屋面及楼板，把天然光引入每一层直至地下层，用于采光的导光管直径一般大于100mm，因而可以输送大的光通量。由于天然光的不稳定性，往往给导光管装有人工光源作为后备光源，以便在日光不足的时候作为补充，导光管用于多层建筑的采

---

❶ 王英妮. 乡土工业建筑改造再利用设计的技术选择研究［D］. 南京：东南大学，2019.

光适合于天然光丰富、阴天少的地区使用。

3）建筑遮阳技术

在不同气候和地理纬度条件下，建筑遮阳与自然采光相辅相成的。建筑遮阳的目的是避免阳光直射造成眩光和室内过热。合理设计外遮阳和内遮阳设备是建筑更新改造的一个重要设计策略和方法。遮阳设计关键参数为水平遮阳角（HSA）和垂直遮阳角（VSA），确定日期、时间和朝向之后，通过ecotect等软件查询本地当日逐时太阳轨迹数据即可得到HSA和VSA（图4.7）。在对既有建筑的更新改造中，对应不同的建筑风格和朝向，可选择不同的遮阳形式。

（1）常见的建筑遮阳种类

①固定和活动内遮阳

内遮阳是较常被采用的遮阳方式，指的是安装在建筑围护结构内侧的遮阳设施，被应用于各类建筑。常见的内遮阳方式包括内遮阳卷帘、内遮阳百叶、中置百叶遮阳、中置卷帘等。

②固定外遮阳

建筑最为常见的遮阳系统就是固定外遮阳广泛应用于各类建筑。常见的固定外遮阳包括横向遮阳、竖向遮阳、遮阳百叶、穿孔或花纹铝板等形式。固定外遮阳主要是遮挡夏季的太阳直射光，减少太阳直射光直接进入室内，减少眩光和辐射得热；同时不影响太阳散射光进入室内，改善室内的自然光环境。在进行固定遮阳设计时，需要均衡考虑外遮阳对夏季和冬季的室内太阳辐射得热量的影响，在夏季减少太阳辐射量的同时，尽可能不影响冬季的室内采光。

③活动外遮阳

不同于传统的固定外遮阳系统，可调外遮阳系统通过调整外遮阳的角度、位置、开合等状况，调整外遮阳的效果。比如可调外遮阳百叶、可调外遮阳卷帘、可调遮阳板，都属于可调外遮阳。相对固定外遮阳的设计，方向可调的外遮阳能够适应不断变化的太阳高度角，在一天的大部分时间内都能高效地作用，相比固定遮阳，更能灵活地隔断夏季直射阳光进入室内，从而改善室内热环境、降低建筑冷负荷能耗。结合建筑智能化改造系统中设置的自控系统和智能化设备，可调外遮阳系统还能够和照度传感器、太阳辐射传感器联动，实现外遮阳的自动控制，降低建筑的空调能耗。

（2）既有建筑绿色更新改造遮阳技术策略

建筑遮阳的形式通常分为水平式、垂直式、综合式和挡板式四种形式。对应不同的

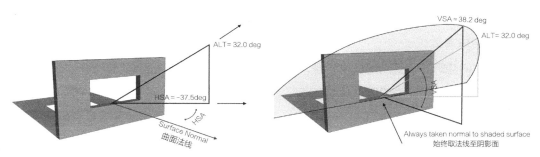

图4.7　中国城市建设研究院科研创新基地国家级零碳实验室水平遮阳角（HSA）和垂直遮阳角（VSA）

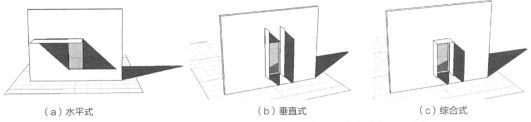

（a）水平式   （b）垂直式   （c）综合式

图4.8 中国城市建设研究院科研创新基地国家级零碳实验室遮阳形式

建筑风格和朝向，可以选择不同的遮阳形式（图4.8）。南向窗户或低纬度地区的北向窗户适宜采用水平式遮阳。东北、西北方向的窗户宜采用垂直式或综合式遮阳。东、西方向的窗户可以采用挡板式的遮阳形式。此外在既有建筑更新改造中还可以通过靠近建筑种植大型乔木或选择爬藤类植物提供环境或墙面遮阳。该方式一般适用于底层建筑，适当地选取植物的种类与合适的种植位置，能够改善建筑的能耗，增加体验舒适度；靠近建筑种植乔木，能有效地遮挡直射的阳光，但要注意把握乔木种植的方向、位置和与建筑的距离。爬藤类的植物在装饰墙面的同时能够起到一定的遮阳和隔热效果，但是需要后续的定期维护修剪，避免植物的随机长势可能造成的采光遮挡；此外，改造外墙面时宜选择蓄热性较低且具有一定摩擦的材料，避免植物晒伤，有利于其附着生长。

4）自然通风改造技术

（1）风压通风

当风吹向建筑时，受到建筑物阻挡，风速减小，部分动能转变为静压，从而在迎风面形成正压区，而背风面则形成负压区。当建筑正压区和负压区都开窗时，两侧的压力差使得空气在两区之间流动，形成自然通风，风压通风受室外风速和建筑物外表面尺寸以及与风向的夹角的影响。实现风压通风设计需要满足几个条件：①建筑两侧的外立面均设有可自然通风的洞口；②建筑的进深不宜太大；③内部隔断较少且不能有封闭性的隔断。这些条件均满足，才有可能达到风压通风的效果。在老旧片区存量建筑改造中，可利用水平通廊、地道井等空间，在建筑内部形成风压通风，促进建筑内部水平向的空气流动。

（2）热压通风

当室内有热源存在时，气温常比室外高，温度高的空气密度比温度低的小，因密度不同形成室内外压差，促使温度低、密度大的室外空气从建筑物下部开口流入，温度高密度小的室内空气从建筑物上部开口排出（图4.9），形成了热压自然通风。室内外温差越大，或进出口间的高度差越大，通风换气量就越大。通过增加中庭空间，不仅可以提高室内的自然采光效果，在一定程度上也可以利用热压通风原理增加室内自然通风的效果。所以在改造时，应充分考虑建筑的剖面形式，可利用中庭等竖向的特殊空间，合理设置进、排风口的位置，形成有效的高度差，加上室内外适度的温度差，充分发挥其烟囱效应，提高建筑室内空间的竖向通风效果。

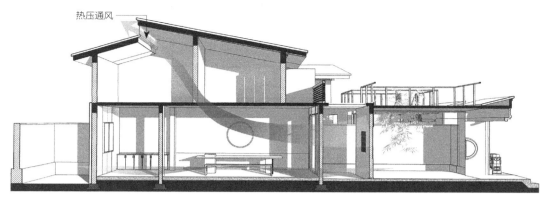

热压通风

图4.9　热压通风

（3）热压风压通风

因外部风环境对风压通风的影响较大，所以风压通风存在一定的不稳定性；相比较而言，热压通风更能适应多变的外部环境，但一般建筑进、排风口位置的高差不大，热压通风效果也不太明显。所以为了获得室内良好的通风环境，通常情况下，需要同时考虑风压通风和热压通风，二者相互结合共同作用，以实现室内的自然通风（图4.10）。为了保证和提高自然通风效果，在设计和使用自然通风时应注意以下几点：①建筑物进风面一般应与夏季主导风向成直角，不宜小于45°，平面布置最好不采用封闭式，尽量单排布置，当呈L、U形时，开孔应位于夏季主导风向迎风面；②放散大量余热的建筑物以单层为宜，在其周围特别是夏季主导风向迎风面，不宜修建附属建筑物，必须建附属建筑物时，应建在背风面，占用的长度不得超过外墙全长的30%；③采用热压为主的自然通风，热源应尽量布置在夏季主导风向的下风侧；④进气窗最好有上下两排并应各有足够的面积，下排进气窗作为夏季进气用，窗沿下端距地面不应高于1.2m，以便空气直接吹向工作地点，上排进气窗作为冬季进气用，窗檐下端一般不低于4m，如低于4m时，应防止冷风吹向工作地点；⑤为了保证排风稳定，避免风自天窗倒灌入内，可采用各种类型的避风天窗。

（4）机械辅助通风

对于一些体型较大、进深较大的公共建筑，仅仅通过风压通风和热压通风的自然通风手段可能难以满足室内的通风需求，此时可以借助机械通风的方式，达到室内通风的要求。因为机械通风的方式对建筑内部空气质量的提升作用是有限的，且通风设备所产生的能耗是不可小觑的。所以，在改造过程中，还是应最大限度地利用自然通风，这样不仅能降低能耗，还可保持室内空气流通，营造良好的室内空气环境。

5）太阳能利用改造技术

可再生能源包括太阳能、地热能、风能、水能、生物质能和海洋能等，尤其是太阳能资源丰富且应用前景广阔。对绿色建筑技术的应用要减少建筑设计和建造过程对自然环境的影响，减少对不可再生能源的使用。目前，在建筑中应用较多的可再生能源形式主要有太阳能光热系统、太

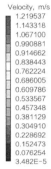

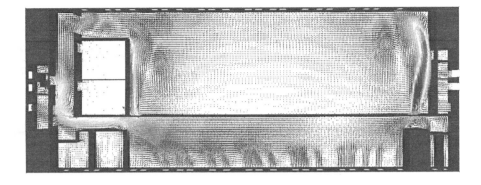

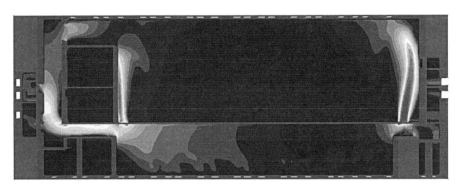

图4.10　中国城市建设研究院科研创新基地国家级零碳实验室热压风压通风分析图

阳能光伏系统等。在城市更新片区存量建筑改造过程中，可以根据改造项目的具体情况，适当地采用合适的可再生能源系统，公共建筑的生活热水需求较少，可以用太阳能热水系统和空气源热泵热水系统解决；可以结合围护结构改造，考虑采用太阳能供热制冷系统解决供暖空调需求，也可以考虑采用光伏发电技术；项目周边有合适的地下水、地表水或者有可以利用的地下空间，可以考虑采用地源热泵系统来解决供暖空调需求。

（1）被动式太阳能供暖技术

按照太阳热量进入建筑的方式，被动式太阳能供暖可分为两大类，即直接受益式和间接受益式（图4.11）。直接受益式是太阳辐射能直接穿过建筑物的透光面进入室内，间接受益式是通过一个接收部件集取太阳热量，再通过热能传输，间接加热房间空气；间接受益式被动太阳能供暖技术根据集热部件的不同可以分为集热蓄热墙式、集热墙式、附加阳光间式、屋顶集热蓄热式及组合式太阳房。间接受益的这种接收部件实际上是建筑组成的一部分，或在屋面，或在墙面，而太阳辐射能在接收部件中转换成热能再经由不同传热方式对建筑供暖。

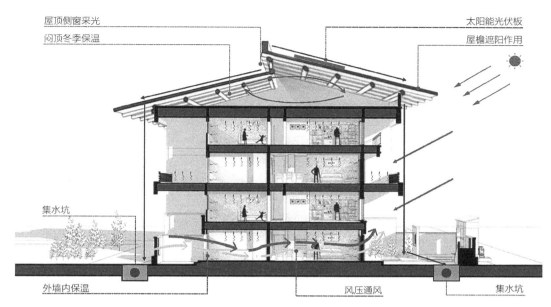

图4.11　太阳辐射预防与利用

（2）主动式太阳能供暖系统

主动太阳能供暖技术是一种技术成熟、经济性好、市场化程度高的热利用技术。按热媒种类的不同，太阳能供暖系统可分为空气加热系统及水加热系统；按集热系统与蓄热系统的换热方式不同，太阳能供暖系统可分为直接式系统和间接式系统；按蓄热系统的蓄热能力不同，太阳能供暖系统可分为短期蓄热系统与季节蓄热系统。

（3）太阳能空调系统

目前应用和研究较多的太阳能光热制冷方式有太阳能吸收式制冷、太阳能吸附式制冷、太阳能喷射式制冷以及在这三种方式的基础上延伸出来的新的制冷方式——以太阳能作为除湿剂再生能源的太阳能除湿冷却系统在建筑中也得到了越来越广泛的应用。太阳能制冷空调系统往往包含以稳定可靠的化石能源驱动的辅助能源系统，辅助能源系统可以提供热能，如使用锅炉或直接采用燃烧

器，在太阳能不足时确保热力制冷机组的运行，提供稳定的冷量输出以使供冷需求得到可靠保障；辅助能源系统也可以直接提供冷冻水，如使用备用的电制冷机组，在热力制冷机组出力不够时电制冷机组提供冷冻水。

（4）集中式太阳能热水系统

集中式太阳能热水系统一般集热器集中安装在屋面，集中式系统可以分为单水箱系统和双水箱系统，双水箱集中式热水系统由于需要两个水箱，占地面积相对较大，在既有建筑改造过程中不宜采用。可以根据公共建筑在改造过程中的具体情况选择相应的系统形式。

（5）分散式太阳能热水系统

热水用量小的既有公共建筑改造中可采用分散式太阳能热水系统，系统中一般一个太阳能集热器连接一个储热水箱，储热水箱中一般设置辅助电加热装置，单个系统满足一个盥洗间用水需求量，控制系统放置在盥

洗间，循环装置与其他辅助设备可放置在管道井。

（6）建筑附加光伏

建筑附加光伏是把光伏系统安装在建筑物的屋顶或者外墙上，建筑物作为光伏组件的载体，起支撑作用。光伏系统本身并不作为建筑的构成，即拆除光伏系统后，建筑物仍能够正常使用。当然建筑附加光伏不仅要保证自身系统的安全可靠，同时也要确保建筑的安全可靠，适合在公共建筑上应用。

（7）建筑集成光伏

建筑集成光伏是指将光伏系统与建筑物集成一体，光伏组件成为建筑结构不可分割的一部分，如光伏屋顶、光伏幕墙、光伏瓦和光伏遮阳装置等（图4.12）。如果拆除光伏系统则建筑本身不能正常使用。建筑集成光伏是光伏建筑一体化的更高级应用，光伏组件既作为建筑材料又能够发电，一举两得，可以部分抵消光伏系统的高成本，建筑集成光伏一般有光伏系统与建筑屋顶相结合、光伏与墙体相结合、光伏幕墙、光伏组件与遮阳装置相结合等几种应用方式❶。

6）建筑空间的改造更新

公共建筑空间改造可以通过建筑形体空间的改造和功能腔体的植入两种方法来实现。由于地域气候条件等因素影响，合理的形体空间改造有助于建筑的采光与自然通风。由于使用功能不同，空间改造方式也不同。为了达到新功能的要求及尺度，需要改

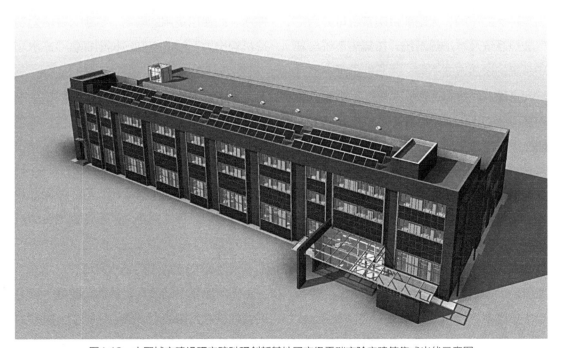

图4.12　中国城市建设研究院科研创新基地国家级零碳实验室建筑集成光伏示意图

---

❶ 何涛，李博佳，杨灵艳，等. 可再生能源建筑应用技术发展与展望［J］. 建筑科学，2018，34（9）：135–142.

变原有的建筑空间形态，要对外部和内部的空间进行重新划分组合。为了使内部的通风和采光更好更强，绿色改造过程中会采用在建筑里面或外边构筑边庭、中庭、采光井等建筑腔体的方法，以期改善室内的声环境、光环境、热环境与风环境，获得舒适的室内环境质量。

在改造设计时应充分考虑不同时期人们对使用空间的需求，提出适宜的建筑改造设计方案。城市更新片区存量建筑改造可分为两种情况：一种是不改动原有建筑结构，只对非承重结构（隔墙、隔断等）的位置进行变换和调整，或通过改扩建的方式，获得新的内部空间环境，满足新的使用要求；另一种是对原有建筑结构局部进行改动，可根据具体使用功能进行重新组织空间。基于绿色低碳理念，提出以下六种形体空间改造方法❶。

（1）形体空间的拆分改造技术

老旧片区存量建筑在建造时，受到建筑材料性能、施工技术、资金条件等的限制影响，房间开间进深尺寸通常较小，且平面形式单一，空间相对封闭，原有建筑空间功能无法满足现代使用要求。因此，可通过拆除建筑内部的非承重隔墙，并对原有空间进行重新优化组合划分，同时明确各功能空间的划分，并根据各部分的实际需要配备设施。当既有建筑空间高大，但新的使用功能要求层高较小时，可采用内部分层、添加楼板的处理手法，将高大的空间划分为尺度适合使用要求的空间，以提高空间的利用率。在改造设计中，垂直分隔首先要解决的问题就是楼板自身及将来使用中的负荷问题。一般情况下，按承重方式可以分为整体式、分离式、悬挂式、悬挑式四种，均需遵循新增结构与原有结构各自为系统的原则。

（2）形体空间的整合改造技术

空间的整合主要为拆除建筑内部空间的非承重隔墙，保留承重结构，或利用框架结构部分替换原有墙体，扩大使用面积，并对原有空间进行水平方向的重新划分组合，获得新的建筑空间。如果原有空间经过改造，变化较大，拆除后原有结构不足以支撑更大的空间，或者保留的部分缺乏稳定性，则需要将保留的部分进行加固。这种改造方式多适用于建筑空间较小、原有功能空间无法适应于新功能类型的情况。

（3）形体空间的嵌套改造技术

空间的嵌套有两种方式：部分填充式和外部包围式，也即填充和围合两种方式。

部分填充式。对于原建筑为含有内部庭院或中庭的建筑，可以通过对其庭院或中庭部分进行填充，扩大建筑的室内功能空间。这种扩建模式相当于增大了建筑进深，需要注意改造后大空间的采光与通风。

外部包围式。在原建筑周边增设新的功能空间，新建部分将原建筑围合，并连接成一体。技术上可利用预应力的外层钢结构或框架结构支撑来实现空间拓展，这种扩建模式在增大使用空间的同时，也可以对既有建筑形成一种保护。

---

❶ 贾骁恒. 基于绿色建筑技术的旧工业建筑改造再利用研究［D］. 杭州：浙江工业大学，2016.

（4）形体空间的连接改造技术

通过外廊、过厅或者新增建筑将有一定相邻的建筑连接成为统一的整体，实现不同功能空间之间的连接和共享，或者通过连廊等联系空间将既有建筑与新建建筑进行连接，这种模式改造灵活性比较大，在地面空间充足的情况下可以采用新建连接体连接既有建筑，在地面空间不足的时候可以采用空中连廊进行连接。原建筑功能空间有限，需进行功能空间扩展，且原建筑周边有可开发的区域时，可沿原建筑某一方向进行扩建，使其成为统一的整体，也可以临时加建。这种扩建模式可以在建筑平面空间增大的情况下，保持既有建筑与扩建部分中间紧密的空间联系。同时，对建筑立面的处理很容易使新旧建筑风格协调统一，融为一体。

（5）植入功能腔体自然通风的运用改造技术❶

在建筑中所谓的腔体是指在建筑中采用合适的空间形体与相应的生态技术措施，并通过适当的细部构造，能够利用或间接利用可再生能源（如太阳能、风能、水），在运作机制上与生物腔体相类似，高效低能耗地营造出适宜人们生活、工作的内部环境的建筑空间。北京四合院中的天井、现代建筑中的中庭等，都是结合当地的气候条件特点，在抵御外界不利因素的同时利用腔体来作为调节建筑与外部环境的因素。

腔体是依靠热压作用来实现自然通风的，受太阳辐射和室内热源的双重推动下，腔体中的空气受热上升，从上排风口排出。

同时由于腔体中空气不断向上流动，底部的气压相对较低，室外的新鲜空气不断经过室内并向腔体汇集，形成室内外自然通风的循环过程。建筑中的中庭、采光井等腔体空间都是运用热压通风原理来促进建筑内部的空气流动，所以在公共建筑改造设计中，经常会设置中庭和采光井等腔体空间，以获得良好的自然通风。

（6）植入功能腔体自然采光的运用改造技术

在传统建筑中，一般都是通过安装采光窗户来实现自然采光的，这样的采光方式往往存在照深不大，光线不均匀等缺点，而且在一定程度上还会将增加噪声、湿气和降低室内热舒适度。随着建筑业的发展，大空间、大体量的建筑日益增多，传统的建筑采光方式已经不能适应这些大进深建筑的自然采光。在改造设计中，在建筑中设置中庭、采光井、边庭等腔体空间造型恰好可以弥补这些缺陷，为室内提供良好充足的自然光，从而大大降低建筑能耗。

7）节水与水资源利用

人类的生存不能离开水，水是物质基础。我国是世界上26个最缺水国家之一。我国庞大的人口数量，导致虽然我国的水资源总量排名世界第6，但是人均占有量才是世界人均占有量的1/4。而在社会耗水量中，建筑耗水量占据相当大的比例，所以建筑的节水设计问题是绿色建筑迫在眉睫的问题。公共建筑改造中节水方面应用的绿色建

❶ 贾骁恒. 基于绿色建筑技术的旧工业建筑改造再利用研究［D］. 杭州：浙江工业大学，2016.

筑技术方法主要有：中水回用技术、雨水利用技术和采用节水器具。

（1）中水回用技术

中水回用技术是指对污水进行处理得到符合一定水质标准的再生水，然后加以利用。中水利用可分为自建中水和非自建中水两种方式。自建中水指建筑在自身红线范围内设置中水处理站，收集红线内或红线外建筑排水，经处理后代替自来水满足建筑杂用水（非饮用水）需求。中水处理工艺是包括预处理单元、主体处理单元、深度处理单元在内的几种或多种单元污水处理工艺的高效集成，单元处理工艺的正确选择与合理组合对于中水系统的正常运行及处理效果有着至关重要的意义。非自建中水指由市政中水厂或区域中水处理站提供的中水。当公共建筑周边具备市政中水或区域中水使用条件时，可在改造过程中增设中水供水管道系统，引入市政或区域中水代替自来水满足建筑杂用水需求。经过中水系统处理后的水可用于生活用水，如冲厕、洗车、室内清扫，也可用作花草灌溉用水、景观绿化用水，以及空调冷却水等。北京市东城区东四街道办事处节能改造项目中，项目自建中水处理站，对公共浴室内的淋浴及盥洗排水进行回收处理，中水原水经管道收集至中水机房内中水调节池，经处理后用于小区内洗车、道路浇洒用水。

（2）雨水利用技术

雨水渗透。这是一种间接利用雨水的技术，是通过透水地面、渗水池、渗透管渠等渗透系统来将雨水回灌地下，补充涵养地下水资源，同时还能改善生态环境，缓解地面沉降，减少地面积水，具有设计灵活、技术简单、易于施工、成本低、环境效益好等优点。在地下水位高、土壤渗透能力差或雨水水质污染严重等条件下雨水渗透应受到限制。相对来讲，我国北方地区降雨量相对少而集中、蒸发量大、地下水利用比例较大，雨水渗透技术的优点比较突出。

雨水回用。雨水的直接利用是将屋面或其他集水区域的降水收集后，直接或经过滤装置回用于住宅、公共和工业建筑的消防、景观浇灌或其他方面。一般而言，雨水是比较干净的水源，除了某些空气污染严重地区，建筑均可以规划及利用屋顶作为雨水收集面积，再把雨水适当处理与贮存，并设置二元供水系统将雨水过滤后作为生活杂用水，可用于洗手间、浇灌花草、补充空调冷却水等。

（3）节水器具的使用

节水器具及设备即满足相同的盥洗、洗浴、洁厕、室外灌溉等用水功能，较同类常规产品能减少用水量的器件、用具及设备。既有公共建筑节水改造应以"节流"为先。公共建筑常用的用水器具及设备主要包括卫生间的用水水嘴、便器、公共浴室淋浴喷头、公共厨房水嘴、绿化灌溉设备等。既有公共建筑绿色改造时，采用节水型卫生器具及用水设备替代原有的普通卫生器具及用水设备，是最为直接有效的"节流"措施。公共建筑节水改造常涉及的节水器具有：节水水嘴、节水便器、节水淋浴喷头、节水绿化灌溉设备等，注意在器具选择时应满足《节水型生活用水器具》CJ/T 164—2014中的相关要求。

4.2　结构专业绿色低碳更新技术

4.2.1　建筑结构绿色低碳鉴定与评估

1）建筑结构鉴定与评估

建筑结构鉴定与评估是建筑结构加固的重要依据。既有建筑的鉴定与加固，应遵循先检测、鉴定，后加固设计、施工与验收的原则。既有建筑应进行建筑结构鉴定的情况见表4.1。

既有建筑的结构鉴定主要包括可靠性鉴定和抗震性鉴定，结构鉴定必须委托具有相应资质的单位，结构鉴定的基本流程如图4.13所示。

既有建筑应进行结构鉴定的情况　　　　　　　　　　表4.1

序号	既有建筑应进行结构鉴定的情况❶
1	达到设计工作年限需要继续使用
2	改建、扩建、移位以及建筑用途或使用环境改变前
3	原设计未考虑抗震设防或抗震设防要求提高
4	遭受灾害或事故后
5	存在较严重的质量缺陷或损伤、疲劳、变形、震动影响、毗邻工程施工影响
6	日常使用中发现安全隐患
7	有要求需进行质量评价时

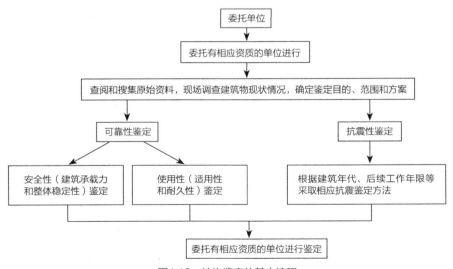

图4.13　结构鉴定的基本流程

❶ 中华人民共和国住房和城乡建设部. 既有建筑鉴定与加固通用规范：GB 55021—2021［S］. 北京：中国建筑工业出版社，2021.

（1）既有建筑可靠性鉴定

结构的可靠性鉴定是对建筑结构的安全性（建筑承载力和整体稳定性）、使用性（适用性和耐久性）进行全面了解并评价。

民用建筑可靠性鉴定评级按构件、子系统和鉴定系统分为三个层次，安全性鉴定每个层次按照地基基础、上部承重结构和围护系统承重部分三部分进行鉴定，安全性鉴定

每个层次分为四个安全性等级，使用性鉴定每个层次分为三个使用性等级，并从构件层次开始逐层逐步进行等级的评定。鉴定评级标准应依据《既有建筑鉴定与加固通用规范》GB 55021—2021和《民用建筑可靠性鉴定标准》GB 50292—2015的内容，并根据安全性鉴定评级标准（表4.2）和使用性鉴定评级标准（表4.3）采取处理要求。

安全性鉴定评级标准　　　　　　　　表4.2

层次	一			
鉴定对象	构件			
等级	a_u	b_u	c_u	d_u
分级标准	安全性符合a_u级要求，且能正常工作	安全性略低于a_u级要求，尚不明显影响正常工作	安全性不符合a_u级要求，已影响正常工作	安全性不符合a_u级要求，已严重影响正常工作
处理要求	不必采取措施	仅需采取维护措施	应采取措施	必须立即采取措施
层次	二			
鉴定对象	子系统			
等级	A_u	B_u	C_u	D_u
分级标准	安全性符合A_u级要求，且整体工作正常	安全性略低于A_u级要求，尚不明显影响整体工作	安全性不符合A_u级要求，已影响整体工作	安全性不符合A_u级要求，已严重影响整体工作
处理要求	可能有个别一般构件应采取措施	可能有极少数构件应采取措施	应采取措施，且可能有极少数构件必须立即采取措施	必须立即采取措施
层次	三			
鉴定对象	鉴定系统			
等级	A_{su}	B_{su}	C_{su}	D_{su}
分级标准	安全性符合A_{su}级要求，且系统的工作正常	安全性略低于A_{su}级要求，尚不明显影响系统的工作	安全性不符合A_{su}级要求，已影响系统的工作	安全性不符合A_{su}级要求，已严重影响系统的工作
处理要求	可能有极少数一般构件应采取措施	可能有极少数构件应采取措施	应采取措施，且可能有极少数构件必须立即采取措施	必须立即采取措施

使用性鉴定评级标准　　　　　　　　　　　　　　表4.3

层次	一		
鉴定对象	构件		
等级	a_s	b_s	c_s
分级标准	使用性符合a_s级要求，具有正常的使用功能	使用性略低于a_s级要求，尚不明显影响使用功能	使用性不符合a_s级要求，显著影响使用功能
处理要求	不必采取措施	可不采取措施	应采取措施
层次	二		
鉴定对象	子系统		
等级	A_s	B_s	C_s
分级标准	使用性符合A_s级要求，不影响整体使用功能	使用性略低于A_s级要求，尚不明显影响整体使用功能	使用性不符合A_s级要求，显著影响整体使用功能
处理要求	可能有极少数一般构件应采取措施	可能有极少数构件应采取措施	应采取措施
层次	三		
鉴定对象	鉴定系统		
等级	A_{ss}	B_{ss}	C_{ss}
分级标准	使用性符合A_{ss}级要求，不影响整体使用功能	使用性略低于A_{ss}级要求，尚不明显影响整体使用功能	使用性不符合A_{ss}级要求，显著影响整体使用功能
处理要求	可能有极少数一般构件应采取措施	可能有极少数构件应采取措施	应采取措施

（2）既有建筑抗震性鉴定

抗震性鉴定是通过检查建筑的原有设计、现状和施工质量等实际情况，按规定的抗震设防要求，对其在地震作用下的安全性进行评估和鉴定。抗震鉴定包含场地、地基基础的抗震鉴定和主体结构的抗震鉴定。抗震性鉴定应先确定抗震设防烈度、抗震设防类别等基本抗震参数和后续工作年限。

①后续工作年限

抗震鉴定时应根据建造年代和实际情况确定其合理的后续工作年限，且后续工作不应低于建筑的剩余设计工作年限。后续工作年限根据《建筑抗震鉴定标准》GB 50023—2009，主要分为后续工作年限30年、40年和50年。

在20世纪70年代及以前建造经耐久性鉴定可继续使用的现有建筑，其后续工作年限不应少于30年；在20世纪80年代建造的现有建筑，宜采用40年或更长，且不得少于30年。在20世纪90年代（按当时施行的抗震设计规范系列设计）建造的现有建筑，后续工作年限不宜少于40年，条件许可时应采用50年。在2001年以后（按当时施行的抗震设计规范系列设计）建造的现有建筑，后续工作年限宜采用50年。

②抗震鉴定方法

抗震性鉴定根据建筑后续工作年限的不同，将建筑分为A、B、C三类❶。

A类建筑为后续工作年限30年以内（含30年）的建筑。B类建筑为后续工作年限为30年以上40年以内（含40年）的建筑。C类建筑为后续工作年限为40年以上50年以内（含50年）的建筑。

针对三类建筑，分别采取不同的抗震鉴定标准。A类和B类建筑的抗震鉴定，应允许采用折减的地震作用进行抗震承载力和变形验算，应允许采用现行标准调低的要求进行抗震措施的核查，但不应低于原建造时的抗震设计要求；C类建筑，应按现行标准的要求进行抗震鉴定；当限于技术条件，难以按现行标准执行时，允许调低其后续工作年限，并按B类建筑的要求从严进行处理。

抗震的鉴定方法可分为两级。第一级鉴定应以宏观控制和构造鉴定为主进行综合评价，第二级鉴定应以抗震验算为主结合构造影响进行综合评价。A类建筑满足第一级鉴定时，可评定为满足抗震鉴定要求，不再进行第二级鉴定；B、C类建筑满足抗震措施鉴定要求后仍需进行第二级鉴定并综合判断。

2）建筑结构安全隐患调查

为全面消除建筑结构安全隐患，应向居委会、物业和居民收集建筑结构可能存在的安全隐患，并对安全隐患进行实地勘查和排查。调研过程中，可采取问询、征集、实地勘查等多种方式调查建筑结构安全隐患。

4.2.2 建筑结构绿色低碳改造技术

1）结构与建筑等多专业协调技术措施

基于绿色低碳理念进行的既有建筑更新中，由于改造对象的复杂性，有别于新建建筑的可自由发挥方案，建筑方案初期就需要结构等相关专业紧密配合，基于保留尊重原建筑现状情况，减少改造难度和改造工程量，继而使建筑方案更加绿色低碳，对于建筑设计中多专业统筹协调的要求更为严格。多专业协调技术措施的意义在于优化施工及运行效率、降低改造成本、提升改造后整体建筑质量。具体包含三个部分。

（1）统筹梳理工作重点，制定针对技术方案

既有建筑更新的特点在于建筑现状条件各有不同，引出的各专业问题差异化，因此需要在项目初期根据原有建筑现状明确项目的重点难点，判定出各专业矛盾主次，提出问题的解决方案，制定出具有针对性的技术路径。

（2）制定改造进度计划，控制设计工作流程

可以根据前期调研资料及技术路径分析，制定项目改造进度计划。其内容包括设计资料输入、各专业提资、项目设计、项目评审、成果交付等。需要遵循设计项目管理流程的各项要求，明确各个阶段的时间节点，组织各专业开展设计工作。既有建筑更新的特点在于项目前期调研和后期工程现场加固方案施工及配合时间更长，需要重点关注这两个阶段的工作。

---

❶ 中华人民共和国住房和城乡建设部. 既有建筑鉴定与加固通用规范：GB 55021—2021［S］. 北京：中国建筑工业出版社，2021.

（3）动态应对现场问题，协调保障落地实施

既有建筑更新的特殊性在于建设实施过程中不可预见性问题多，设计方案落地难度大，因此需要随时结合现状问题，对进度计划、人员安排、沟通对象等新内容进行统筹安排，协调各方项目诉求，优化技术措施，保障设计落地实施。

2）建筑结构检测、修缮方案

（1）非承重外墙墙体修缮方案

在既有建筑的结构检测中，建筑中非承重外墙也应该作为必要检测构件进行结构构造、损害程度等的检测，评定围护系统的安全性和适用性。检测中应多应用高精度、红外无损等先进检测技术进行。

非承重外墙的破坏基本原因有三类。

①自然因素：外墙装饰层长时间受到太阳的照射及大气温度的影响，从外墙装饰层表面到墙体基层的温差变化较大，各层热胀冷缩产生温度应力，从而使面层产生开裂、剥落等破损；由于外墙装饰层长时间受到环境的影响，存在细微裂缝，当冬季来临，雨水或者是雪融化产生的水进入裂缝之后受冻膨胀，从而使裂缝间隙不断增大，进而破坏外墙。

②施工质量因素：在施工工程中抹灰层过厚，未分层进行施工，压实不到位，各层之间未形成整体；面基层不平整、墙面凹凸不平、墙面杂质未清扫干净、墙面装饰层施工前未润湿基层、需要抹灰的混凝土表面没有经过凿毛处理，影响了混合砂浆与混凝土的黏结性能，从而使得涂抹的混合砂浆与混凝土表面剥离，进而造成脱落、空鼓。

③结构安全因素：基础的不均匀沉降，使结构产生自内力，当自内力超过结构材料自身的抗力时，外墙构件就会产生结构裂缝。墙体与构造柱之间没有拉结筋或者设置拉结筋不足够，墙体砌筑完成后没有对灰缝进行填实，都会在外墙的纵墙和横墙相互连接等应力比较集中的地方产生开裂。对于非结构安全的非承重外墙墙体修缮应遵循恢复建筑历史原有风貌，又能真实地保存并保护原建筑立面特征的原则，力求以原件原样进行修缮。尽量恢复其原材料、原色调、原状态、原建筑物的历史原貌。可采用替砖法、反转块体、成形修复和面砖修补等修复方案。对于结构安全因素产生的非承重外墙墙体，在纠正结构安全因素的同时，应采用低碳环保的复合材料技术进行加固，如FRP（纤维增强聚合物）加固技术，ECC（工程胶凝复合材料）加固技术。

（2）外立面改造幕墙及门窗修缮方案

在一些既有建筑装修改造中，主体结构使用功能及荷载等并没有较大调整，且经过安全及抗震鉴定符合现行规范安全及耐久性要求，此类建筑可通过局部外装饰幕墙或门窗替换等加固处理方式完成，通过节点铰接、幕墙外挂等方式减少新增构件对原有结构体系的影响，减少结构加固量、施工湿作业工程量，以达到减少碳排放的目标。如既有建筑外立面更新改造采用幕墙外挂体系，合理设计幕墙体系及与主体结构连接，保障外挂幕墙安全的同时，减少结构加固材料用量，工期也缩短，同步保证的建筑立面效果（图4.14～图4.16）。

图4.14　中国建筑设计研究院有限公司立面改造

图片来源：中国建筑设计研究院有限公司官方网站

图4.15　河北涿州某老街立面改造

图4.16　万兴集团立面改造

既有建筑改造中会新增一些非结构构件，如女儿墙、建筑线脚、防护栏杆或空调机位等，场地设计中也会涉及一些景观小品，本着绿色低碳的原则，这些构件在结构加固设计中应该补充设计，多采用钢、木等可回收或低碳排放的材料，并且协助建筑专业将这些构件模数化设计。

3）建筑结构改造方案

结构专业在房屋安全隐患调查工作后，需要进行建筑结构方案的改造方案确定，通过对多种加固方案的优化及比选，确定加固材料环保节省、施工工艺简洁可操作且安全

可靠的加固方案。

（1）既有建筑结构上部方案选型

①改变结构体系的加固设计

由于新老规范更替，一些既有建筑的结构体系已经不能满足现有规范要求，比如砌体结构的底部框架—抗震墙砌体房屋、内框架砌体房屋；钢筋混凝土结构中的单跨框架结构，或者根据《中国地震动参数区划图》GB 18306—2015结构抗震设防烈度及相关动参数有所提高，或者由于建筑用途改造造成建筑结构抗震设防类别有所提高等情况（表4.4）。

结构改变结构体系加固方案评估   表4.4

需改变结构体系原因	结构类型	重点关注建筑类型
结构安全性，建筑修建年代久远	砌体超层建筑、底部框架—抗震墙砌体房屋、内框架砌体房屋	砌体结构（20世纪70年代前建造），砌体结构底商、办公建筑
国家结构规范相应条文修正	砌体结构、钢筋混凝土结构、钢筋混凝土框架—剪力墙结构、剪力墙结构	单品框架连廊建筑、混合结构建筑
建筑功能提升，建筑改变使用功能或建筑设防类别提高	多层钢筋混凝土框架、钢结构框架	中小学幼儿园、医疗建筑、福利院建筑、养老建筑等
建筑消防等要求提高	砌体结构、混凝土框架结构等需要竖向加建电梯	宿舍建筑、康养适老改造建筑
施工现场限制，改造期间仍要使用不能搬迁	砌体结构、混凝土框架结构等、钢框架等	20世纪80—90年代砌体住宅建筑，需要持续办公、运营的建筑
原建筑经过多层非规范加固改造	底部框架—抗震墙砌体房屋、混凝土结构加层、钢结构、木结构混合结构	加层改造住宅、办公建筑，底商建筑

上述建筑如果采用常规结构构件加固的方式，会造成大部分受力构件均需要进行加固，要大面积使用加固材料，结构自重加大、增加基础荷载负担，且施工工期长，对原有结构构件也容易造成一定的损伤，所以既有建筑改造初期应充分进行改造方案选型比选，对于适用于通过改变结构体系加固方

式的建筑结构，应优先选择，以减少加固材料用量、加固量，降低施工难度并缩短周期，在保证结构安全的同时，完成绿色低碳的改造目标。

常见的改变结构体系加固方案有混凝土结构改造为混凝土框架—剪力墙结构、少量剪力墙的混凝土结构；内框架砌体结构改造

为混凝土框架结构；钢框架结构改造为框架—支撑结构；"钢+混凝土"混合结构改造为混凝土框架结构等。

具体工程应用如下。

某砖混结构房屋，建于1954年，建筑面积为2729.3m²，东西方向长约52.0m，西北方向宽约19.25m，层高均为3.5m，纵横墙混合承重体系。部分楼盖位置设有圈梁，未设置构造柱。屋盖采用木屋架，楼盖采用预制板。根据《建筑抗震设计规范》GB 50011—2010（2016年版）第7.1.5条，该建筑横墙间距不满足要求。采用增加现浇混凝土屋面板，满足现行规范相关要求的同时增加建筑整体抗震性能，木屋架经过修缮也可以得以保留（图4.17）。

某宾馆改造项目建造于20世纪70年代末、80年代初，原结构为框架结构，后期进行钢结构加层建设，加固改造初期，根据规范要求建筑按照A类建筑，后续使用年限30年进行加固改造设计，由于该方案有一层地下室，且甲方外管线同步翻修，具备墙体生根条件。所以通过多方案优化比选，最终选定2层框架结构采用增加翼墙加固法（图4.18），3层混凝土框架与2层钢结构加层主楼，增加现浇剪力墙，将框架结构体系改变为框架—剪力墙结构的加固方案（图4.19），将剪力墙尽量设置在抗震缝、建筑隔墙及位移较大的部位，由新增的剪力墙分担地震作用，框架退居第二道抗震防线，大大减少框架部分构件的加固量，

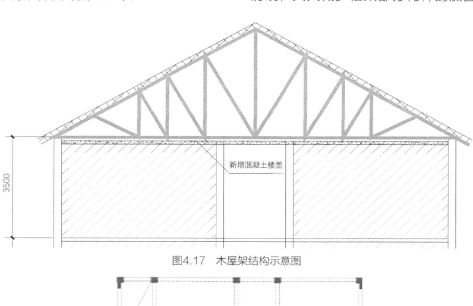

图4.17　木屋架结构示意图

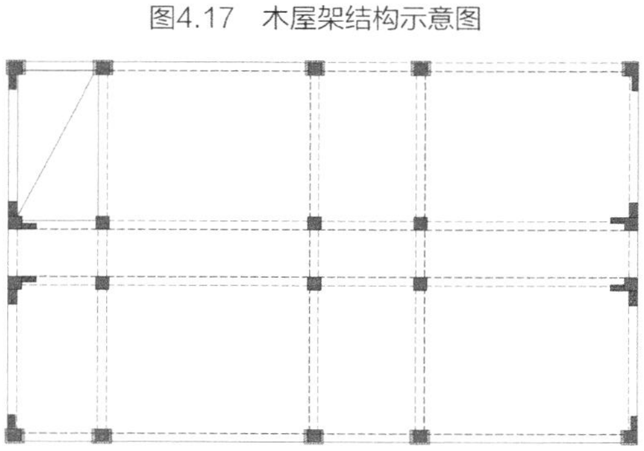

图4.18　增加少量剪力墙结构方案

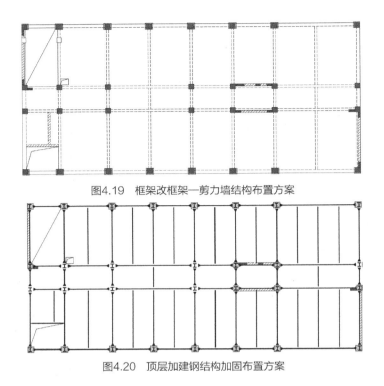

图4.19　框架改框架—剪力墙结构布置方案

图4.20　顶层加建钢结构加固布置方案

同时也解决抗震缝宽度不满足现行规范要求的问题。对于钢结构夹层，优先保留原钢结构，采用将新增剪力墙连续升到顶层（图4.20），结构外圈钢柱外包混凝土，并增加纵筋和箍筋的方法加固，提高钢结构框架抗侧的刚度，使钢结构夹层与混凝土主体结构层间刚度比等各项系数满足规范要求。该宾馆通过更新单元结构改变结构体系加固方案优化设计，最大限度地减少了对原结构的破坏，框架部分的加固工程量显著减少，是通过改变结构体系的绿色低碳选型方案。

②外套结构抗震加固技术应用

在既有建筑更新改造过程中经常会遇到住户不能搬离或者室内还需要持续办公等情况，北京等城市探索采用实施"外套结构抗震加固技术"。外套的结构可采用现浇混凝土剪力墙、框架或者装配式剪力墙等方式，通过在原砌体结构外增加混凝土墙体结构的

方式，提高住宅的抗震能力，这种加固技术的优势是大多在外墙外施工，可以和保温一体化同时进行，可以减少住宅内部加固量。

如果外墙进一步采用装配式结构构件，则是满足绿色低碳的结构体系优选方案。方案确定前需要关注因为增加了建筑面积，所以应在规划等审批手续可以完成的情况下才可以实施。

北京除了国家相关抗震、鉴定、加固标准之外，还可以将《北京地区既有建筑外套结构抗震加固技术导则》作为这类工程设计、施工的指导性文件。其第4.2.1条明确规定，砌体结构抗震承载力不满足要求时，可在其外部增设钢筋混凝土墙，并使之与原砌体结构连接成整体，达到约束原砌体结构、提高结构整体抗震性能的目标。对于既有砌体结构住宅基本采用在原结构外单面或者南北两面增加钢筋混凝土墙的加固方

案。墙体距离原砌体墙的距离一般在1.2～2.0m，通过楼板和墙体预埋钢筋等措施与原结构来进行可靠连接。

外套加固法的另外一个技术要点是新老墙体要建立可靠连接，现浇混凝土墙体常采用的做法是外剪力墙和外砌体墙连接处设置120厚的钢筋混凝土面层，在新增面层及原结构纵横墙交界位置植筋，对于采用更加绿色环保的装配式剪力墙的方案，通常通过设置埋件与墙体内型钢可靠连接的方式保证新旧墙体协同工作。

（2）钢结构建筑结构改造

钢结构建筑在经过专业的鉴定和评估后，根据鉴定结论和委托方提出的要求，按照规范进行结构改造设计。

钢结构建筑结构改造过程中，对于不同的工程情况应该区分处理。

①对于某个构件，若经鉴定与评估认为不能满足要求，要根据实际情况采取构件的加固改造或者拆换等不同措施，同时要考虑对其他构件产生的不利影响。

②对于新增部分钢结构，优先选择做独立的结构体系，与既有钢结构建筑结构各自受力。

③对于新旧结构的连接，若既有钢结构建筑已使用多年，因较多构件产生变形，对应的高强螺栓孔位置可能产生变化，故应尽量采用焊接连接。

④对于既有屋架和托架等结构，若经鉴定与评估认为不能满足要求，需采取加固改造措施时，原有构件应在卸载状态下进行加固改造，构件的新旧部分应共同受力，并避免产生应力滞后等现象。

钢结构建筑结构改造的主要方法如下。

①改变结构设计简图。通过有效措施改变原有结构的应力分布，通过力发生改变传递的具体途径，产生内力重分布。如改变荷载的分布情况，改变边界条件，增加支撑等来改变结构受力。

②不改变结构设计简图。可以通过改变屋面和墙面为轻质材料或其他方法达到减少荷载的目的，也可以通过增大构件截面面积来增加构件的承载力。

（3）既有建筑结构基础方案选型

由于基础加固的加固量大，安全性低，施工工艺复杂，对周边环境影响比较大，所以确定是否需要基础加固及基础加固方案的合理选用，是绿色低碳基础加固的前提。结构设计师应该通过与建筑专业充分沟通协作减少设计荷载增加量及利用原基础有利条件等方式进行基础加固方案选型及设计。

根据《既有建筑绿色改造技术规程》T/CECS 465—2017中的要求，在对基础承载力进行计算时，应该考虑地基长期压密的影响，要充分发挥原有地基承载能力，减少地基基础的加固工程量。当需要进行加固时，可采取如下绿色低碳的措施。

①当基础底面压力设计值超过地基承载力特征值10%以内时，不一定要进行基础加固，可采用提高上部结构抵抗不均匀沉降能力的措施，加强上部结构整体性。

②当基础底面压力设计值超过地基承载力特征值10%及以上时或建筑已出现不容许的沉降和裂缝时，可采取放大基础底面积、加固地基或减少荷载的措施。

对于结构设计人员，应该在建筑方案设计阶段提前介入，优化建筑整体荷载增加范围，尽量控制基础底面压力设计值在地基承载力特征值10%以内，减少基础加固的工程量，满足既有建筑绿色改造的要求。

4）既有历史建筑保留修缮方案

对于小区中的保护性建筑，需要调查清楚该建筑是否为文物保护建筑或历史建筑。其中文物保护建筑指依据《中华人民共和国文物保护法》等法律法规认定的各级文物保护单位内，被认定为不可移动文物的建筑物。历史建筑指根据《历史文化名城名镇名村保护条例》确定公布的历史建筑。这些建筑的结构改造按相关特殊要求实施改造工作。

5）既有建筑装配式加建结构

在一些既有建筑更新中不但需要对原有结构进行加固改造，也会存在贴建、加建等方式增加建筑使用空间，比如学校需要增加教室，社区需要增设物业管理用房、适老服务空间、非机动车车棚等，原有结构可采用预制构件加固外，受施工场地、施工工期、噪声污染等限制，可采用钢结构、木结构或者钢混结构的预制装配式模块建筑技术。

模块化建筑是指采用工厂预制的集成模块或模块化构件在施工现场组合而成的装配式建筑，其中由集成模块组合而成的可称为箱式模块化建筑，由模块化构件组合而成的可称为板式模块化建筑。该建筑单元在工厂预制完成，是由主体结构、楼板、吊顶、设备管线、内装部品组合而成的具有集成功能的三维空间，并满足各项建筑性能要求和吊

装运输以及快速拼接的要求。

6）建筑结构延寿方案

建筑物都有自身寿命，对既有建筑合理改造可以延长建筑使用寿命，同时也可以大幅减少运营成本开支，降低耗能。合理改造是实现节能、减碳的重要途径。

选择耐久性好的加固材料和选取合适的保护层，可提高建筑物耐久性，同时可以提高建筑的结构安全水平，从而达到提高建筑物寿命的目的。

建筑后续工作年限对抗震鉴定结果、加固方法及费用有直接影响，应根据建筑自身发展规划，因地制宜，选取合适的建筑后续工作年限，实现结构改造的经济性和实用性，节约社会资源和财富，保持可持续发展。

4.2.3 建筑结构绿色低碳提升技术要点

1）绿色低碳建筑结构材料

建筑结构加固对建筑本身结构的稳定性和安全系数的延长，以及对建筑结构的使用寿命具有重要意义。在我国，城乡建设用地相对紧张，对既有建筑的改建改造加固可延长既有建筑结构的使用寿命，而且符合可持续发展战略。因此，建筑结构加固是一个非常实际的领域，其所使用的加固材料应选用绿色低碳的建筑结构材料。

（1）加固材料

包括结构胶粘剂、纤维复合材料、聚合物砂浆、水泥基灌浆料等。

①结构胶粘剂

结构胶粘剂别名结构胶，一般用于构件

承接、承重结构、环境作用以及能够长期承受设计应力的胶粘剂。常见的结构胶粘剂有植筋胶、粘钢胶、灌注胶、浸渍胶、裂缝修补胶和界面胶等。

②纤维复合材料

纤维复合材料是使用了高模量和高强度的纤维，同时经过非常严格的处理，并且具有纤维效应的一种材料。其中包含了纤维复合材、芳纶纤维复合材、玻璃纤维复合材等可以增加黏性的材料。纤维复合材料常见的有碳纤维布、碳纤维板、碳纤维网格和芳纶纤维布等。

③聚合物砂浆

聚合物砂浆采用了高分子聚合物来增加黏性，然后再经过改性材料配制而成。它也被称为水泥复合砂浆或者复合砂浆。

④裂缝注浆料

裂缝注浆料是一种可塑性很强、高流态的物品。它可以压注宽度为1.5～5mm的砌体裂缝或者混凝土裂缝。因为这种材料没有使用粗骨料，所以被称为"注浆料"，这就是它与普通灌浆料的区别。

⑤水泥基灌浆料

水泥基灌浆料也是一种非常不错的加固材料。如果是工程结构就可以使用灌浆料，因为它具有不分化、不分层、体积稳定等优点，同时还具有符合标准的粘结功能以及力学功能。

（2）建筑绿色低碳材料

包括木材料、竹材料、绿色高性能混凝土、耐候钢等。

①木材料

木结构是单纯由木材或主要由木材承受荷载的结构，通过各种金属连接件或榫卯手段进行连接和固定。这种结构因为是由天然材料所组成，受材料本身条件限制，但能有效提升结构绿色低碳水平。

②竹材料

作为一种天然的材料，竹与其他建筑材料相较，具有强度高、耐久性好、廉价、保温性好等优点，从而可以较好地满足结构、经济等方面上的相关要求。同时，我国拥有丰富的竹材资源，因此，合理地开发竹材资源，对于生态环境的保护与实现建筑行业可持续发展具有重大的作用。

与混凝土及钢材等建筑结构材料相比，木竹材料的机械强度及耐久性会限制它在高层及地下等结构中的应用，但随着压缩组织密实化等相关技术的增强，竹木材料展现出良好的力学性能，断裂韧性及疲劳性能优于很多建筑结构材料，逐步成为建筑低碳材料的选择（图4.21）。

竹木材料在建筑全生命周期过程中节能减碳优势明显，尤其与钢材、玻璃、水泥等传统建筑材料相比，研究显示，生产1t水泥约排放1220kg二氧化碳当量，生产1t钢材约排放6470kg二氧化碳当量，生产1t玻璃约排放1870kg二氧化碳当量，而加工1m³木材（规格材）仅排放30.3kg二氧化碳当量[1]。一栋建筑面积约223m²的独栋独户式建筑，采用木结构建筑形式的生命周期（物化与运行阶段）总能耗约6126.329GJ，

---

❶ 龚志起. 建筑材料生命周期中物化环境状况的定量评价研究［D］. 北京：清华大学，2004.

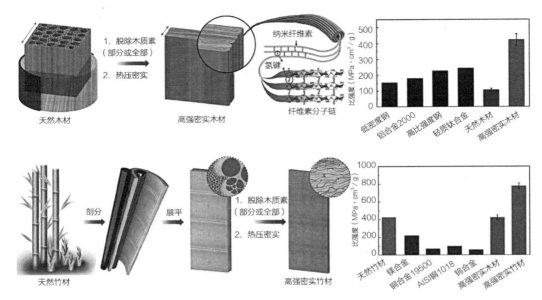

图4.21　高强木材和高强竹材的制备示意图及其强度对比

图片来源：卿彦. "双碳"战略目标下木竹基先进功能材料研究进展［J］. 中南林业科技大学学报，2022，42（12）：13-25.

比轻钢结构低11.9%，比混凝土结构低26.1%；木结构建筑全生命周期环境影响潜值为567.21元/m²，而轻钢结构和混凝土结构分别为619.69元/m²和692.65元/m²❶。近些年很多业内专家也对木结构、轻钢结构及传统钢筋混凝土结构做过很多碳排放核算，大部分数据显示基于全生命周期，木竹结构的碳排放是最小的（表4.5）。

从图4.22也可以清楚地看出轻型木结构是具有较高固碳能力的低碳建筑，其固碳量可抵消82.80%碳排放量；竹结构单位建筑面积固碳量为碳排放量的1.27倍，是负碳建筑，所以竹木材料结构是更符合城市更新理念的建筑结构形式，是低碳减排的有效途径之一。

③绿色高性能混凝土

绿色高性能混凝土主要是指将具有较高性能的混凝土与生态资源、地球环境以及可

不同材料结构类型建筑每年单位建筑面积各阶段碳排放比例关系　　　　　表4.5

结构类型		各阶段碳排放比例（%）				每年单位建筑面积碳排放量 [kg／（m²·a）]
		生产阶段（%）	施工阶段（%）	使用阶段（%）	拆除阶段（%）	
重型结构	钢结构	90.7	2	6.9	0.2	75.62
	钢筋混凝土结构	58	11.3	5	25.3	82.52
轻型结构	木结构	55.5	11.8	31.9	0.6	63.57
	轻钢结构	65	10.4	23.9	0.5	71.33

资料来源：王玉，张宏，董凌. 不同结构类型建筑全生命周期碳排放比较［J］. 建筑与文化，2015（2）：110-111.

❶ 清华大学. 中国木结构建筑与其他结构建筑能耗和环境影响比较［R］. 2006.

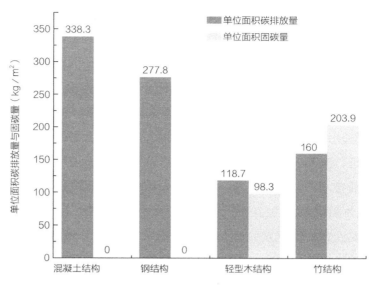

图4.22　不同结构建筑单位面积碳排放量

图片来源：李宏敏，许鑫凯，王雨桐等．竹木结构建筑物化阶段碳排放量和碳汇评估［J］.林产工业，2022，59（9）：64-68.

持续发展理念充分结合起来的混凝土。其特点在于低水胶比，选用优质材料，掺加足够数量的矿物细掺料和高效外加剂，有效节约资源能源，是一种新型科技化混凝土。加大对绿色高性能混凝土的研究和应用，有助于可持续发展，推动建筑行业绿色低碳化进程。

④耐候钢

耐候钢通过在钢中添加一定量的耐蚀性元素，用于改善锈层的物理化学性质，提高锈层对基体的保护作用。耐候钢由于其耐候性强，可保证钢结构建筑在全寿命周期内不需维护，降低建筑的碳排放；耐候钢具有高强度，可降低钢材的用量；耐候钢具有免涂装的应用特性，使得钢结构在制造过程中可免于喷砂、喷丸和涂装等高污染工序，避免了环境污染，降低了碳排放。

2）装配式结构模块设计

装配式模块化设计就是将叠合板、剪力墙等构件在构件预制厂先生产制作出来，之后再将预制构件统一运输至施工现场进行装配，使其转变成一个整体性建筑。装配式结构设计是为了降低传统建筑方式的原料浪费，可以有效降低原料成本和提升节能环保标准。另外，相对于传统混凝土的现场施工来说，装配式结构可以先在预制厂生产，然后再在现场进行装配，实现生产应用同时进行，大大减少现场施工时间。预制模块化构件，还能实现流水作业，大大提升建筑施工效率。

预制装配式模块建筑是低碳可持续和负责任的方式建造的，与传统项目相比，模块化项目在整个项目周期中只会产生25%的建筑垃圾，每平方米温室气体排放量减少173kg，减少80%的现场固体废物和减少90%的现场噪声污染。预制装配式模块建筑由于从物化阶段，到施工建造阶段和拆除回收阶段均表现出较高的绿色低碳属性，被越来越广泛地应用于既有建筑改造项目中。

3）消能减震与隔震技术应用

采用消能减震及隔震技术，既能提高结构抗震性能，又能较大幅度减少加固量，节约工期和工程造价，达到绿色低碳效果。

（1）消能减震技术

包括黏滞流体阻尼器、屈曲约束支撑等。其通过流体黏性提供阻尼或通过屈服耗能来发挥构件的消能减震作用。

（2）隔震技术

包括叠层橡胶垫、摩擦滑移隔震结构、滚动隔震装置、支撑摆动隔震装置等。其通过延长整个结构体系的自振周期减小隔震层上部结构的地震能量输入，达到减小结构地震反应的目的。

4）加装电梯

在我国城镇化发展进程不断推进和人口老龄化不断加剧的趋势下，持续推进既有住宅加装电梯，对于提高群众生活质量、方便群众出行，提升群众的幸福感、满足感，具有重要意义（图4.23）。

（1）加装电梯建筑方案

包括外置层间入户式电梯、外置平层入户式电梯、内部加装式电梯等。加装电梯工程通常根据现状建筑形式、场地条件、住户诉求、经济条件等因素综合确定。

（2）加装电梯结构方案

包括钢结构井道、钢筋混凝土结构井道和砌体结构井道。电梯井道结构方案一般根据建筑布置方案并结合现场施工条件等因素确定，常见有四柱结构、六柱结构、异形结构等。

图4.23　无锡某老旧小区改造加装电梯解决方案

5）结构绿色拆除技术

从建筑结构全生命周期看，建筑结构拆除的碳排放占比相当可观，相对于新建建筑，在既有建筑中，也会更多地涉及建筑及结构构件的拆除问题。对于不宜加固保留，需拆除处理的结构和构件，如何采用绿色、低碳、智能技术进行拆除并增加拆除构件的可回收利用率，减少环境污染，对于钢、木竹等构件提高负碳效应，是未来长期需要结构设计人员关注及探究应用的。

（1）人工拆除

人工拆除常用于低矮建筑物或构筑物的拆除，也用于机械拆除和爆破拆除的预处理或辅助工作。对人工拆除的绿色技术要求主要体现在实现建筑行业节能、节地、节水、节材和环境保护的"四节一环保"目标过程中，能够最大限度地辅助发挥节约资源并减少对环境负面影响的作用。

（2）机械拆除

为了解决混凝土结构的拆除作为城市更新建筑拆除中对环境影响的重点和难点问题，更多的机械拆除技术被开发使用。这些多种技术联合使用的新技术在保障拆除安全的同时，更加关注减少在城市核心区域对周围造成的粉尘及噪声等污染影响，如"互联网+平移顶升远程监控平台"技术，通过千斤顶控制台及倾斜传感器，读取内部沉降数值、应变数值、倾斜数值等，从而实时掌握混凝土结构的平移距离、平移速度、压力、位移等情况，使建筑物能够在连续受力情况下交替顶升，保持稳定状态，不发生偏斜，并具有实时报警系统以确保安全性。这种机械拆除配合方案在减少人力资源投入的同时，尽可能实现原有结构的完整性，使其对环境影响最小，同时增加拆除钢筋及混凝土的再利用价值，达到节能降耗、低环境影响的绿色拆除效果。

（3）智能拆除

智能拆除是指通过应用信息技术、机器人技术对建筑材料、构件及结构进行解构或破碎的拆除方法。智能拆除技术在发达国家发展较为深入，Brokk系列拆除机器人可以适应恶劣气候条件、高危建筑等多种施工地面，并且使用低排放柴油驱动和减噪系统以减少环境负担。

机械拆除由于设备研发和施工方法不断

更新，未来一段时间仍将作为主要拆除方法；随着人工智能的不断进步，机械拆除越来越智能化，智能拆除已可预见成为一种发展趋势，绿色智能拆除相对于传统智能更能提高效率，有效控制对生态环境的影响。

4.3　水暖专业绿色低碳更新技术

4.3.1　水暖设施更新改造背景及意义

1）老旧小区水暖设施现状问题总述

随着我国城镇化进程的转变，全面推进城镇既有建筑改造工作成为现阶段城市更新的重点。作为人居环境舒适度最直接的体验项之一，既有建筑内外部相关水暖设施的改造升级也极为迫切。目前各地大量老旧建筑存在内部水暖设施老化落后，配套设施不完善的情况。如供暖制冷供热水等冷热源系统运行效率低下、能耗较高、供暖系统供暖效果不达标、供暖管线设计不合理、供暖管线老化跑冒滴漏、未实施供暖分户分楼栋计量措施、分体空调冷凝水排放不合理、公建内部空调通风设置不完善不合理等问题，以及给水排水管线工作不畅、供水不足、管网老旧漏损严重、管材选择及敷设不合理、雨污未分流、小区无化粪池或化粪池年久漏损、消防设施不完善等各种问题。

2）改造在"双碳"背景下的意义

根据《中国建筑能耗研究报告2020》的相关统计数据，全国建筑运行阶段能耗约占全国能源消费总量的20%，而供暖、热水所消耗能量占建筑能耗的56%~58%。在碳达峰、碳中和目标的前提背景下，城市更新中绿色低碳化设计是暖通空调、给水排水设计未来的主流方向，供暖、空调、热水设备及其相关系统的绿色低碳改造技术的深入研究凸显其必要性。

4.3.2　给水排水专业绿色低碳更新技术

1）给水排水改造前期问题调研及分析

（1）给水系统改造中出现的问题

纵观国内的既有建筑，在给水系统改造中，因管道老化、阀门老旧等给水配件引发的水资源浪费问题突出。在改造过程中不难发现，老旧的管道和阀门等配件普遍存在质量不佳、超出使用寿命的问题。在常年的应用中，水的流经给管道造成的冲击和腐蚀巨大，在经年的持久作用下，管道出现严重的锈蚀和老化问题，具体表现包括渗水和漏水等。

在过去的建筑工程施工中，给水管道多选用冷镀锌管材，因其材质的特殊性，锈蚀现象高发，不但造成了水资源的无端浪费，还给城镇老旧小区居民的生命健康埋下了潜在威胁。此外，受建筑给排水工程施工中所安装阀门质量不佳因素的影响，阀门和管道间的连接处渗水问题高发，如不能引起重视，及时维修解决，则会造成水资源的严重浪费。此外，由于给水管道多埋于地下，即便出现渗水问题也很难在短时间内被发现，因此，水资源浪费问题难以第一时间得到解决。

（2）排水系统改造中出现的问题

众所周知，既有建筑的排水管网建设大多经年已久，结构严重老化，且因建设时期设计标准低，在常年的使用中必然会出现排水能力不足的问题，加之受私搭乱接、管线占压等问题的影响，管网变形、受损等问题非常普遍，在一定程度上增加了断管塌陷事故的发生风险。此外，受技术条件和规范制度等的影响，房地产开发管理的规范性不足，排水设施不尽合理，基本未建化粪池，因而在污水排放中基本处于直排模式。在一些建有化粪池的小区，其化粪池、检查井砌筑也多基础不牢，未进行包封处理，增加了周边地下环境的污染。除上述问题外，排水管道直径小、排水设施缺少监管等问题，也在一定程度上加剧了管道堵塞、污水跑冒滴漏等现象的发生概率。当此类管道排污能力下降不能得到及时缓解时，则会在管道内形成淤积，进而影响排水的顺畅度，久而久之会出现"楼前污水总冒、夏天臭气熏天不敢开窗、苍蝇蚊子满天飞、冬天出门易摔倒"等问题。当然，还有一些小区在客观或主观因素的影响下，出现通气管被堵或拆除问题，极大地影响排水管的正常使用，最终形成下水难困境。在这些尴尬的基础上，排水管道内的污水的长期积压还会生成臭气和有毒气体，进而锈蚀排水管，缩短其使用年限。此外，排水管内气压的骤变还会反作用于居民卫生器具的水封，居民在家中能闻到臭气和毒气，干扰居民的正常生活，污染环境。

不同地区给水排水的设计中，缺乏全面性的建筑排水管网、管道结构规划，也很少根据雨水流量、污水排量进行系统性计算，往往是给水量、排水量远远大于管线流量，使得雨水收集、污水排放系统不畅通。而且部分建筑没有雨水回收利用、污废水处理系统，排放的雨水或污水在短时间内不能得到有效处理，造成排入地下的水资源产生污染，对雨水资源、废水的循环利用效率不高。

2）给水排水绿色低碳改造原则方法

在对既有建筑的给水排水管道设施进行改造的过程中，应当开展实时、高效的调研分析，明确改造原则，改变老旧小区给水排水管道改造"一刀切"的状况。

（1）应当秉承"一栋一策"或"一个小区一策"的改造原则，因地制宜地开展相应的改造设计工作。根据不同小区的实际状况，合理选取相应的改造工艺，合理规划改造方向，对管道走向以及空间布局进行科学合理的设计。设计时也需要参照当前小区给水排水管道的实际状况，尽可能做到以修缮为主，以降低改造成本、提高改造效率、缩短改造周期，确保改造工作给居民带来的影响降至最低。

（2）在具体的改造环节，需要对供水管道、排水管道、雨水管道、消防管道等各类管道设施进行综合评判评估，结合不同小区管道的空间分布状况，合理设定相应的改造目标，确保相关管道设施在经过改造之后能够满足居民正常生活用水的需求，确保居民用水具备科学性、安全性、合理性、流畅

性，同时保持小区卫生。

（3）与小区居民进行积极高效的沟通，尽可能消除住户的抵触情绪，激发居民的积极性和主动性，使其在改造过程中出谋划策，提供原始资料信息，并注重建立长效稳定的改善机制，以此确保小区给水排水管道的改造工作能够正常、高效地进行[1]。

给水排水系统改造管材、阀件必须严格按照建设主管部门的相关规定及给水排水设计规范的要求进行更新改造。

3）给水排水绿色低碳改造技术措施

（1）水源低碳改造技术

对于现有绝大多数城市来说，市政供水压力已较以往有较大提升，多数市政供水压力已超过既有建筑的原始供水系统低区的供水高度，改造过程可对现有市政供水压力做明确的考察记录，更多地依靠市政压力为建筑供水。

针对二次加压系统压力过高，容易造成爆管等情况，需要在设计时对不同高度的建筑进行分区，做到各区最低卫生器具配水点静水压力均小于0.45MPa，且分区内低层部分设支管限流或减压措施保证用水点处供水压力不大于0.20MPa，且不小于用水器具要求的最低压力。

（2）管网低碳改造技术

室外给水管道也会连接到整个小区的给水排水管网系统中，在对室外给水管道进行管控的过程中，给水排水设计人员需要完成实际的项目勘查，对相关区域、地段的湿陷

❶ 张琳明，城镇老旧小区给排水改造中的问题及解决措施［J］. 工程技术研究，2022，7（13）：219-221.

性进行评估分析。对室外给水管道通常采取直埋敷设的方式，可在不同地沟内敷设相应的钢筋混凝土管沟，确保室外给水管道能够得到安全保障。同时在对室外给水系统进行设计优化的过程中也需要考虑实际使用需求，把握室外给水系统的实际用途，进行有针对性的改造。例如，在对消防水管网进行改造的过程中，相关人员需要参照室外消火栓的供水需求及当前消防工况，对管道口径进行科学合理的设计，满足室外消防安全管理的实际用水需求。

小区内部的排水管道系统分为两类，即室内生活排水管道和室外污水排放管道，在对室内生活排水管道设施进行系统性改造的过程中，专业人员需要根据小区排水管道设施的空间布局，对排水立管到室外第一个排水检查井之间的管路进行重点检查，了解此路段的管道是否存在严重损坏的状况。一般情况下，管道渗漏的问题会导致地沟塌陷或相关路段不均匀沉降，并且部分管道设施也会随之出现不均匀沉降的情况，不仅使排水效果受到影响，还会造成严重的地下水及地表土壤污染。在对此部分管道设施进行管理控制的过程中，专业人员需要对相关区域的地沟进行及时高效的清理，针对存在的塌陷情况进行分析，实施必要的加固处理，还需要及时更换受损管道，完成相应的横管改造，确保室内排水更加通畅。

在对室外污水排放管道进行管控的过程中，相关人员应当遵循"原位"改造的原则，将排水管的位置和两个检查井之间的管道作为基础单位，在改造期间，对现有的化粪池及市政排水接入点进行细致高效的评估

分析。由于新建相应的排水管道存在较长的施工周期，应当尽可能采取修复、修缮的方式，提高改造效率。在对室外化粪池进行管控的过程中，也需要对钢筋混凝土结构进行重点管控，将化粪池进行清空处理，完善改造工作。

（3）节水设备选用低碳改造技术

节水型生活用水器具是能比同类常规产品减少流量或用水量，提高用水效率，体现节水技术的器件、用具。节水器具位于建筑供水系统的末端，同时也是所有用水点的控制关键点，对于建筑节水具有重大意义。所用用水器具应满足现行国家和行业标准《节水型卫生洁具》GB/T 31436、《节水型生活用水器具》CJ/T 164和《节水型产品通用技术条件》GB/T 18870等的相关规定。节水型卫生器具的用水效率应达到二级及以上。

①节水器具

a. 坐便器

坐便器按照冲水模式一般分为单档坐便器和双档坐便器。按照现行国家行业标准《节水型生活用水器具》CJ/T 164的规定，单档坐便器和双档坐便器大档应在规定用水量下满足冲洗功能要求；双档坐便器小档应在规定用水量下满足洗净功能、污水置换功能、水封恢复功能和卫生纸试验的要求，且双档坐便器的小档流量不应大于名义用水量的70%。从建筑节水角度出发，推荐设计选用双档坐便器。根据现行国家行业标准《节水型生活用水器具》CJ/T 164的规定，坐便器用水量等级1级对应用水量为4.0L，2级对应用水量为5L；现行国家标准

《坐便器用水效率限定值及用水效率等级》GB 25502—2017规定，坐便器的节水评价值用水效率等级的2级，对应用水量为4.2L/6.0L（平均用水量5.0L）。故设计中选用坐便器，其一次冲水量不得大于6.0L。

b. 小便器、蹲便器

设置小便器和蹲便器的场所多为公共建筑卫生间，为了满足建筑节水的目标，同时兼顾卫生安全隐私，可采用延时自闭式冲洗阀、感应式冲洗阀、脚踏式冲洗阀，在使用者离开后，会定时自动断水，具有限定每次给水量和给水时间的功能，有较好的节水性能。

c. 水嘴

水嘴是对水介质实现启闭及控制出口水流量和水温度的一种装置，也是建筑给水系统中用水点末端关键节水设备。推荐洗面器和厨房水嘴等接触式水嘴采用陶瓷片密封水嘴，该产品应符合现行国家标准《陶瓷片密封水嘴》GB 18145—2014的相关规定，在满足金属污染物析出限量、密封、流量及寿命性能等方面的要求外，还可大大提高节水性能。

洗手盆感应式水嘴在离开使用状态后，会定时自动断水，用于公共场所的卫生间时不仅节水，而且卫生。洗手盆自闭式水嘴具有限定每次给水量和给水时间的功能，具有较好的节水性能。

现行国家行业标准《节水型生活用水器具》CJ/T 164对水嘴、淋浴喷头从流量特性、强度、密封性、启闭时间和寿命等方面给出了明确规定，在工程设计中推荐在水嘴、淋浴喷头内部设置限流配件（如限流片

或限流器等），以便保证产品的节水性能。

d. 冷热水混合器

冷热水混合器是通过温度探头测量混合水温，并实时反馈给温控部分，分别对冷热水的水温流量进行同步控制，从而达到恒温的目的。同时，冷热水混合器还能一定程度上降低冷热水供水压力差，满足节水、使用舒适的目的。另外，对于学校、学生公寓集体宿舍的公共浴室等集中用水部位宜采用智能流量控制装置，如采用刷卡淋浴器等，能够实现"人走即停"，避免水资源浪费。

e. 生活热水系统水加热设备

生活热水系统水加热设备应根据使用特点、耗热量、热源、维护管理及卫生防菌等因素进行选择。选择容积利用率高、换热效果好、节能、节水，水加热器被加热水侧阻力损失小和直接供给生活热水的水加热水设备的被加热水侧阻力损失不宜大于0.01MPa的设备，同时满足安全可靠、构造简单、操作维修方便的要求。

②节水措施

a. 自用水量指水处理设备生产工艺工程和为其他用途所需用的水量，比如常见的过滤器反冲洗水等。在实际工程中，雨水、游泳池、水景水池、给水深度处理水的处理过程中均需部分自用水量，如管道直饮水等的处理工艺运行一定时间后均需要反冲洗，反冲洗的水量一般较大。游泳池采用砂滤时，石英砂的反冲洗强度在12~15L/（s·m²），如将反冲洗的水排掉，浪费的水量是很大的。因此，改造工程中应采用反冲洗用水量较少的处理工艺，如气—水反冲洗工艺，冲洗强度可降低到8~10L/（s·m²）；采用硅藻土过滤工

艺，反冲洗的强度仅为0.83~3L/（s·m²），用水量可大幅减少。

b. 空调冷却塔是用水作为循环冷却剂，从系统中吸收热量排放至大气中，以降低水温的装置，是空调水冷系统的重要设备。成品冷却塔应按生产厂家提供的热力特性曲线选定。设计循环水量不宜超过冷却塔的额定水量；当循环水量达不到额定流量的80%时，应对冷却塔的配水系统进行校核；冷却塔数量宜与冷却水用水设备的数量、控制运行相匹配；冷却塔设计计算所选用的空气干球温度和湿球温度，应与所服务的空调等系统设计的空气干球温度和湿球温度相吻合，应采用历年平均不保证50小时的干球温度和湿球温度；冷却塔宜设置在气流通长、湿热空气回流影响小的场所，且布置在建筑物的最小频率风向的上风侧。

c. 车库和道路冲洗用水通过水泵吸入，经压缩后流经水管，最后经水枪射出，水枪通过控制出水嘴的流量来控制水的分散大小，这样形成水的喷射，能将污垢剥离、冲走，达到清洗物体表面的目的。高压清洗也是世界公认最科学、经济、环保的清洁方式之一、从建筑节水角度分析，使用节水型高压水枪对车库、道路进行冲洗，是目前较为节水的一种方式。

d. 节水型洗衣机能根据衣物量、脏净程度自动或手动调节用水量，满足洗净功能且耗水量低的洗衣机产品。产品的额定洗涤水量与额定洗涤容量之比应符合《家用和类似用途电动洗衣机》GB/T 4288—2018中第5.4条的规定。而厨房在建筑中也是"用水大户"，可以通过选用加气水嘴，选用节水型洗碗机，设置非接触式开关控制水嘴"一水多用"等措施，实现厨房节水目的❶。

（4）太阳能热水能源利用低碳改造技术

太阳能是一种清洁无污染的可再生能源。太阳能热水系统是利用太阳辐射能为热源，将太阳能转为热能，以达到加热水体的一整套装置，包括太阳能集热装置、储热装置、循环管路装置、循环动力等。太阳能热水系统按铺设配型分为：单机太阳能热水器、集中式太阳能热水系统和半集中式太阳能热水系统三大类。此三类太阳能热水系统在绿色建筑中均得到了广泛的应用。

单机太阳能热水器（又叫家用太阳能）应用最早，70年代中期第一代热水器是用铁皮、铁管进行焊接，简单利用太阳能将水"晒热"。第二代太阳能热水器则应用铜铝复合芯条技术。第三代就是发展到现在所见到的"黑管"——玻璃真空管，能够大大提高太阳能辐照，减少辐照时间，迅速将水制热。在多层建筑中，大多是选用"屋顶式"单机太阳能；高层居民建筑则选用"壁挂式"单机太阳能。单机太阳能热水器最大的好处是独立供用水，管理方便。但其最大的缺点是：无可靠的回水系统，造成供水浪费；多余热水无法共享，造成热能浪费；系统管路多，与建筑不协调。单纯从能源利用角度看，单机太阳能热水器能够弥补"绿色

❶ 任庆英，赵锂，潘云刚，陈琪，史丽秀，王载，朱跃云，胡建丽，张青，张月珍，颜玉璞. 绿色建筑设计导则［M］. 北京：中国建筑工业出版社，2021.

建筑"政策涉及不到的广大农村地区节能问题。

集中式太阳能热水系统的最大优点是集成化程度高，分摊造价低，管理统一，水热利用程度高，与建筑统一设计施工，结合程度高。在居民建筑中得到最大程度的利用，解决了供暖、生活热水问题，为广大居民减少了建筑使用费用。目前，也是众多居民住宅开发项目"绿色建筑评价标准一星"应用最多的项目❶。

当项目所在地有保证全年供热的热力管网的条件时，由于该热源相对于其他热源较稳定、供热量保证率高，宜优先采用其作为集中生活热水系统的热源，实现节约能源、保护环境的目标；对于建设方而言，可以减少热源设备投资，仅设置间接换热器，即可实现集中生活热水供应，系统简单经济性好。

集中热水系统的热源形式选择，对于实际工程项目而言，热源不可能实现单一热源方式，设置太阳能热水系统，应设置相应的辅助热源；对于不能全年供热的城市热力管网，在管网检修期应设置备用热源等。故集中生活热水热源方案应结合项目实际情况，对热源进行优化和多种热源组合利用。

（5）建筑小区海绵城市低碳改造技术

根据国家《"十四五"全国城市基础设施建设规划》要求，"城市新区坚持目标导向，因地制宜合理选用'渗、滞、蓄、净、用、排'等措施，把海绵城市建设理念落实到城市规划建设管理全过程。老旧城区结合城市更新、城市河湖生态治理、城镇老旧小区改造、地下基础设施改造建设、城市防洪排涝设施建设等，以城区内涝积水治理、黑臭水体治理、雨水收集利用等为突破口，推进区域整体治理。用统筹的方式、系统的方法提升城市内涝防治水平，基本形成符合要求的城市排水防涝工程体系。实施雨水源头减排工程，落实海绵城市建设理念，因地制宜使用透水铺装，增加下沉式绿地、植草沟、人工湿地等软性透水地面，提高硬化地面中可渗透面积比例，源头削减雨水径流。实施排水管网工程，排水管网原则上应尽可能达到国家建设标准的上限要求，修复破损和功能失效的排水防涝设施。实施排涝通道工程，开展城市建成区河道、排洪沟等整治工程，以及'卡脖子'排涝通道治理工程，提高行洪排涝能力，确保与城市排水管网系统排水能力相匹配。实施雨水调蓄工程，严查违法违规占用河湖、水库、山塘、蓄滞洪空间和排涝通道等的建筑物、构筑物，加快恢复并增加城市水空间，扩展城市及周边自然调蓄空间，保证足够的调蓄容积和功能。因地制宜、集散结合建设雨水调蓄设施，发挥削峰错峰作用。"由此可见，在城市更新过程中，海绵城市的设计占有非常重要的地位。

景观设施改造是海绵城市设计的主体，在设计居住区景观时，有必要将居住区的周围景观与住宅建筑整体有效地结合起来，以创建与居住区规划风格相匹配的景观空间。小区的景观设计，需要将景观的设计整合到

❶ 贾林千，韩冰. 太阳能在绿色建筑中的应用浅析［J］. 中国房地产业，2016（10）：1.

整个居住区的开发设计中，对于自然标高的调整、自然环境的改造、景观效果的营造以及可持续理念的实施都要重视，以便景观环境和住宅区的风格协调统一，还要在满足观赏性的同时注重功能性，满足使用者的需求。

在居住区进行海绵城市设计时，必须充分考虑生态和景观，即在海绵城市理念的指导下进行居住区景观改造设计。社会不断进步、人与自然和谐相处、经济社会的稳定等都是现代城市可持续发展背后的驱动力，因此，居住区的环境应首先符合生态原则，将景观的生态性和观赏性结合起来，打造宜居空间和文化传播场所，因此，在该原则基础上进行低碳设计和改造居住区海绵城市的景观时，海绵城市理念的融合是非常重要的部分。可在以下几个层面进行分析总结。

①增加建筑收集能力

建筑屋面采用绿色屋顶，建筑立面选择建筑绿墙，雨水桶、收集落水管等进行雨水的排出，这些设施可以实现雨水源头上的有效处理，将场地景观与雨水管理完美结合。

通过传输措施将屋面雨水排入蓄水池回用，简单的做法是将雨水进行再利用，满足景观的灌溉等需求，复杂一些的做法便是对雨水进行再处理，用于建筑灰水和生活冲厕等方面。

②提高道路传输能力

导——道路侧石做开口处理，保证路面雨水可以汇入道路两侧的绿地内，再流入绿地内的海绵设施。

输——加强道路系统与周边海绵设施的联系，可以实现周围各种绿化带的结合，在分车绿带、停车场绿地和行道树绿带等区域进行植被浅沟、雨水花园和树池等的建设，在保证道路交通通畅的基础上，将道路景观和道路雨水管理并行起来。

③扩大绿地消纳能力

在绿地内设置较大规模的集中式雨水设施和末端处理设施，如下凹式绿地、雨水花园等，来消纳、净化和利用本地与周边区域的雨水。

尽量将住区原有景观与雨水设施相结合，在保持景观原有要求的同时，使其具有雨水管理功能，实现部分雨水可持续管理。

④增强既有住区中的公共场地（包括广场和停车场）渗透能力

广场：首先尽量完全采用透水性材料或透水方式进行铺装，以增加地表透水比率；其次在广场内修建连续性树池，提高雨水渗透与收纳能力。

停车场：停车场边缘可以进行各种雨水花园和生物滞留地的建设，将停车场打造为不仅可以停车，还能够进行雨水渗透的场所，在雨水花园路面铺设上，可以选择透水性的材料，在大暴雨的天气下，将雨水进行快速下渗，补给地下水，降低地面径流。❶

近些年来，随着城市的发展及新时代新的要求，既有建筑区域各方面问题层出不穷，亟待改善。而其中雨水利用问题尤为突出，传统灰色市政雨水设施无法应对新时代突增的雨量，显得捉襟见肘，所以需要在既有建筑改造中因地制宜地结合海绵城市理念

❶ 舒平，徐雷，张萍. 基于模拟优化的既有住区外部空间海绵化改造研究［J］. 建筑节能，2018，46（7）：83–86，107.

对雨水进行综合处理，根据住区在雨水利用方面的现状问题提出相应的解决策略，经过反复的模拟优化，最终得到较为完善的海绵化改造策略，以解决老旧住区雨水利用问题。既有建筑外部空间海绵化改造可以利用现有的资源及空间，给予住区居住质量较大的提升。与此同时，住区雨水利用问题也不仅是设计和建设层面的事情，更需要政府与相关部门的管理和引导，以及公众参与意识的增强，方能使住区质量达到更高的层次。

实现碳达峰、碳中和是一项长远而深刻的经济性变革与发展。从中长期看，中国未来的经济增长动能需要发生根本性转变，摆脱高消耗、高污染、高二氧化碳排放、低生产率，变为低消耗、低污染的排放，低碳排放，促使中国彻底进行产业结构调整，真正提升全要素生产率（TFP）。给水排水专业在节能节水、降低消耗、减少排放、控制污染、资源回收及环境保护等多个方面，均扮演着极其重要的角色。因此在建筑环境绿色低碳发展的理念下，提高给水排水专业在既有建筑改造中的绿色低碳意识，推广并实践绿色低碳改造措施，符合当下国家发展的重大利益，为加快构建全民参与、全社会减排的生态文明建设新格局提供了内在动力。

4.3.3　暖通专业绿色低碳技术研究

1）绿色节能诊断评估技术

在更新改造设计中，前期通过绿色节能诊断评估，对暖通空调设施设备、管网系统进行综合评定分析，找出适合每个项目的绿色低碳改造解决方案。具体诊断的内容和方法可依据现行行业标准《既有居住建筑节能改造技术规程》JGJ/T 129、《公共建筑节能改造技术规范》JGJ/T 176、《既有建筑绿色改造技术规程》T/CECS 465和《既有社区绿色化改造技术标准》JGJ/T 425的相关规定进行。

（1）调研清单（表4.6）

调研清单

表4.6

调研阶段	调研内容	备注
资料收集	1. 建筑现状及产权、管理单位等相关建造信息	
	2. 暖通空调系统相关设计、竣工图纸及其他技术资料	
	3. 相关运维单位的运行数据	
现场踏勘	1. 能源结构及可再生能源利用情况、冷热源系统形式、设备现状、系统供给能力、运行参数、性能系数、控制策略、投产年限等	
	2. 管网系统运行参数、管材及保温性能、管网水力失调度、敷设方式及现状、投产年限等	
	3. 建筑内供暖空调通风方式、系统形式、设备参数、运行时间及状况、冷热计量现状、投产年限等	
	4. 室内温湿度状况、空气质量品质、噪声等	
	5. 其他现场状况及改造条件	

（2）问题分析

通过节能诊断可判断出既有建筑暖通空调系统的问题所在，在绿色低碳化改造中，通常会出现以下问题。

①建筑供暖空调设施不完善，供暖空调运行效果不达标，无法达到绿色舒适健康的人居环境要求。城市更新单元中建筑老旧，很多供暖空调设备已运行多年，存在设备及管线老旧落后、系统效率低下、对环境不友好、噪声较大且效果较差等问题。

②室外供暖管线年久失修、管材及保温破损、管网"跑冒滴漏"现象多有存在，导致输送途中热损耗较大，造成不必要的浪费，影响末端供热效果。

③冷热源设备如锅炉、冷水机组、循环水泵、冷却塔等设备的性能系数、运行效率不符合现行规范要求或不节能低碳。

④改造受既有建筑空间及场地限制不易实现。如公共建筑新风系统的增设，由于既有建筑吊顶空间管线繁多、空间有限，如需增加风管则需要各专业统筹优化改造设计。

2）暖通绿色低碳改造原则方法

绿色低碳改造是以节能、改善人居环境、提升使用功能为目标，用绿色低碳的技术手段、方法来实现改造。在城市更新改造中，暖通系统的提升应始终本着绿色、低碳、舒适、节能、环保的原则进行。

①根据地域特点及建筑条件选择低碳、高效、清洁可再生的冷热源系统形式。

②优化输配系统，保证水力平衡，增强管道保温，减少室外管网的热损失。

③选用高效低噪的室内空调通风供暖设备，完善温控系统设计及热计量系统，达到根据个体需求调节的功能，从而实现环境的健康舒适。

3）暖通专业绿色低碳更新技术措施

暖通空调系统的绿色低碳改造主要从能源利用及系统节能角度来考虑。从系统构成的源头至末端逐一剖析，找出各环节的绿色低碳解决方案，最终营造出集舒适性、节能性于一体的室内环境。

（1）冷热源

①地源热泵系统

地源热泵系统是一种以岩土体、地下水或地表水为低温热源，由水源热泵机组、地热能交换系统、建筑物内系统组成的供热空调系统。浅层地热能的提取利用主要通过地埋管换热系统、地表水换热系统、地下水换热系统三种形式来实现。地源热泵系统究其根源就是一种对地热能提升利用的系统。

根据地热能交换系统形式的不同，地源热泵系统分为地埋管地源热泵系统、地下水地源热泵系统和地表水地源热泵系统。

a. 地埋管地源热泵系统

地埋管地源热泵系统也称地耦合热泵系统或土壤源热泵系统，《地源热泵系统工程技术规范》GB 50366—2005（2009版）将其定义为地埋管地源热泵系统。系统由地埋管换热器、地源热泵机组、末端系统组成。

地埋管换热器是传热介质（一般为水或添加防冻剂的水溶液）与岩土体进行热交换用的，由埋于地下的密闭循环管组构成，传热介质在埋于土壤内部的封闭环路中循环流动，从而实现与大地岩土体进行热交换的目的。地埋管换热器根据管路埋置方式不同，分为水平地埋管换热器和竖直地埋管换热器。

垂直地埋管系统需要先在地面钻垂直竖孔，传热介质通过放置于垂直孔中的塑质闭环管路系统循环。常见的垂直埋管形式主要有三种：U 形管型，螺旋管型，套管式等。

U 形管型是目前使用最多的形式，在钻孔的管井内安装 U 形管，一般钻孔直径为 110～200mm，井深 20～100m。U 形管径一般在 φ50mm 以下（主要是流量不宜过大所限），U 形管换热器具有施工简单、换热性能较好、承压高、管路接头少、不易泄漏、占地少等优点。

螺旋管型地埋管通常分大直径螺旋管、小直径螺旋管，它通过将换热 PE 盘管（聚乙烯塑料管）螺旋地埋设于孔桩内，利用岩土体作为热源或冷源，进行能量交换。垂直螺旋盘管地埋管系统换热效率高，较传统水平埋管相比占用空间小。但起初投资成本高、安装维护难度大，对地质条件要求较高。

套管型换热器原理是用同轴套管替换传统的单、双 U 型地埋管，将流体从外（内）套管中注入，流体到达套管底部之后，通过内（外）管向上运移将与周边岩土体交换的热（冷）量带至地表[1]。换热器外管直径一般为 100～200mm，内管直径为 15～

25mm。其单位井深的换热量较 U 形管有所提高。套管型换热器缺点是套管直径及钻孔直径较大，下管比较困难，初投资较高。套管端部与内管进、出水连接处不好处理，易泄漏，为防止漏水，套管端部封头部分宜由工厂加工制作，现场安装，以保证严密性。

水平地埋管系统埋设情况相对简单，通过埋在地下的密封及耐压的塑质闭式管路系统，水或防冻溶液在管路中循环，管路放置于水平沟渠中。水平埋管主要有单沟单管、单沟双管、单沟二层双管、单沟二层四管、单沟二层六管等形式，由于多层埋管的下层管处于一个较稳定的温度场，换热效率好于单层，而且占地面积较少，因此应用多层管的较多。近年来国外又新开发了两种水平埋管形式，一种是扁平曲线状管，另一种是螺旋状管。它们的优点是使地沟长度缩短，而可埋设的管子长度增加。管路的埋设视岩土情况，可采取挖沟或大面积开挖方法。单层管最佳深度 0.8～1.0m，双层管 1.2～1.9m，但无论任何情况均应埋在当地冰冻线以下。由于横埋管通常是浅层埋管，因此初投资比竖埋管要少很多，但它的换热能力比竖埋管要少很多，而且往往要受可利用土地面积的限制，所以在实际运用中，竖直埋管多于横埋管。

根据《地源热泵系统工程技术规范》GB 50366—2005（2009版），地埋管地源热泵系统方案设计前，应对工程场区内岩土体地质条件进行勘察。勘察应包括岩土层

❶ 李娟，刘少敏，郑佳，等. 套管式和双 U 型换热器换热性能对比 [J]. 科学技术与工程，2022，22（34）：15081–15087.

的结构、岩土体热物性、岩土体温度、地下水静水位、水温、水质及分布、地下水径流方向、速度、冻土层厚度。当地埋管地源热泵系统应用建筑面积大于等于5000m²时，应进行岩土热响应实验。

同时地埋管换热系统设计应进行全年动态负荷计算，最小计算周期宜为一年。因为全年冷、热负荷平衡失调，将导致地埋管区域岩土体温度持续升高或降低，从而影响地埋管换热器的换热性能，降低地埋管换热系统的运行效率。当系统总释热量与其总吸热量不相平衡时，在经技术经济分析合理时，可采用辅助热源或冷却源与地埋管换热器并用的调峰形式。常用的辅助冷热源系统形式如"热泵+冷却塔排热""热泵+太阳能补热"，同时研究多能源系统复合的形式，如"地源热泵+太阳能+蓄能""地源热泵+燃气锅炉+市政+蓄能""热泵+冷却塔+蓄能"等。

地埋管换热系统设计前，应根据工程勘察结果评估地埋管换热系统实施的可行性及经济性。设计过程中应综合考虑充分利用场地面积，可设置在绿地、地面停车场、广场、操场、人行步道的地面下。一般常规竖孔钻孔间距为5~6m。通常情形下，竖埋管的单位深度换热量为70~110W/m，横埋管换热指标仅在20~40W/m。根据埋管区域的地质条件、埋管形式、埋深或竖埋管的单井深度、水平间距、管径、换热器设计流量甚至建筑物的负荷分度等都会影响换热能力。

b. 地下水地源热泵系统

地下水地源热泵系统通过地下水换热系统与地下水换热，经过热泵机组对能量的提升实现向建筑物供冷供热。地下水换热系统分为直接地下水换热系统和间接地下水换热系统。直接地下水换热系统由抽水取出的地下水，经处理后直接流经水源热泵机组换热后返回地下同一含水层；间接地下水换热系统由抽出的地下水经中间热交换器换热后返回地下同一含水层。

需要注意的是，地下水源热泵系统方案应符合当地水资源管理政策并经水源管理部门批准。方案设计前应对工程场区的水文地质条件进行勘察并进行水文地质试验，确保水源的水温、水量、水质等条件满足热泵机组使用要求。同时，必须采取可靠的回灌措施，确保置换冷量或热量后的地下水全部回灌到同一含水层，不得对地下水资源造成污染和浪费。

根据水文地质资料和项目负荷等参数可确定热源井的出水量、出水井及回灌井的数量，对于需要多个井群的项目，需要合理布置井的位置以达到地下水换热系统的最大效率。当方案阶段尚无详细技术资料时，可暂按井深80~100m、井径300~500mm、井间距25m考虑。

c. 地表水地源热泵系统

地表水地源热泵系统以地表水为冷热源，向地表水放出热量或吸收热量，转换出的能源能满足生活中的供暖、制冷及生活热水等需求。和地下水换热系统一样，也分为直接地下水换热系统和间接地下水换热系统。根据可利用的水源类型不同，又分为海水源热泵系统、江河湖水源热泵系统、污水源热泵系统。

地表水地源热泵系统方案设计前，也应对工程场区的地表水源水温状况进行查勘，并应评估系统运行对水环境的影响。由于地表水源的利用受限于湖泊、河道等资源条件，且在实际操作中，水资源的温度变化较大、水质较差、投资较高等，在城市更新改造项目中不具有代表性，应用案例不多。

②空气源热泵系统

不同于地源热泵系统依赖于当地地质水文条件及地热换热技术，空气源热泵系统的热源为空气，可以说使用门槛较低。但空气源热泵机组运行效率受室外环境温度影响较大，在严寒寒冷地区冬季运行存在结霜除霜问题。根据《建筑节能与可再生能源利用通用规范》GB 55015—2021规定采用空气源热泵冷热水机组供热时，严寒地区冬季设计工况状态下热泵机组制热性能系数（COP）不应小于2.4，市面上普通产品很难达到。目前有针对严寒寒冷地区推出的超低温空气源热泵机组以及二氧化碳热泵技术，可在零下20℃甚至更低环境温度下运行制热。二氧化碳热泵技术采用二氧化碳为制冷剂，安全环保，在性能系数上比传统空气源热泵有一定优势。我国的二氧化碳热泵尚处于研发阶段，起步较晚，但目前已经有越来越多的企业和研究机构对其进行研究与实验。

③太阳能综合利用系统

太阳能作为可再生能源，取之不尽用之不竭，但太阳能的利用受地域气候特点影响，同时根据太阳能利用的时间特点，在建筑空调、供暖、生活热水的应用中，太阳能系统多结合蓄能系统、其他能源系统等使用。如"太阳能集热器+储热水箱供暖系统""太阳能集热器+储热水箱+热水吸收式机组供暖空调系统""太阳能集热器+储热水箱+地源热泵系统"。

④高效制冷机房

高效制冷机房是指冷源系统全年能效比符合一定标准的制冷机房。制冷机房是既有公共建筑中耗能的主要占比，由于设备设施工作年限及其他设计安装问题，往往存在制冷机房能效比（EER）较低的问题，存在很大的提升空间。在城市更新进程中，对已有制冷机房进行节能改造，优化提升能源系统能效比可达到节能减碳的目标。

高效制冷机房通过系统配置，使设备运行绝大多数时间在最佳能效区间。高效制冷机房常用技术手段有优化机组蒸发器、冷凝器阻力，机组电机自带变频控制系统；机房水泵增设变频控制系统；加大冷却塔散热优化设计、选用高效冷却塔散热设备、增设风机变频控制系统；采用低阻力阀门部件；设置智能控制系统减少人工操作误差，实现智能自动化操作等。

（2）输配管网

从冷热源到末端设备，中间离不开输配管网系统，输配系统的水泵选择、材质选择、管网路径布置、保温、阀门控制等都会对整体能耗有影响。在老旧小区中，一些庭院小市政管网热耗高达30%，同时，小市政管网漏损也是整体系统失水的主要原因，其补水量占整体供热管网系统补水的70%，对小市政老旧热力管网的更新维护，提升保温输送效率，有利于系统供热效率的提升。

①水泵变频。水泵作为整个供暖空调系统的心脏，其运行效率直接影响着整个系统的能耗。水泵选型时，效率不应低于现行国家标准《清水离心泵能效限定值及节能评价值》GB 19762—2007的规定，整个水输配系统的耗电输冷（热）比应符合国家现行节能规范及地方标准。在系统变流量运行时，可采用变频水泵，以达到部分负荷运行时的耗电量呈级数降低，从而减少设备损耗，延长设备使用寿命。

②系统水力平衡优化。供暖空调水系统的水力平衡与否，直接影响着末端设备的供暖制冷效果。水系统各并联环路之间的压力损失差额不应大于15%，并应首先通过优化管网路由布置及合理的管径选择来达到，当无法达到时可在适当位置设置水力平衡装置，如安装静态、动态平衡阀、自力式控制阀、具有流量平衡能力的电动阀等。

（3）末端系统篇

作为整个系统的终端耗能环节，供暖空调系统末端设备多种多样：散热器系统、地板供暖系统、风机盘管系统、新风系统、多联机系统、全空气系统等。在更新改造过程中，需要更换高效低噪供暖空调设备，另外还可采用以下技术。

①排风热回收。新风系统作为提升室内空气品质的重要手段，在建筑中使用得已经越来越多，其能耗占比很大。同时在办公建筑、酒店建筑、医院建筑等又有大量的排风系统，如果直接排走无疑造成能量的浪费。应用排风热回收技术可以回收排风中的能量来预冷（热）新风，有效减少新风负荷。热回收系统对新风进行了预处理，减少了空调运行费用，减少了系统的最大负荷值，减少了初投资。热回收设备主要有板翅式、转轮式和热管式等，分为全热回收和显热回收两种。目前大部分空气热回收设备的效率基本都能达到60%以上。由于热回收设备需要占用一定空间甚至机房面积，在实际节能低碳改造执行中可能存在各种问题，需要根据建筑状况制定热回收解决方案。

②热计量。热计量的目的是促进用户自主节能，根据《中华人民共和国节约能源法》，既有建筑的节能改造应当按规定安装热计量装置。热计量分为楼栋热计量和户内分户热计量。既有老旧建筑热计量设施不完善，在供暖系统改造时，居住建筑应以楼栋为对象设置热量表，公共建筑应在热力入口或热力站设置热量表。

由于建筑类别、室内供暖系统形式、经济发展水平等有所差别，设置热计量时需要结合当地实践经验及供热管理方式，合理地选择计量方法。分户可采用楼栋计量用户分摊的方法，也可采用户用热量表直接计量的方法。用户热量分摊的方法主要有散热器热分配计法、流量温度法、通断时间面积法和户用热量表法。

散热器热分配计法适用于室内垂直单管顺流式系统改造为垂直单管跨越式系统；流量温度法适用于既有建筑垂直单管顺流式系统的热计量改造和具有水平单管跨越式的共用立管分户循环供暖系统；通断时间面积法适用于共用立管分户循环供暖的系统；户用

热量表法适用于分户独立式室内供暖系统，但不适合用于采用传统垂直系统的既有建筑的改造。

4.3.4　供热管网检测技术

供热管网多敷设在地下，工作一定时期后因周围地下土壤水质腐蚀、施工工艺差、焊口等薄弱点损坏、保温破损等各种因素而产生腐蚀老化漏损等问题且不易被直观发现。在城市更新改造进程中，供热管网的检测是管网改造的先行军，具有重要的作用。

（1）人工检查

热网检修期，通过土方挖掘和割管作业进行热网管道人工检查。检修人员戴上防护用具、探照灯和金属测厚仪，通过躺在滑板上，被送入管道内部进行检查。人工检查速度慢、效率低，工作质量无法保障，且只能在管径大于600mm以上的管道中作业，具有很大的局限性。

（2）相关仪测漏法

相关仪主要是由传感器、发射机、无线接收机、主机（笔记本电脑）、软件构成。管道漏水时在泄漏处会产生漏水声波，并沿管道传播，当把两个传感器探头放在管道不同位置时，探头可自动记录漏水声波信号，然后下载到计算机内，相关软件可计算出由漏口产生的漏水声波传播到不同探头的时间差，只要给定两个探头之间管道的实际长和声波在该管道的传播速度，漏水点的位置便可计算出。

相关仪短时室外操作，集预定位和精定位于一体，预定位与精定位均可室内进

行，只需一次测试就可完成区域泄漏普查和漏点精确定位，并且可反复验证检测结果。但在某些特殊地域有信号屏蔽设备时，相关仪在现场无法采集相关数据。同时也会存在信号衰减问题：管径过大时，管道两个探头之间的距离过长使漏水声波信号扩散衰减，传感器往往接收不到漏水声波信号，致使无法采集到相关数据。

热力站工作的补水泵及循环泵等产生的噪声、检测的管道上的支管分流出去的持续声波也会影响相关仪的数据采集；相关仪还要有明显的探头接触点，两个探头必须要与管壁裸露部分紧密连接，如有保温层，必须要将保温层打开，将探头直接吸在管壁裸露部分才能实现数据采集。

（3）听漏仪直接听漏

听漏仪是在地面捕捉漏水声，根据电路信号不同分为模拟型和数字型。其原理都是根据漏水声音的传播特性对漏水信号进行采集放大进而判断出漏点位置。模拟型电路听漏仪需要检测人员自行判断信号强点，而数字型电路听漏仪常附加有数字或图形的方式标识出最强信号源，操作使用更加方便。听漏仪易受土壤和路面的各种噪声影响，往往夜间使用较多且要求检测人员具备丰富的经验才能准确地进行漏点定位。听漏仪直接听漏要求管线埋设不可太深，管线上方的土质应密实，声音传导特性要好，并且没有障碍管沟覆盖。

（4）光纤传感管道泄漏检测

系统组成为：光缆、传感主机、传输链路、基于GIS的泄漏报警软件。整个系统可完成供热管网泄漏检测实时采集，并能够展

示整个供热管道的检测参数情况，通过检漏计算模型，进行检漏监控，发现异常进行预警。光纤传感管道泄漏检测系统通过光纤激光雷达技术获取整根光纤的温度应变曲线，从而达到实时温度应变测量监测的功能，即可确定是否发生泄漏及定位泄漏的位置。与传统检测方式相比，光纤传感管道泄漏检测系统探测及传输部件皆为无源光学器件，对外无辐射，又防电磁、射频、雷击、雷达等的影响；其安装可采用紧贴管道敷设、隐蔽地埋等方式；可以准确定位供热管道泄漏发生的地点。但光纤容易被施工破坏，并且投资较大。

（5）红外测温法

红外热像仪利用周围环境与被测目标之间的温度与发射率的差异所产生的热对比度不同，把红外辐射能量密度分布图显示出来。热源厂供热回水温度一般较高，当管道发生泄漏时，会使漏点地表温度与周围环境产生一定温差，利用红外热成像仪对图像显示和温度显示双重效果来定位异常点，同时利用其他辅助手段进行确认，判定是否漏损。红外测温热成像检测技术操作简单、测温速度快且面积大、可非接触高效率检测，但是，因受物体表面发射率、环境及大气温度、测量距离等因素的干扰而产生较多误测、漏测问题，同时检测红外温度异常点与真正漏水点可能存在一定的偏差。在工程实践中可结合声波法、防腐保温层检测等多种技术共同工作以提供检测的准确率。

（6）智能巡检机器人

智能巡检机器人是结合工业互联网、物联网、机器人、人工智能等先进技术开发的智能巡检系统，用机器人巡检和算法识别代替人的巡检，对非供热期城市热网管道缺陷进行检查。热网管道巡检机器人按照功能划分，组成结构包括机器人大脑、运动本体、传感器、移动式电源、数据传输和控制终端、后台分析诊断软件❶。管道智能巡检机器人可深入管道内部，定位、测量、分析、识别、诊断供热管道的缺陷，基于缺陷状态分析评估，精准诊断和报警五大类缺陷，包括：供热管道堵塞、管壁裂纹、管道减薄、管网腐蚀、氧化皮结垢。自动给出管网设备寿命预测，辅助检修人员合理安排管道检修维护或更换保养等业务，提升了检查质量、工作效率和覆盖范围，实现了更长管道的低成本、高精度、高效率、大面积和全天候检查。智能机器人巡检热网管道，提高了热网管道内部检查作业的安全性，降低了人身安全事故风险，弥补了以往低于700mm直径管道内部人工检查因无法进入导致的"技术性放弃"的检查真空地带，提升了低于700mm的小直径管道的检查质量，提升了热网管道冬季供热的稳定可靠性和整体安全性。

（7）基于多传感器数据融合的供热管网泄漏检测技术

基于多传感器数据融合的供热管网泄漏检测技术由硬件系统和软件系统组成。硬件系统为补偿器数据采集模块和热力站数据采

❶ 赵俊杰，杨如意，等. 城市热网管道检测智能巡检机器人的设计与应用分析［J］. 能源科技，2020，18（6）：6–11.

集模块。系统在每个热力站装有数据采集模块，用于采集流量、负压波、温度等信号；每个补偿器泄漏检查井装有补偿器泄漏检测系统。补偿器、热力站与数据处理中心采用GPRS通信，把采集的数据实时传输到数据处理中心。参数采集单元用于采集热力站的温度、压力、流量等数据，由传感器、比较器、数字电位器、A/D（模拟信号/数字信号）转换单元等部分构成。为了降低数据传输数量，智能数据处理单元将采集的压力、流量、温度、采集时间等存储在数据存储单元，同时对压力、流量以毫秒为周期进行比较，当压降、流量降超过既定的经验阈值时（压力取为0.01 MPa，流量取为0.005m^3），判断可能有泄漏发生，这时智能数据处理单元从数据存储单元取出带有时间戳的前10秒的采集数据通过GPRS传给数据处理中心。数据处理中心通过多传感器数据融合技术判断泄漏是否发生[1]。

4.4　电气专业绿色低碳更新技术

4.4.1　理念和架构

建筑供配电系统是现代建筑供能中的重要组成部分。设计建造安全、可靠的配电系统是提升老旧建筑和片区生活质量，实现低碳生活的重要一环。目前需要改造的老旧小区和片区普遍建设于2000年以前，小区耗能高、居住环境差、公共区域缺乏照明、电动汽车不友好等问题普遍存在。

根据《中国建筑能耗研究报告2020》，2018年全国建筑全寿命周期碳排放总量为49.3亿t二氧化碳，占全国能源碳排放的比重为51.2%。其中建筑运行阶段碳排放21.1亿t二氧化碳，占建筑全寿命周期碳排放的42.8%，占全国能源碳排放的比重为21.9%[2]。预测在2030年，建筑电气化率在2030年预计达到60%以上。所以既有建筑电气改造是实现建筑运维阶段降碳节能的硬件基础。

电气系统的改造需要让既有建筑和小区配电系统满足未来负载和新能源使用的需求。既有建筑电气改造的首要任务是对既有建筑做一个全面的诊断与评估，通过应用多种技术，全面了解建筑及内部电气设备的情况，为后续改造设计方案提供指导。电气设备更新改造时，需要结合既有供电方案及用电情况，合理应用新技术，选择新产品，敷设新线缆，通过多种手段满足既有建筑用电需求。

4.4.2　评估与诊断技术

1）评估

根据建筑使用方式区分，建筑主要分为两大类即公共建筑和住宅。由于建筑使用类型的不同，建筑所处环境的不同，既有电气系统面对的问题也有所不同，所以很难有统一的对既有建筑改造的方法。每个需要改造

❶ 姜春雷，郭远博，等. 基于多传感器数据融合的供热管网泄漏检测技术［J］. 大庆石油学院学报，2011（3）：91–108.

❷ 吴耀华. 金属屋面光伏一体化发展现状与技术提升［J］. 建筑结构，2023，53（2）：127–134.

的项目因为负载的不同、周围地形的不同、所处地区全年气温的不同，需要改造的地方也不同。改造设计阶段需要借助多种手段对现有建筑进行测量、建模、模拟。改造前对建筑能耗的测量值是改造方案的设计依据，使用建筑模型的模拟是确定既有建筑的性能，根据测量和模拟的结果分析既有建筑的高耗能点，从而针对高耗能点进行改造。

在设计阶段主要通过测量技术和模拟技术来对既有建筑性能进行评估，明确改造方向，防止无用改造。秉持"若无需要，勿增实体"的理念，尽可能减少改造时产生的碳排放，尽量使用原有设备完成改造。

2）电气设备诊断

（1）三相不平衡度

在改造设计前应该对既有建筑的耗能进行分析，监测变压器三相累计负载的情况。

（2）零线损耗

根据建筑配电箱进线电力参数分析表，对所有的楼层配电箱进线的零相电流进行监测，若在负荷完全平衡的对称电路中，零线电流为零，只有相线上的线路损失，在负载分配不均，三相电流不对称的情况下，零线电流将会对线路的有功损耗、变压器的自损产生较大影响。

4.4.3　电气设备绿色低碳更新技术

1）电压配电技术

电压配电技术主要包括变压器经济运行和配电调压技术。变压器经济运行是指在传输电量相同的条件下，通过择优选取最佳运行方式和调整负载，使变压器电能损失最低。经济运行就是充分发挥变压器效能，合理地选择运行方式，从而降低用电单耗。所以，只要加强供、用电科学管理，即可达到节电和提高功率因数的目的。配电调压技术用于监测电路系统的电压变化情况，分析建筑配电系统的使用特征，针对线路的电压进行调整，保证输出电路的稳定性，集成建立配电系统的调压系统，可有效改善电源品质。❶

2）三相不平衡调节技术

电能的质量，通常用供电电压的频率、偏移、波动、闪变、间断、塌陷、尖峰、谐波、畸变、三相不平衡和高频干扰等指标来表征。三相不平衡属于电能质量的重要指标之一。

三相不平衡调节技术依据电网对称分量理论、瞬时无功理论、自动控制理论等现代先进技术，通过向电网零线施加等值反向瞬时的零线和零序电流，在电网中和负载零线和零序电流矢量和叠加后为零的方法，可以迅速有效消除电网零线电流。消除零线电流后，零线过载、跳闸、熔丝熔断问题自然解决；消除零线电流后，触点接触不良带来的损耗过热得到有效抑制；消除零线电流后，零线电压自动归零，可以有效抑制零线中铜铝触头电化学反应。该技术可以广泛地应用于建筑低压配电系统中，完美解决零线电流危害，减小电能损失。

❶ 林学山，罗小锁，张元. 建筑供配电系统节能改造适宜技术研究及应用［J］. 建设科技，2014（24）：77-79.

变压器的三相不平衡度不应高于15%，并且不平衡度应该越低越好，从而减小零线损耗。❶

3）无功自动补偿技术

在民用建筑场所内使用的多为单相电感性负荷，因其自身功率因数较低，在电网中滞后无功功率的比重较大。为保证降低电网中的无功功率，提高功率因数，保证有功功率的充分利用，提高系统的供电效率和电压质量，减少线路损耗，降低配电线路的成本，节约电能，通常在低压供配电系统中装设电容器无功自动补偿装置。无功功率自动补偿是电力系统中应用无功功率自动调节措施改善电网无功功率分布和电压水平，从而降低地区电网间损耗和输变电线路功率损耗的方法。因此，建筑电力系统中无功功率自动补偿设备及装置有着极其重要的作用，优化配置补偿设备及装置，不但可以减少电网损耗，提高供电质量，还能有效解决系统电压波动和谐波的问题，提升电网能源的利用率，降低建筑电气系统能耗，具体体现在以下几个方面❷：

①提高功率因数；
②降低输电线路及变压器的损耗；
③改善电压质量；
④提高设备出力。

4）线缆改造设计

大量的既有小区和建筑的供电主干线缆和通信线缆为架空敷设。因建筑建造前没有预留管线升级的冗余，各类线缆建造时间不同，经过多年累建，线缆杂乱无章，强、弱电线路互相缠绕。配电系统存在强弱电箱、线缆老化，存在严重的安全隐患。改造前首先要对老旧小区线路全网资源进行普查。了解现有配电设备和通信设备运维情况、管道资源占用率、电缆服役期时间、架空线敷设情况，研究项目所在区域中的架空是否具备入地条件。对于通信线缆，需要在入地设计前与各通信运营商沟通，根据现有各产权单位架空管网的走向，进行综合统筹规划，若通信线（网络线、电视线）仍为铜线，需和线缆所有的运营商协商建议更换为光缆。根据对管孔资源的调查，"铜改光"后释放的已有管孔资源电缆改为光缆将释放部分管道资源❸。

4.5　光储直柔系统

4.5.1　设计思路

传统的建筑能源系统以满足建筑运行的能源需求（冷、热、电等）为基本任务，建筑仅承担能源消费者的角色。外部输入能源（如天然气等化石能源）满足建筑内部的能源利用需求，在能源节约目标驱动下，建筑可通过对自身用能系统的优化来实现节能。

❶ 中华人民共和国住房和城乡建设部. 民用建筑电气设计标准：GB 51348—2019 [S]. 北京：中国建筑工业出版社，2019.
❷ 林学山，罗小锁，张元. 建筑供电系统节能改造适宜技术研究及应用 [J]. 建设科技，2014（24）：77-79.
❸ 王海新，王岩. 某老旧片区改造工程电气系统设计 [J]. 低温建筑技术，2022，44（3）：31-34.

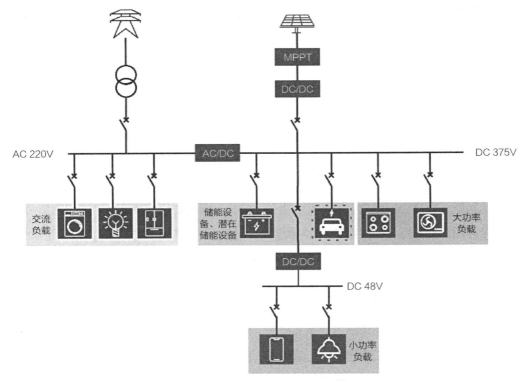

图4.24　光储直柔系统图示[1][2]

光储直柔系统是为了有效使用新能源所发出电的综合建筑供配电系统，系统包括发电、储能、直流配电、柔性用能。光储直柔建筑的最终目标是实现建筑整体柔性用能，使得建筑从传统能源系统中仅是负载转变为在未来整个能源系统中具有可再生能源生产、自身用能、能量调蓄功能"三位一体"的复合体，光伏发电和直流配电以及储能重点在运行系统设计阶段，而柔性用能的重点在于系统的运维阶段（图4.24）。

1）"光"

近年来，我国大规模光伏、风力发电项

目落地，新能源消纳问题日益凸显，2016年，全国弃风、弃光电量分别达到497亿和74亿kW·h，较2015年分别增加了46.6%和85%。

随着《建筑节能与可再生能源利用通用规范》GB 55015—2021的颁布实施，在建筑上集成光伏发电单元将成为一种趋势。住房城乡建设部《"十四五"建筑节能与绿色建筑发展规划》提出，"十四五"累计新增建筑光伏装机容量0.5亿kW；建筑自身面对可再生能源的"自产自销"压力越来越大；在未来，我国有700亿m²建筑面积，有可以安装太阳能光伏的表面超过100亿m²，

❶ 江亿. 光储直柔——助力实现零碳电力的新型建筑配电系统［J］. 暖通空调，2021，51（10）：1–12.
❷ 赵建平，高雅春，陈琪，等.《直流照明系统技术规程》技术要点解析［J］. 照明工程学报，2020，31（5）：107–111，141.

每年可发电约2万亿kW·h，可满足建筑的大部分用电需求。❶

2）"储"

可再生能源规模化应用的瓶颈问题之一是其不稳定性与随机性，需要蓄能调节之后才能满足负载使用。同时，2022年全国年产销385万辆电动车，在带动电池技术革新的同时也是潜在的可参与电网调峰的移动储能单元。电池革新中，电池的安全性、能量密度、寿命、成本等老百姓关注的指标正在并将继续得到显著的改善，这使得分布式电化学储能在建筑中应用逐渐成为可能。

3）"直"

对城市而言，光伏发电是性价比最高的可再生能源利用方式。直流配电是建筑新能源产销一体化的硬件基础。未来城市可能会充分利用建筑物表面的太阳能资源来满足建筑自身的用电需求。对于建筑内部的用电终端而言，LED照明、电脑、显示器、服务器等半导体设备内部为直流驱动；空调、冰箱等白色家电，现在的发展方向是变频器驱动同步电机，实现对电机转速的高效精准控制，其内部也是直流驱动；电梯、风机、水泵等动力设备，目前的高效节能发展方向也是直流驱动的变频控制。各种建筑用电装置的发展和技术进步方向都是由交流驱动转为直流驱动，光伏和蓄电池也要求直流接入。建筑用电系

统中不断地进行交流和直流之间的转换，每经过一次整流器或逆变器就有能量损耗。所以直流配电系统是增加可再生能源利用效率的重要配电网络基础，也是未来配电网络的发展趋势。

4）"柔"

柔性用能是一种在建筑物运行和维护阶段实现低功耗和降低碳排放的方法。它通过增加节能设施和采用节能的设备运行模式来实现这一目标。在许多既有建筑中，围护结构不再满足现有的节能标准，而老旧设备的使用效率降低，这导致能源消耗增加。与此同时，根据《"十四五"建筑节能与绿色建筑发展规划》，城市更新行动已经从大规模拆除和重建转变为以更换和增加为主要方式。

城市更新项目将着重于对现有单元的改造和扩展。这意味着在更新过程中可能会引入新的能源设备。新能源的特点是供能不稳定，因此需要柔性用能系统来有效利用新能源产生的能量。柔性用能方法主要基于负荷预测，通过预测建筑物或系统未来的能源需求，来灵活调整能源供应。然而，传统的自动控制方法已经无法满足多种设备的联动控制需求。因此，借助人工智能技术生成控制策略成为必要。人工智能技术的引入将为柔性用能提供更高效、智能的解决方案，以应对新能源的不稳定性和能源供应的灵活性要求。

4.5.2 太阳能系统设计

既有建筑本身建筑荷载有限，在设计时应该充分考虑光伏对建筑带来的影响和安装后光伏组件是否能够高效运行，以此避免不必要的浪费。我国是太阳能比较丰富的国家，全国太阳能日照时数、年辐射量等数据可参考表4.7、表4.8。

太阳能资源区划[❶]：全国太阳能日照时数和年辐射量　　　　表4.7

地区	名称	全年日照时数（h）	年辐射量（MJ/m²）
一类地区	青藏高原、甘肃北部、宁夏北部和新疆南部等地	3200～3300	7500～9250
二类地区	河北西北部、山西北部、内蒙古南部、青海东部、宁夏南部、甘肃中部、西藏东南部和新疆南部等地	3000～3200	5850～7500
三类地区	山东、河南、河北东南部、山西南部、甘肃东南部、福建南部、江苏中北部、安徽北部、广东南部、云南、陕西北部、吉林、辽宁和新疆北部等地	2200～3000	5000～5850
四类地区	长江中下游、福建、广东和浙江的一部分地区	1400～2200	4150～5000
五类地区	四川和贵州两省	1000～1400	3350～4190

说明：一至三类地区具有良好的太阳能条件，四、五类地区太阳能资源较差。光伏系统应在直接法向辐射量不低于4200MJ和年日照时数不低于1400h的太阳能资源丰富的地区建设

太阳能资源分类：太阳能资源数据表　　　　表4.8

等级	资源代号	年总辐射量（MJ/m²）	年总辐射量（kW·h/m²）	平均日辐射量（kW·h/m²）
最丰富带	Ⅰ	≥6300	≥1750	≥4.8
很丰富带	Ⅱ	5040～6300	1400～1750	3.8～4.8
较丰富带	Ⅲ	3780～5040	1050～1400	2.9～3.8
一般	Ⅳ	<3780	<1050	<2.9

光伏发电设备的发电效率与阳光辐射量、阳光入射角度、光伏组件工作温度有关。阳光入射角和光伏组件成90°时，发电效率最高；光伏组件工作温度越低，发电效率越高；阳光的辐射量越大发出电量越多。综合以上影响因素，在设计阶段应该根据建筑物所处地理位置和太阳能资源选择合适的太阳能利用方式。

太阳能在中国的分布不均，因地形和大气的影响，太阳的总辐射量也有所不同。在设计阶段宜采用真实记录的数据进行模拟。数据来源可以向项目所在地气象局获取或使用中国典型气象数据（CSWD）。

中国典型气象数据是由中国气象局国家气象信息中心气象资料室和清华大学合作编制，包含全国270个台站的设计用室外象参

❶ 中华人民共和国住房和城乡建设部. 建筑节能与可再生能源利用通用规范：GB 55015—2021 [S]. 北京：中国建筑工业出版社，2021.

数和典型年逐时气象数据。但是CSWD是基于2005年以前的气象数据生成的，所以数据和现有真实环境有差异。光伏安装所需数据主要是太阳入射角度、直接法向辐照度的数据、全年日照时数。CSWD中的这些数据和实际值没有很大区别，可以直接使用。CSWD中包含两个数据类型，即EPW和STAT。EPW是实测数据，STAT数据是某几年同期的平均数据。对于光伏发电效率的模拟可以选取STAT数据。

建筑周边的建筑物、植物对光伏发电组件可能形成遮挡，影响光伏组件发电效率。在设计阶段的环境模拟中应该对周围的遮挡物进行简单建模，使模拟结果更加贴合现实情况，从而让模拟结果辅助指导光伏组件的安装位置。

由于既有建筑的建筑年代参差不齐，以往的建筑对于抗震设计等结构安全方面的要求较低，围护结构表面加装光伏组件后会加

重安装部位的结构承载负荷，因此应考虑对建筑结构承载力进行校核。在改造设计前，首先需要对房屋、场地及环境条件进行现场勘察，检查房屋结构的安全性并评估方案的可行性，必要时应根据安全性评估结果、建筑光伏的使用要求和后期设计使用年限进行可靠性鉴定。在涉及主体和承重结构改动，或增加荷载时，建筑结构的复核非常重要，要考虑结构设计、结构材料的耐久性、荷载传递点安装部位的改造及强度等❶。

光伏组件的类型也是影响发电效率的重要因素，需要结合既有环境温度、辐照度、预算、使用寿命选取适宜的光伏组件（表4.9）。

4.5.3　直流配电设计

1）政策和规范

直流配电系统的电压等级、安全保护、设计选型及相应的软硬件产品等是构建直

各类光伏电池的相关类型❷❸　　表4.9

太阳能电池类型	产业化光电转化峰值功率（%）	GB/T 51368规定投产首年衰减率（%）	峰值功率温度系数（%/℃）	使用寿命（a）
单晶硅电池	22.5	≤3	−0.4	25
多晶硅电池	20.5	≤2.5	−0.43	25
铜铟镓硒（CIGS）薄膜电池	17.5	≤5	−0.3 ~ −0.1	30
碲化镉（CdTe）薄膜电池	16.5	≤5	−0.25	30
非晶硅薄膜电池	8.0	≤5	−0.2	10
钙钛矿薄膜电池	14	≤5	−0.13	30

注：温度系数是指电池随着温度升高导致的效率衰减率，基准峰值功率的光伏组件的工作温度是25℃。

❶ 吴耀华. 金属屋面光伏一体化发展现状与技术提升［J］. 建筑结构，2023，53（2）：127-134.

❷ 中华人民共和国住房和城乡建设部. 建筑光伏系统应用技术标准：GB/T 51368—2019［S］. 北京：中国建筑工业出版社，2019.

❸ 李英峰，张涛，张衡，等. 太阳能光伏光热高效综合利用技术［J］. 发电技术，2022，43（3）：373-391.

流配电系统的重要基础。目前,《民用建筑直流配电设计标准》T/CABEE 030—2022已正式颁布实施,为建筑低压直流系统的设计、运行等提供了重要基础。该标准建议电压等级不多于3级,并推荐采用DC 750V、DC 375V和DC 48V,可根据设备接入功率需求选取适宜的电压等级,光储直柔系统中的各类负载、光伏、储能等通过有效的DC/DC变换器接入建筑直流配电系统,并最终通过直流母线与外部交流电网之间的AC/DC变换器连接,根据各类负载电器、用能/供能/蓄能设备所需电压等级来实现分层分类变换,满足各类负载需求。

允许直流母线电压在一定范围内变化是光储直柔配电系统的重要特征,例如《民用建筑直流配电设计标准》T/CABEE 030—2022中指出:当直流母线电压处于90%～105%额定电压范围时,设备应能按其技术指标和功能正常工作;直流母线电压超出90%～105%额定电压范围且仍处于80%～107%额定电压范围时,设备可降频运行,不应出现损坏。这一特征既可在实现系统柔性用能、有效响应调节功率变化时作为有效的控制手段,也对直流配电系统中部件及元器件满足有效应对、保证正常工作提出了基本要求。

2)直流配电的终端生态尚且不成熟

各类直流电器设备、直流配电设备等均需适应上述母线电压变化特征,并在此基础上寻求实现高效运行、满足系统调节需求的应对措施和控制策略。目前比较成熟的直流

电器除了LED照明、便携式电子设备外,冰箱、洗衣机、空调等需要旋转电动机的电器正逐步采用效率更高、调节性能更好的无刷直流电动机或永磁同步电动机,大型冷水机组的直流化也取得了一定突破。未来仍需要针对各类建筑内的机电设备开发适应光储直柔系统需求的直流化产品,例如内部本身使用直流电的计算机、电视、手机等电子设备,也需要在其适配器等环节做出相应调整来适应直流配电系统,从而构建出完整的建筑直流电器生态。

同时,建筑内各类直流配电设备,如DC/DC变换器、AC/DC变换器,以及各类保护设备,如直流断路器、剩余电流检测设备、绝缘监测设备、保护装置等,也需要构建与光储直柔建筑相配套的产品体系。其中,各类电力电子变换器可实现不同电压的转换或交直流转换,是光储直柔系统中不同层级、不同类型设备电器间实现连接必不可少的设备。当前已有一些单独开发的变换器元器件,但多是针对特定系统、特定设备独立开发的,产品的标准化、通用化尚待提高。从所实现的功能来看,各类变换器均是实现DC/DC变换或AC/DC变换,功能特点区分度高,完全有可能实现底层硬件的有效分类(如传输的功率等级、隔离型/非隔离型、单向变换/双向变换等);再通过内部策略(如光伏调节策略、蓄电池策略、电器策略等)或软件层面的区别就能将不同类型的变换器功能进行有效区分,这就有可能实现"底层硬件标准化+上层软件多元化"的发展路径,构建出更加完善、适宜大规模推广应用的

通用变换器体系❶。

3）电压等级选择

电压的选择主要遵循两个原则：①用尽可能少的电压等级满足尽可能多的末端负荷用电需求；②尽可能使用较高的直流电压，降低电流，从而使用直径较小的电缆，并减少配电功率损耗，对于建筑低压直流配电系统一般考虑如下几个电压等级：DC750V、DC375V、DC48V。

DC750V适用于工业和大型建筑的高功率场景，包括直流输配电和高功率电源、负载和存储系统。这种电压等级适合作为直流主干线，可通过较长的电缆线路连接大规模建筑群。

DC375V用于中功率场景，如空调供暖、办公设备和小型数据中心的配电。该电压水平配电功率可达到100kW级别，用于连接小型和中型储能系统和可再生能源系统。❷

DC48V用于低功率、安全配电场景，例如办公设备、照明、IT设备或工业控制器。这个电压水平输电功率一般在几百瓦以内，配电面积限于一个单间或一个小房子，如以太网配电和电力传输（USB3.1）设备配电用电器。❸

4.5.4　建筑储能设计

在既有建筑增加新能源发电设施后，针对新能源发电的间接性等导致发电功率波动大的问题，需要在建筑楼宇中增设一些储能设备，进行削峰填谷、平抑新能源系统的波动。

市级电网售电的方式也是决定是否安装储能设备的重要依据。目前主要售电方式为：峰谷电价、阶梯电价、两部制电价、单一制电价等。采用单一制售电，当变压器容量确定后，用电单价就已基本确定；阶梯电价按用户的实际用电量进行分档收费。是否安装储能设备以及安装储能设备容量的大小，在这两种电费收取方式下的总电费差别不大。

1）建筑对储能的要求

在建筑用能中，电能是应用最广泛、最灵活的能源，国家标准《建筑光伏系统应用技术标准》GB/T 51368—2019中明确提出建筑光伏系统储能宜选择电化学储能。选取储能设备需要从技术性能、成本、安全性、环境友好性、建筑结构承载力等方面进行考虑。建筑加装储能系统后，因为接入大量分布式电源、负荷运行特性复杂、多安装于建筑内部等特点，需要满足比常规储能电站更高的性能和消防安全要求。

目前国内外电化学储能市场中，锂电储能占有大部分份额，但运行过程存在大量安全风险，主要包括触电、火灾、爆炸和中毒等。目前大规模储能电站消防普遍采用气体

❶ 刘晓华，张涛，刘效辰，等．"光储直柔"建筑新型能源系统发展现状与研究展望［J］．暖通空调，2022，52（8）：1-9，82．
❷ 赵建平，高雅春，胡桃．直流照明应用关键技术及其标准化［J］．建筑电气，2020，39（11）：3-6．
❸ 李炳华．民用建筑直流供配电系统若干问题探讨［J］．建筑电气，2019，38（7）：3-8．

灭火技术，不能有效扑灭锂电火灾，导致连续发生了大量较严重起火事件。所以既有建筑中加装储能单元后，储能单元的运行安全与人们生命财产的安全密切相关，一旦出现事故，往往造成较大损失。所以消防安全是光电建筑中应用电化学储能必须首先保证的要素，应提出比常规储能电站更高的要求。建筑采用电化学储能技术时要求选用、设计、安装、运行必须严格按照专业技术标准和规范执行，切实保证运行状态良好。

2）储能单元性能要求

建筑采用电化学储能技术时除了要考虑一些基本的性能，如容量、功率、SOC限值、循环寿命、系统效率等以外，还要充分考虑以下性能要求。

（1）为了消纳光伏发电和负荷削峰填谷，能量管理的控制策略会使储能电池经常处于欠充和频繁充放电循环状态，要求选用的储能技术可以在这种部分荷电状态（PSoC）模式下运行，而且不应影响技术、安全性能和使用寿命[1]。

（2）建筑储能采用室内安置方式或安装空间受限制时，为提高经济性，需要在满足安全的前提下，采用能量密度较高的储能技术，并且要对建筑环境的影响较小。

（3）建筑运行的典型负荷如电梯、空调、电动汽车等，均具有短时运行功率会大幅波动的特点，需要功率型储能抑制波动、提高能效。同时建筑用能的特点是波峰、波谷差异比较明显，需要能量型储能，对能量

进行较长时间尺度的时移。所以为了提高建筑发、用电的性能和经济性，必然要采用多种混合储能技术进行优化配置的运行模式。

4.5.5　照明系统节能设计

1）室外照明

（1）灯具和光源

对于既有片区内道路狭窄情况下的公共照明改造，安装立杆式路灯势必会影响人行和车行，为兼顾通行要求，因地制宜，采取墙壁设置照明灯的方案，电源线穿钢管附着于两旁建筑墙上，可节省路灯基础、灯杆的成本。

宽度大于5m的干路上，根据《城市道路照明设计标准》CJJ 45—2015考虑路面照度和照度均匀度，并对眩光度进行限制。在保障路面照度的情况下应该优先选择高效率维护量小寿命长的光源和灯具。根据使用场所采用不同防护等级的灯具。0类灯具不得在室外使用，除水下灯具应采用Ⅲ类灯具，防护等级不低于IP68，埋地灯具防护等级不低于IP67外，其他室外灯具防护等级不低于IP55。埋地灯由于防护等级高、维护量大、对附近行人易产生眩光，所以不建议设计中采用。

（2）照明供电设计

工程部分新增路灯由原有路灯的供电系统进行配电，原来未设置路灯的区域新增路灯新设配电箱，就近引自架空电力配电系统，路灯电源均采用地下穿管敷设，便于后

---

[1] 张剑锋. 新能源发电侧储能技术应用分析 [J]. 低碳世界，2021，11（8）：63-65.

期穿线检修，各路灯下方设置手孔井，方便接驳电源。

道路照明控制主要以时控为基础，并辅以亮度控制功能，从而在路面亮度不足时开启室外照明，保障行人、行车安全。对于不能以亮度控制应对临时开灯的城市，应启用人工干预或手动控制的功能以便室外照明开关合理。在周围环境和改造预算允许的情况下，可以对路灯进行光伏改造，安装光伏组件和电池，降低照明耗电量。

2）室内照明

（1）光源

在设计中应优先选用能效等级较高的产品。如三基色荧光灯、金卤灯和LED灯。三类光源的性能指标可见表4.10。

需要注意的是，光源单位光通量的蓝光危害效应与光源相关色温有关，光源相关色温越高，危害的可能性越大。对人眼的舒适度来讲，相关色温越高的光环境，人眼越不舒服。室内在选用LED照明产品时应符合现行国家标准《LED室内照明应用技术要求》GB/T 31831—2015的规定，对于人员长期工作或停留的房间及公共场所，照明光源的相关色温可控制在4000K以内，对

于人员流动的公共场所照明光源的相关色温可控制在5000K以内，特殊要求的场所如对体育场馆比赛场地照明光源的相关色温可控制在6000K以内。

在人员长期工作或停留的房间及公共场所，照明光源性能指标应控制其色容差不大于5SDCM，并做到无明显的频闪，LED灯的显色指数Ra应大于80，特殊显色指数R9应大于零。

照明光源应用上要选择高效节能产品，逐步淘汰白炽灯。目前节能光源包括：紧凑型荧光灯、直管型荧光灯（T8和T5型）、金属卤化物灯及LED灯。LED作为新型光源，其特性逐步稳定成熟，与紧凑型荧光灯比较计算，可多节能40%～50%。

（2）灯具

①灯具效率。应不低于现行国家标准《建筑照明设计标准》GB 50034—2013的规定值；LED照明产品能效不低于现行国家标准《LED室内照明应用技术要求》GB/T 31831—2015和现行行业标准《体育场馆照明设计及检测标准》JGJ 153—2016的规定值。对能效高的LED灯具，照明功率密度相比目标值降幅可提高20%甚至可提高到30%。

三类光源的性能指标　　　　　　　　　　表4.10

光源名称	发光效率（lm/W）	显色指数 Ra	色温（K）	平均寿命（h）	适用范围
金属卤化物灯	65～140	65～90	9000～15000	9000～20000	适合体育场、展览馆、机场
三基色荧光灯	60～90	80～90	2700～6500	>15000	适合于办公建筑、图书馆、商业建筑等
LED光源	60～120	60～80	2700～6500	25000～50000	适合于商业建筑、车库、公共区域

②功率因数。灯具的抗扰电压、谐波电流及电磁兼容抗扰度应符合现行国家标准《电气照明和类似设备的无线电骚扰特性的限值和测量方法》GB 17743—2021、《电磁兼容 限值 谐波电流发射限值（设备每相输入电流≤16A）》GB 17625.1—2012和《一般照明用设备电磁兼容抗扰度要求》GB/T 18595—2014的规定。灯具配电的回路，为提高有功功率减少无功损耗，关键是控制灯具的功率因数，对于灯具本身功率因数低的产品，应就地设置无功补偿装置。荧光灯的功率因数控制在不低于0.95；高强度气体放电灯的功率因数控制在不低于0.9；对功率容量小于5W的LED灯其功率因数控制在不低于0.75；对功率容量大于5W的LED灯，其功率因数控制在不低于0.9。

③眩光控制。公共建筑主要功能房间和公共场所眩光限制应符合现行国家标准《建筑照明设计标准》GB 50034—2013的规定。对于体育场馆照明的眩光限制应符合现行行业标准《体育场馆照明设计及检测标准》JGJ 53—2016的规定。

（3）照明供电

室内尽量选择节能型。随着LED照明技术的不断发展，LED照明已广泛应用于室内外各类场所。传统LED灯具的供电方式是在末端通过驱动电源将220V的交流电转化为LED灯具所需要的直流电，而随着直流供电标准的完善和光伏在建筑中的应用，以LED为光源的照明系统可采用直流供电，省去光伏逆变器和灯具整流器中的电能损耗。

（4）既有建筑导光系统补光

光导管照明系统作为一种无电照明系统，通过采光罩高效采集室外自然光线并导入系统内重新分配，再经过特殊制作的导光管传输后由底部的漫射装置把自然光均匀高效地照射到任何需要光线的地方。

该系统主要由三部分组成，采光装置、传输装置、漫射装置。采光装置，又称采光罩，是导光管采光系统暴露在室外的部件，收集阳光。气密性能、水密性能、抗风压性能和抗冲击性能是其重要的性能指标。导光装置又称导光管，是传输光线的关键部件，其内表面反射比对于系统效率有很大影响。漫射器主要作用是将采集的室外天然光尽量多且均匀地分布到室内，除保证合理的光分布外，还应具有较高的透射比，提高整个系统的效率。

光导管照明不需要额外供能，无频闪现象，使用年限可以长达数十年，比传统的照明灯具具有更长的使用寿命。系统各部件可以回收利用，不会对环境造成任何污染。该系统适用于单层建筑和顶层建筑内区较大的区域。光导管照明系统，将自然光源引入，作为正常照明或对人工正常照明进行补充。但能否对既有建筑物应用该系统，需要根据既有的房屋结构情况决定。

第 5 章

产业类绿色低碳更新技术

- 产业绿色化

- 工业园区绿色低碳更新技术

- 静脉产业园区绿色低碳更新技术

- 园区检测技术

5.1　产业绿色化

二十大报告指出，加快发展方式绿色转型。加快推动产业结构、能源结构、交通运输结构等调整优化。实施全面节约战略，推进各类资源节约集约利用，加快构建废弃物循环利用体系。完善支持绿色发展的财税、金融、投资、价格政策和标准体系，发展绿色低碳产业，健全资源环境要素市场化配置体系，加快节能降碳先进技术研发和推广应用，倡导绿色消费，推动形成绿色低碳的生产方式和生活方式。

产业的绿色发展至少包括三个方面的含义，即资源节约、环境友好和生态保育。因此，产业的绿色转型也要从资源、环境和生态上重点发力，在实现路径上至少有以下四条路径。

第一，产业的绿色发展要走资源节约的路径。我国人均资源占有量相对较少，根据我国资源国情决定了节能、节地、节水、节粮、节矿的资源节约之路，是我国产业的绿色发展的必要路径。

第二，产业绿色发展要走环境友好的道路。特别是要注意产业发展不能以进一步加重环境污染为代价，要逐步改善环境质量，包括大气、水、人居和土壤环境等方面的改善，更不能造成新的环境赤字。

第三，产业的绿色发展要走生态保育的道路。中国在发展产业的同时，要保护好"农林草水湿"等生态系统，不能降低生态环境的质量和服务功能。"既要绿水青山，也要金山银山"，当两者出现矛盾时，"宁要绿水青山，不要金山银山"。

第四，产业的绿色发展要走产业结构优化调整的路径。当前我国产业结构偏"重"，"三高"（高消耗、高污染、高排放）产业占比较大，要践行绿色发展，减少"三高"产业的占比，势必要调整优化产业结构，推动传统产业的绿色转型与培育生态环保产业并举。生态环保产业有助于生态环境的改善改良，如环保产业和生态修复产业等，这些产业本身既有产业发展的需求，也是改善环境质量的重要环节。

产业绿色化升级对早日实现"双碳"目标有着不可或缺的意义。产业绿色化改造领域的稳定发展不仅可以推动该地区碳达峰、碳中和的进程，而且有助于提升该地区整体经济可持续化发展的能力及水平。

对于建筑业来讲，产业物质空间绿色化改造的工程咨询、企业固定资产的升级等诸多问题也将带动建筑工人的技术升级。企业过去应用的经营模式中存在的能源过度消耗、环境污染破坏的问题，在绿色化改造及绿色经济等理念的指导下进行经营模式的升级调整，不仅仅会提升企业经济效益，更有利于环境健康性、稳定性的良好向上发展。

同时，企业还可以利用更先进的管理手段，完善优化发展，以实现企业的可持续性发展，更有效地发挥绿色经济理念的作用与价值。

5.1.1　产业绿色化概述

1）产业结构绿色化

产业结构的实质就是按比例将生产资料

和劳动力在各产业部门之间进行调配。产业结构升级是产业结构根据经济发展的历史和逻辑序列从低级水平向高级水平的发展，根本目的是提质增效。其路径有两种类型：一是不同产业之间的升级，例如由劳动密集型产业逐渐向技术密集型产业过渡，即由第一产业为主向第二、第三产业占优势比重过渡；二是产业结构内的升级，例如某一产业内部由粗加工向技术集约化演进。产业结构内部的升级，即产业自身的纵深化发展，是一种产业结构深化❶。

《坚持绿色发展引导产业转型》一文中提出，推动产业结构的调整优化，一是对落后产能、高污染的企业完善市场退出机制，推进高耗能、高污染企业的"瘦身"工作，降低低效率企业市场占比。二是推动高转化率、低耗能企业的发展和对其他落后企业的合并；在增加行业内企业竞争的同时，确保领头企业的创新活动开展能力，形成鼓励行业内企业创新的市场分布格局和竞争格局。三是调整产业结构，从以劳动密集型工业为主逐步转向以资本密集型工业为主，最后转向以技术密集型工业为主，通过国际合作，以互利共赢为原则，将部分国内落后产能、劳动密集型工业、资本密集型工业转移到有需要的国家，实现国内产业的"瘦身"转型和国际生产布局的扩大❷。

各更新区具体应用时可以从自身规划出发，利用对现有产业的绿色化可能性评价分析，将优质产业联合绿色升级，形成绿色产业园、产业链，把产能落后、高污染的产业逐步清出。

2）产业物质空间绿色化

产业结构优化调整的内容不仅包含了企业转型、企业技术升级，同时也包含了对企业物质环境、退出市场企业的资产再利用。在绿色低碳城市更新中，通过对产业物质空间的绿色化升级，使产业内的生产污染、能源消耗与节约的能源相中和，达到一个合理的范围之内。

不论是棕色产业或是绿色产业，任何一种类型的产业都需要物质空间。物质空间的硬件包括了其生产空间本身，从办公楼、生产厂房到企业所在的环境空间，产业在进行物质生产的同时所接触到的一切建筑、景观等提供企业生产活动的空间都是物质空间的硬件设施。互联网、大数据、人工智能、5G等新兴技术与传统产业深度融合所带来的智慧运营，通过引入创新技术、产品和运营等手段，将企业的生产工艺和流程、管理办法等全新升级，达到降低因生产行为所造成的污染物排放的目的，通过对企业技术、产品和业务管理三个层次的绿色化升级，使得企业的物质空间软件设施更上一层楼。

企业可以充分利用绿色低碳更新技术，使物质空间作为产业的资产，从全生命周期的角度对企业绿色化发展进行反哺。

❶ 樊帆. 钱江经济开发区产业结构绿色化升级研究——生态创新视角［D］. 武汉：华中科技大学，2016.
❷ 陈耿宣，赵亿欣. 坚持绿色发展引导产业转型［EB/OL］.（2021-03-21）［2021-04-04］. https://theory.gmw.cn/2021-03/31/content_34728906.htm.

5.1.2   产业绿色化优势

1）全寿命周期中的优势

以经济的角度讨论时，企业的寿命是指其由成立到注销的寿命。这里所说的由成立到注销，一般主要是从企业的角度来分析，但有时也要从企业物质空间的角度来考虑。例如，企业注销后其留下的物质空间变卖出售再利用，或企业搬迁后遗留的物质空间经过改造另作他用等，而主要考虑的是循环利用的因素，这种情况可称为企业物质空间的社会寿命。

物质空间的绿色化改造对于企业来说，需要进行投入和产出平衡。如何通过有限的投入，使得改造后比现有生产运营的成本更低、获益更多，需要综合考量。对于大多数企业而言，物质空间的绿色化改造投入可以从企业生产、运营过程中获得反哺。

另外，对于结构性清出的产业而言，城市更新则是对产业剩余资源的利用与对历史的沉淀。城市更新主要针对旧城区内功能偏离需求、利用效率低下、环境品质不高的存量片区进行功能性改造，打造成为新型生产生活空间。而对清出企业物质空间绿色化改造重在通过转换建设用地用途、转变空间功能等方式，将"工业锈带"改造为"生活秀带"、双创空间、新型产业空间或文化旅游场地。所以城市更新是对企业物质空间寿命的延续与重定义。

从全寿命周期的角度来看，物质空间绿色化改造通过技术改造的手段降低了其在企业全寿命周期中的成本；另一方面，城市更新延长了片区内企业物质空间的社会经济寿命。从这一角度来讲，受益者不仅仅为企业本身，物质空间中的其他人员也会因此受益匪浅。

2）绿色金融优势

"绿色金融"是指金融部门把环境保护作为一项基本政策，在投融资决策中要考虑潜在的环境影响，把与环境条件相关的潜在的回报、风险和成本都要融合进日常业务中，在金融经营活动中注重对生态环境的保护以及环境污染的治理，通过对社会经济资源的引导，促进社会的可持续发展。

绿色金融包括以下三层意思：一是绿色金融的目的是支持有环境效益的项目，而环境效益包括支持环境改善、应对气候变化和资源高效利用；二是给出了绿色项目的主要类别，这对未来各种绿色金融产品（包括绿色信贷、绿色债券、绿色股票指数等）的界定和分类有重要的指导意义；三是明确了绿色金融包括支持绿色项目投融资、项目运营和风险管理的金融服务，说明绿色金融不仅包括贷款和证券发行等融资活动，还包括绿色保险等风险管理活动，还包括了有多种功能的碳金融业务。

在产业绿色化的过程中，通过对其自身结构及物质空间的绿色化升级，对环境污染、生态保护、碳排放等方面都作出了一定的贡献，对其绿色投融资等金融活动的评估则起到了一定的利好作用。

3）绿色税收优势

绿色税收，又称环境税收，指对投资于防治污染或环境保护的纳税人给予的税收减免，或对污染行业和污染物的使用所征收的税。从绿色税收的内容看，不仅包括为环保而特定征收的各种税，还包括为环境保护而采取的各种税收措施。

绿色税收的特点为：①以能源税为主体，税收种类呈多样化趋势。发达国家的绿色税收大多以能源税收为主，且税种多样化。以荷兰为例，政府设置的环境税有燃料税、水污染税、土壤保护税、石油产品税等十几种之多。总的来说，发达国家的绿色税种根据污染物的不同大体可以分为五大类：废气税、水污染税、噪声税、固体废物税、垃圾税。②将税负逐步从对收入征税转移到对环境有害的行为征税。以丹麦、瑞典等北欧国家为代表，这些国家通过进行税收整体结构的调整，将环境税税收重点从对收入征税逐步转移到对环境有害的行为征税，即在劳务和自然资源及污染之间进行重新分配，将税收重点逐步从工资收入向对环境有副作用的消费和生产转化。③税收手段与其他手段相互协调和配合，实现经济的可持续发展和人与环境和谐共处。国外的环保工作之所以能取得显著的成效，主要原因是建立了完善的环境经济政策体系。在采用税收手段的同时，注意与产品收费、使用者收费、排污交易等市场方法相互配合，使它们形成合力，共同作用。另外，运用税收优惠、差别税率等政策，积极有效引导社会资金投向生态环保。

因此，产业绿色化升级可以从生产销售的各个环节进行节能减排，以减少对环境的污染，同时增加产业产品废物重复利用率，减少垃圾数量；产业物质空间的绿色升级则

可以减少其噪声传播的效率、提升能源节约能力，使其在面对绿色税时更有优势。

4）绿色企业和社会责任优势

习近平总书记指出，只有积极承担社会责任的企业才是最有竞争力和生命力的企业。

而ESG（Environmental, Social, Governance）理念是企业社会责任概念在资本市场的具象化，与企业社会责任所强调的企业决策及运营对社会、环境的影响这一内容一脉相承。

ESG涵盖了环境、社会和治理三个维度，推动投资者的决策考量更加全面，防范因社会、环境责任缺失所导致的投资损失。ESG强调经济利益与社会价值、环境价值的共融共赢，能够引导资金流向有益于经济社会可持续发展的领域，以长期价值实现为目标，促进新发展理念在资本市场有效落地。此外，在ESG成为全球资本市场主流趋势的背景下，推广ESG理念有利于吸引国外责任投资，促进国内国际金融资源流通。从公司发展的角度来看，ESG要求上市公司完善公司治理、研判社会环境风险与机遇、积极履行社会责任的价值导向，有助于公司防范非财务风险，应对外部环境变化，获得利益相关方支持，提升上市公司质量。

产业绿色化在ESG的三个方面都起到了积极作用，在企业价值和对企业金融支持的中介效应上也更有优势，无论是股权融资还是债务融资、IPO、股权再融资、绿色股票等方面都有着更加明显的优势。

5.1.3　产业绿色化评价建议

评价产业绿色化可持续发展的体系亟待建立，该评价体系应因事制宜，不是具体的某一个标准。具体而言，面向不同产业的评价指标体系应根据其产业的特殊性具体定制。

总结现有研究成果发现，学界对于产业绿色化综合评估方法多使用传统的计量模型，如综合指数法、模糊综合评价、熵权-TOPSIS、数据包络法、投影寻踪评估等。几种方法的共同特点是，通过数学计量模型或学术专家对各指标要素层进行客观或主观赋权，尤其是主观赋权的相关计量方法，在计算的统计结果上有一定的主观性，且测评方法受到过于数学化的限制，难以解决时间序列多元数据的非线性分析。投影寻踪评估模型则解决了这方面的不足，而且适用于多元数据的时间线性分析。

对产业绿色化的评价方法建议采取刚性评价与柔性评价相结合的方式，从两个评价维度、三种评价构成、四个评价原则入手，形成一种全新的评价方法。

1）两个评价维度

绿色发展是顺应自然、促进人与自然和谐共生的发展，是用最小的资源环境代价取得最大化的经济社会效益的发展，是高质量、可持续的发展。对于企业来说，用适当的成本取得更经济的绿色利益也是未来发展的重点之一。

（1）企业成本。产业绿色化中的成本控制是一门花钱的艺术，而不是节约的艺术。将每一分钱花得恰到好处，将每一种资源用到最需要的地方，用经济合理的技术手段达到合适的绿色化效果是产业绿色化过程中需要着重权衡的问题。

（2）社会价值。世界上一切事物都不是孤立存在的，产业绿色化发展不仅有利于企业自身，对资源节约、生态环境、公共空间等方面也有着重要的意义。随着人们越来越重视人与自然、环境和科技之间的关系，社会价值角度的评价在产业绿色化评价中是必不可少的一环。

2）三种评价构成

产业评价是由很多的因素组合而成，所以这些事情都有多个角度。如果只是从其中一个角度去看问题的话，就显得过于单一、不全面。为了更全面地了解产业的真实情况，客观地做出综合评定，应从不同的角度对产业做出评价并综合考虑评价结果。

（1）自我评价。从资源节约的角度来说，可随时随地进行的自我评价可以更加方便地随时了解产业情况，并及时进行调整，因此自我评价是产业绿色化评价不可或缺的部分。

（2）社会评价。由于绿色化结果中的环境友好不仅是对产业自身的，更是对全体人类的，故由普通民众随机或自由参与评价，通过随机抽访、随机发放问卷、随机电话调查、网上评议等方式进行的评价，一方面可以检验产业绿色化的成功，另一方面也可以使产业摆脱惯性力，为进一步的绿色发展决策提供支撑。

（3）专业公司评价。来自独立、专业

评估或研究机构进行的评估，对产业结构优化调整起到了强有力的支撑。专业的第三方评价不仅可以从纵向产业的情况对比得出产业在整体发展所处的状态，还可以通过横向的产业情况对比了解产业可改进调整的内容，更好地走绿色化道路。

3）四个评价原则

评价体系的构建需要遵循一定的准则，使评价结果可以清晰、更有指导性地反馈给企业和社会。可遵循的原则主要包括科学性原则、系统性原则、可操作性原则、静态与动态相结合原则。

（1）科学性原则。绿色产业的概念涉及领域非常广泛，作为多学科的交集，绿色产业发展的评价需要站在多个角度，多方位考量，保证评价体系的科学性。

（2）系统性原则。社会是一个整体，在建立评价体系时要将产业、经济社会作为一个系统考虑。

（3）可操作性原则。构建地区产业绿色化的过程中要考虑诸多因素，为增加构建体系的可推广性，要简化部分指标，方便理解和使用。

（4）静态与动态相结合原则。随着时间的推移，一切事物都在不断变化，在设计指标的过程中要考虑动态变化因素。

5.1.4　产业绿色化方法建议

1）结构绿色化方法

合理调整优化产业。产业结构实现合理和高级这两个目标是至关重要的，从宏观的角度调节更新区各行业占比，将优势逐渐地从劳动密集型转化为资本密集型，再继续转化到技术密集型。首先应该充分认识更新区自身产业发展和服务全国全面发展的关系，合理调整优化产业、采取重点扶持；其次鼓励更新区的企业引进优秀人才和引进先进技术，提高产品高端性与清洁性，并鼓励各企业能够在激烈的市场环境中树立起品牌名声，向现代化、低碳化、清洁化方向迈进。这样才能够更好地提升产品的体验感和本身质量，促进更新区在"碳中和"大背景下的生产力转化、人才培养以及相关资源的有效利用，从而逐步实现产业的合理调整与优化。

加快整合高碳产业。可以通过加快整改监察现有的部分高碳行业，确定各个高碳企业的减排降耗任务目标，把握住一些计划进入市场的新能源企业的市场进入门槛。应鼓励现存使用传统能源耗能较大的公司企业制定相应目标并定期抽查监管，支持所有企业广泛地使用清洁能源，积极宣传所有企业，尤其是大企业率先加强新能源开发使用，做好行业表率。加快整合高碳行业，控制高碳产业准入标准。把握好煤炭、钢铁、化工等传统高能耗、高污染的企业经营开发的准入条件与要求，做到优先发展清洁能源，优先发展先进制造业，在"碳中和"的大背景下，逐步迈向更新区的低碳之路。

培育新兴低碳产业。可再生清洁能源相关的新兴产业应是实现"碳中和"目标的第一大贡献力量，以新兴产业的重大技术创新为突破口，对更新区的产业结构与经济增长都有巨大的战略引领作用。培育一批技术知识突破大、物质资源浪费少、环境能源污染小、成长潜力空间大的新型低碳行业，以人与自然和谐共生为基础，坚定不移地走绿色低碳发展道路，是建设"低碳城市"，培育新兴低碳产业的必然要求。另外，发展推广现代化服务业也应成为现阶段更新区应该注重的重中之重，使其成为对传统服务的进一步升华。

2）物质空间绿色化方法

物质空间绿色化包括了建筑、景观、运维等，不仅是产业，改善措施对所有的物质空间绿色化升级同样有效，具体的方法见本书第三、第四章。

5.1.5　产业绿色化投入模式

1）开发模式

城市更新与建筑绿色改造的开发模式主要有三种类型，即政府型、政府主导下的市场参与型和开发商主导型。

政府型是指城市更新开发项目由政府掌握控制权，全权组织开发和控制城市更新项目。其中，政府负责提供政策指引、规划、跟进并组织开发，由政府建设部门与承担相关更新任务的国有企业签订土地开发合同。作为甲方，政府部门应确定改造范围及期限，办理用地划拨手续，筹集所需资金，协调各单位之间关系连接，帮助解决项目具体实施中的相关问题，监督检查项目的实施进程和最终竣工验收。而开发企业作为乙方，应按照规划要求处理相关拆迁安置工作以及组织各种公共服务设施的建设与完善。

政府主导下的市场参与型指由政府进行总体规划、土地开发等，后由开发商组织进行设计、建造和运营。其中，市区两级政府应共同做好居民的搬迁安置等相关工作，进行总体规划、土地开发和市政设施建设，后实行土地招拍挂，开发商则协助完成相关工作。

开发商主导型是一种完全市场化的运作方式，由政府出让用地，开发商按规划要求自行把控的一种商业行为。更新过程中政府不参与，开发商可根据自身利益以及规划要求负责项目拆迁、安置、建设，自主进行房地产开发。

2）运作模式

城市更新与建筑绿色改造的运作模式主要有四种：城市发展基金模式，多功能城市更新模式，软性城市更新模式和通过改建和开发计划实行改造的模式。

城市发展基金模式的目的主要是吸引私人投资，并将吸引到的私人投资投入到缺乏投资吸引力的城市中，以此推动城市更新运动。城市发展基金的来源主要有政府投入、企事业单位捐赠、金融机构贷款以及其他各类资金渠道，该模式与城市更新和建筑绿色改造的匹配度总体较差。

多功能城市更新模式利用模块划分思路，因保证了模块的相对独立性与完整性，从而保证了单模块开发的资金收回。MUT模式主要针对大规模的、多功能的城市更新项目，适用于大型、需要全面功能改变、开发目标明确的多功能配套区的开发。该模式匹配度总体较好。

软性城市更新模式是指在城市更新的过程中采取边更新边搬迁，不强制原住居民进行一次性搬迁的方式来进行。这一模式主要针对小规模住宅区的改造，暂不适用于其他区域改造。该模式匹配度总体较差。

在通过改建和开发计划实行改造的模式中，一般而言，大型开发商会选择政治与经济实力最好的地区，对大范围、高层高档居住小区进行改造；小型开发商则会选择区域较好的地区，对小范围、楼层位于4~5层的家庭住宅进行出售改建；或在区域欠佳的地区，对小型家庭公寓及住宅进行自助式改造。这种模式一般不利于控制改造进程，且多主体参与改造容易降低改造标准。该模式匹配度总体较差。

3）投资模式

常见的投资模式有以下几种。

（1）政府专项债直接投资模式。若资金充足，或政府专项债能够满足项目运营所需的资金，那么就可以采取这种方式。也就是，由政府直接出资，指定有关单位（行业主管部门或本级企业）来具体实施，将政府既有资金、专项债、土地开发增加的财政收入纳入政府预算支出等，作为开发建设资金来源。政府直接投资可以节约融资和建设成本，可以选择有实力的建筑央企、地方国企和民营企业来实施，再引入专业的运营管理商，以此来推动区域发展。

（2）"EPC+F"模式是工程总承包（Engineering Procurement Construction，EPC）加金融，即"EPC+F"或"类EPC+F"。此模式是一种比较常见的基建投融资模式。在这类模式中，地方国有企业或政府平台公司以代建方或项目立项主体的身份出现，承担项目立项、招标、代管代建等责任。

（3）PPP(Public-Private-Partnership)模式。这是一种基于"双赢""多赢"原则，由政府和私营企业共同开发的模式，它是一种新型的、最有效的融资和运营方式。它的典型结构是：政府部门通过政府采购的形式，与中标单位组成的特殊目的公司签订特许合同（特殊目的公司通常是由中标的建筑公司、服务经营公司或对项目进行投资的第三方组成的股份有限公司），由特殊目的公司负责筹资、建设和运营。一般情况下，政府与放款的金融机构之间有一种直接的协定，这种协定并不是为项目提供担保，但却是向放款机构保证，按照与特殊目的公司签订的合约付款，这样就使得特殊目的公司可以相对容易地从该金融机构那里得到贷款。

（4）特许经营模式。该模式的资金来源，主要是以开发时间为依据，对资金的使用计划进行安排，并以政府专项债、设立专项开发资金池、滚动纳入预算、开发收益权等方式，为开发建设资金提供来源。该模式的操作思路是，通过项目自身经营收益加政府投资（补贴）的方式来实现项目的收益回报。在项目获得经营收益的基础上，政府方与社会投资人之间进行了协议，并根据经济发展状况以及财政增收的情况，按照约定的比例和额度来分享超额收益，或者给予缺口补贴。在财政收入增量协议中，政府投资补贴的最高限额是不超过项目公司可共享的份额，如果该项目区域的财政收入没有增长，那么该企业就没有补贴收入，也不会产生政府债务。因为该模式能够很好地将政企债务分离开来，同时，它还能与城市紧密地结合在一起，因此，项目的未来收益是可以预期的，它的可融资性和可操作性比较强。由于涉及到政府基金，因此，在工程建设中要严格遵循政府投资相关条例的有关要求，对工程建设进行管理，并在工程建设中加以落实。这一模式与园区开发型PPP模式在很大程度上是相同的。

（5）ABO（Authorize-Build-Operate）模式。该模式与土地成片开发高度契合，并与特许开发模式具有本质上的相同之处，也就是授权—建设—运营。在实际操作过程中，部分从业者将ABO理解为：由政府授权单位履行业主职责，依约提供所需的公共产品及服务，政府履行规则制定、绩效考核等职责，与此同时，还要支付授权运营费用的合作模式。也有部分从业者将其理解为：是地方政府通过竞争性程序或直接签署协议方式授权相关企业作为项目业主，并由其向政府方提供项目的投融资、建设及运营服务，政府方按照约定给予一定财政资金支持，在合作期满后，再将项目设施移交给政府方的合作方式。

（6）TOT（Transfer-Operate-Transfer）和TBT（TOT+BOT，Build-Operate-Transfer）模式。我国现有政策融资环境支持TOT和TBT模式。目前，中国具有数目较多的城市轨道、高速公路、铁路支线、专用线以及污水处理厂，经济收益良好且稳定，以及少量城市间的高速铁路，现金流量可观且已经基本明朗化的项目对于投资者极具吸引力。通过分析，融资模式的突破口在于，中国大量对于投资者有很大吸引力的

有收益的存量项目中所达成的TOT融资模式中项目的转出。TOT融资模式中，政府获得TOT一次性融资得到资金后，会入股BOT项目，主导项目实施。其他投资者不必担心财务上和政府履行合同上的问题，政府的强力参与和资金的保障也可以大大增加项目实施的成功率。

从政府的角度讲，TBT模式盘活了固定资产，利用存量置换增量，在现在一次性提取未来的收入。政府可以将TBT融资所得部分资金入股BOT项目公司，利用少量国有资本带动大量私人资本。但政府在一定时间内没有项目的控制权是BOT项目融资的一大缺点，政府入股项目公司则可以避免这一点。从投资者的角度来讲，TOT项目的融资方式很大程度上取决于政府的行为。而根据国内外民营TOT项目的经验来看，吸引私人投资的前提是需要政府一定比例的投资。为推动BOT项目的顺利进行，在BOT的各个阶段，政府会协调各方关系，这可以减少投资者的风险，使其对项目更有信心，也更有利于促成BOT项目的顺利进行。

5.2　工业园区绿色低碳更新技术

我国绿色低碳园区转型起步于2007年，园区低碳化转型经历了国家生态工业示范园区、循环化改造园区、UNIDO绿色工业园区、低碳工业园区、绿色园区、碳排放评价试点产业园区等类型（表5.1）。截至2020年11月，国内已通过验收的国家生态工业示范园区48家、园区循环化改造示范

标准汇总

表5.1

分类		名称	发布单位	主要内容
检测技术	国家标准	生活垃圾填埋场污染控制标准GB 16889—2008	环境保护部	规定了生活垃圾填埋场选址、设计与施工，填埋废物的入场条件、运行、封场、后期维护与管理的污染控制和监测等方面的要求
	行业标准	生活垃圾焚烧厂运行监管标准CJJ/T 212—2015	住房城乡建设部	从焚烧厂的垃圾进厂、计量、卸料储料、焚烧炉运行、烟气净化、渗沥液处理、安全、运行数据核填等八类指标进行监管评价
	行业标准	生活垃圾焚烧厂评价标准CJJ/T 137—2019	住房城乡建设部	从生活垃圾焚烧发电厂的工程建设水平和运行管理水平两类指标进行评价，分为五类等级
改造技术	国家标准	工业园区循环产业链诊断导则GB/T 39179—2020	国家市场监督管理总局、国家标准化管理委员会	建立工业园区循环产业链诊断的规范标准，给出工业园区循环产业链诊断的原则、流程、内容与方法，进而推进园区循环化改造工作
	国家标准	工业园区循环产业链优化导则GB/T 39178—2020	国家市场监督管理总局、国家标准化管理委员会	工业园区循环产业链优化总则、系统边界和优化目标确定、备选方案产生、方案评价与筛选、实施、实施效果评价和持续优化等方面的内容
	指南	碳达峰碳中和标准体系建设指南	国家标准委等11部门	据《建立健全碳达峰碳中和标准计量体系实施方案》相关要求，用于加快构建结构合理、层次分明、适应经济社会高质量发展的碳达峰碳中和标准体系
	行业标准	国家生态工业示范园区标准HJ 274—2015	环境保护部	规定了国家生态工业园区的评价方法、评价指标和数据采集与计算方法等内容
	地方标准	绿色工业园区评价规范DB21/T 3662—2022	辽宁省市场监督管理局	提出了绿色工业园区的评价标准
	地方标准	工业（产业）园区绿色低碳建设导则DB3501/T 001—2021	福州市市场监督管理局	规定了工业（产业）园区绿色低碳建设总体要求以及基础设施建设、绿色生产、绿色生活和运行维护管理要求
	团体标准	零碳园区创建与评价技术规范T/SEESA010—2022	上海市节能环保服务业协会	规定了零碳园区的创建原则和基本要求、创建措施、评价体系以及评价流程
	团体标准	低碳/零碳产业园区建设指南T/CSTE 0042—2022	中国技术经济学会、中国标准化协会	提供了以零碳为最终目标的产业园区的建设原则、园区主要系统构成、建设中需考虑的因素、运维管理等内容，用以指导产业园区低碳/零碳的培育及创建工作
	团体标准	零碳工厂评价规范T/CECA-G 0171—2022	中国节能协会	提供"零碳工厂"完整、可量化的建设标准和评价细则，将零碳工厂分为Ⅰ型及Ⅱ型两种类型
	团体标准	智慧零碳工业园区设计和评价技术指南T/CSPSTC 51—2020	中国科技产业化促进会	规定了智慧零碳工业园区技术措施与指标、评价指标等

试点44家、国家级绿色工业园区171家。2021年10月，国务院印发《2030年前碳达峰行动方案》，打造100个城市园区试点。2023年5月4日，科技部社会发展科技司发布《国家绿色低碳先进技术成果目录》，提供多项绿色低碳先进技术，可借鉴用于工业园区绿色低碳化改造。

5.2.1　生态工业园区建设技术

1）生态工业园区概念

生态工业园区是建立在一块固定地域上的由制造企业和服务企业形成的企业社区。在该企业社区内，各成员单位通过共同管理生态环境和促进经济发展来获取更大的环境效益、经济效益和社会效益，整个企业社区所获得的效益大于单个企业通过个体行为的最优化所能获得的效益之和❶。

生态工业园区的目标是在最小化企业环境影响的同时提高其经济效益。其方法主要通过加强园区内的基础设施和园区企业的绿色设计、清洁生产、污染预防、能源有效使用，以及企业内部和企业间物质、能量等要素的交换与利用，降低能源消耗，减少环境污染，同时，注重生态工业园区附近的社区利益，以确保邻近社区的发展。

2）生态工业园区绿色低碳建设技术

（1）能源高效利用技术

采取低碳能源发展战略，实现能源高效利用，降低经济发展对化石能源的依赖程度，减少化石能源消费带来的环境污染物和温室气体排放，已经成为生态工业园区建设的重要内容之一。

工业园区作为工业发展的重要载体是能源，尤其是化石能源消耗的大户，其生态化建设的首要任务就是贯彻低碳能源发展战略，从提高能效、节约用能，推广化石能源洁净利用技术，充分利用可再生能源三个方面入手，构建能源高效利用体系，降低碳排放量。

生态工业园能源高效利用的三条主要途径如下。

①建筑节能。是指在设计与建造过程中，充分考虑建筑物与周围环境的协调，利用光能、风能等自然界的能源，最大限度减少能源消耗和环境污染。生态工业园区的建筑节能可通过推广节能建筑、节能厂房和节能照明系统来实现。

②工业节能。可通过工业余热利用和提高生产能效等途径实现。

③管理节能。可以通过引导企业等实施能源审计、合同能源管理等能源管理措施来实现提高能效、节约能源的目的。

生态工业园区低碳发展可以通过发展清洁煤技术及二氧化碳捕获和封存技术（CCS）实现化石能源的洁净利用，从而降低碳排放，或者使用可再生能源。

①清洁煤技术的核心是煤炭的转化技术，目前主要有煤气化技术、煤液化技术、煤制合成天然气技术和煤制氢技术。

②二氧化碳捕获和封存技术（CCS）

❶ 李有润，沈静珠，胡山鹰，等. 生态工业及生态工业园区的研究与进展［J］. 化工学报，2001，52（3）：4.

是近年来逐渐兴起的一项通过化石能源洁净化利用达到减排目的的新型技术，其主要针对的是煤炭的清洁利用，是一系列既有技术和新技术的集成。二氧化碳捕获技术主要有吸收法、吸附法和膜分离法三种。二氧化碳封存是 CCS 技术中最为关键的环节，目前主要有地质封存、海洋封存、矿石封存三种封存方式。

③使用可再生能源替代部分化石燃料，优化能源结构，是提高园区能源利用效率、降低二氧化碳排放强度的重要手段。可再生能源是指风能、太阳能、水能、生物质能、地热能、海洋能等非化石能源。

（2）水资源高效利用技术

生态工业园作为以可持续发展为目标的工业园区，水资源的节约和循环利用以及水环境的保护和改善应作为园区规划建设的重要内容，也可称之为水系统优化。

水系统优化可选择节约用水、分质供水和充分利用非传统水源等三条主要途径。

①节约用水即在保证生活质量和产品质量的前提下，提高水的利用效率，减少新鲜水耗，进而减少末端治理负荷的用水途径。

②分质供水即按不同水质供给不同用途的供水方式。主要分为可饮用水和非饮用水两大系统。生态工业园在水系统优化配置规划过程中，应根据不同企业、不同用途对水质的不同需求，建立集中处理、分质供水的供水模式，实现水资源优质优用、低质低用和梯级利用。在具体操作中，可以通过建设自来水和再生水两套供水设备和管网系统，形成自来水系统、优质再生水系统和一般再生水系统三类水系统的途径来实现。原有市政供水管网负责提供对水质要求较高的生产生活用水，以园区再生水厂为再生水源铺设中水管网，作为园区的第二水源，提供低质用水。

③充分利用非传统水源主要是增加雨水收集利用系统。雨水利用的主要流程为：收集—储存—净化水质—利用。雨水利用具有就地收集及增加可利用水资源量的优点。雨水经净化后可作为城市杂用水，用于绿化、道路冲洗及工业用水的代替水源。

（3）土地资源高效利用技术

生态工业园区的土地资源高效利用体系由土地集约利用子系统和生态用地建设子系统构成。

①土地集约利用子系统。生态工业区作为区域工业的重要发展载体和经济增长极，在土地利用上应体现出一定程度的集聚效应，资金集聚程度、地均投资强度和产出率应远高于一般地区。因此，生态工业园区应增加对土地的投入，改善经营管理，挖掘土地利用潜力，不断提高工业园区土地利用强度和经济效益。可通过以下具体措施实现：合理规划园区、企业布局；积极探索"零土地"技改；严格执行项目准入制度；严格用地监管和项目验收；充分发挥地价杠杆作用；推广建设多层标准厂房。

②生态用地建设子系统。生态用地主要指生态工业园区中具有生态服务功能（例如维护生物多样性、改善园区环境质量、生态防护和隔离、休憩与审美等）的各类用地。生态用地分类目前国内尚未有统一的分类标准。一般认为，林地、草地、水域及湿地三

大类型的分类方式清晰明了，可以有效地指导土地利用规划，对因地制宜建设生态用地具有很好的指导意义。生态工业园区生态用地建设的要点有：构建人工河道和人工湿地；合理选择绿化模式。

（4）固体废物高效利用技术

①工业固体废物综合利用技术。加快工业固废规模化高效利用。推动工业固废按元素价值综合开发利用，加快推进尾矿（共伴生矿）、粉煤灰、煤矸石、冶炼渣、工业副产石膏、赤泥、化工废渣等工业固废在有价组分提取、建材生产、市政设施建设、井下充填、生态修复、土壤治理等领域的规模化利用。着力提升工业固废在生产纤维材料、微晶玻璃、超细化填料、低碳水泥、固废基高性能混凝土、预制件、节能型建筑材料的高值化利用水平。组织开展工业固废资源综合利用评价，推动有条件地区率先实现新增工业固废能用尽用、存量工业固废有序减少。

②再生资源高效循环利用技术。推进再生资源规范化利用；实施废钢铁、废有色金属、废塑料、废旧轮胎、废纸、废旧动力电池、废旧手机等再生资源综合利用行业规范管理；鼓励大型钢铁、有色金属、造纸、塑料聚合加工等企业与再生资源加工企业合作，建设一体化大型废钢铁、废有色金属、废纸、废塑料等绿色加工配送中心；推动再生资源产业集聚发展，鼓励再生资源领域小微企业入园进区；鼓励废旧纺织品、废玻璃等低值再生资源综合利用；推进电器电子、汽车等产品生产者责任延伸试点，鼓励建立生产企业自建、委托建设、合作共建等多方

联动的产品规范化回收体系，提升资源综合利用水平。

3）生态工业园区评价指标

2015年，环境保护部发布《国家生态工业示范园区标准》HJ 274—2015，构建了生态工业示范园区评价指标体系，主要包括经济发展、产业共生、资源节约、环境保护、信息公开等5大类32项指标，其中必选指标17项、可选指标15项。

按照类别来说，经济发展指标包括高新技术企业工业总产值占园区工业总产值比例、人均工业增加值、园区工业增加值三年年均增长率、资源再生利用产业增加值占园区增加值比例等4项；产业共生指标包括建设规划实施后新增构建生态工业链项目数量、工业固体废物综合利用率、再生资源循环利用率等3项；资源节约指标包括单位工业用地面积工业增加值、单位工业用地面积工业增加值三年年均增长率、综合能耗弹性系数、单位工业增加值综合能耗、可再生能源使用比例、新鲜水耗弹性系数、单位工业增加值新鲜水耗、工业用水重复利用率、再生水（中水）回用率等9项；环境保护指标包括工业园区重点污染物稳定排放达标情况、工业园区国家重点污染物排放总量控制指标及地方特征污染物排放总量控制指标完成情况、工业园区内企事业单位发生特别重大和重大突发环境事件数量、环境管理能力完善度、工业园区重点企业清洁生产审核实施率、污水集中处理设施、园区环境风险防控体系建设完善度、工业固体废物（含危险废物）处置利用率、主要污染物排放弹性系

数、单位工业增加值二氧化碳排放量年均消减率、单位工业增加值废水排放量、单位工业增加值固废产生量、绿化覆盖率等13项；信息公开指标包括终端企业环境信息公开率、生态工业信息平台完善程度、生态工业主题宣传活动等3项。该评价指标体系给出每项指标的要求，即指标基准值。

国家生态工业示范园区评价指标体系中，参与计算的指标共计23项。当一个园区满足参与运算的23项指标的全部要求时，才具备认定为国家生态工业示范园区的条件。为了体现园区发展的差异性，该评价指标体系指出当园区中某一工业行业产值占园区工业总产值比例大于70%时，工业固体废物综合利用率、单位工业增加值综合能耗、单位工业增加值新鲜水耗、单位工业增加值二氧化碳排放量年均消减率、单位工业增加值废水排放量、单位工业增加值固废产生量等指标的指标值应达到该行业清洁生产评价指标体系一级水平或公认国际先进水平。另外，对于再生资源循环利用率指标，无法达标的园区可不选择该项指标作为考核指标。

4）案例分析

天津新技术产业园区华苑产业区（以下简称华苑产业区）成立于1988年，1991年由国务院批准为首批国家高新技术产业开发区。天津新技术产业园区由华苑产业区、政策区（包括科技贸易街、南开工业园）、京

津塘高速公路产业带辐射区（包括武清开发区、北辰科技工业园、塘沽海洋科技工业园）、滨海高新技术产业区四部分组成。其中华苑产业区是天津新技术产业园区管委会实施全面行政管理的核心区。华苑产业区位于天津市西南部，规划面积11.58km^2，"九通一平"基础设施已覆盖10km^2。华苑产业区于2005年被国家环保总局授予ISO14001国家示范区的荣誉称号，以生态环境部发布的《国家生态工业示范园区标准》HJ 274—2015进行评价[1]。

依据《国家生态工业示范园区标准》HJ 274—2015，涉及经济发展、产业共生、资源节约、环境保护、信息公开5个一级指标，包含32个二级标。华苑产业区为落实水生态工业发展规划，已建成水生态系统（图5.1）。

（1）固体废物回收和循环利用

华苑产业区全年全区工业固体废物产生量约为1900t，其中危险废物585t，全年工业固体废物综合利用率为100%。生活垃圾和餐厨垃圾年产生量合计约1.3万t，区内垃圾由环卫部门上门收集、转运[2]。环内垃圾与环外垃圾由公司负责收集，并运送到转运中心处理。餐饮和厨余垃圾交由有资质的餐饮垃圾收集处理单位单独收集，集中送往餐饮废弃物处置场，采用生物发酵技术进行无害化、资源化、减量化处理，并将餐饮垃圾处理处置全程纳入监管体系，建立了固体废物分类收集系统（图5.2）。

❶ 陈佳. 激励自主创新新政策大有所为——天津新技市产业园区出台四大政策鼓励企业技术创新［J］. 天津科技，2007，34（2）：3.

❷ 李天. 低碳生态工业园构建理论方法与评价研究［D］. 天津：天津大学，2014.

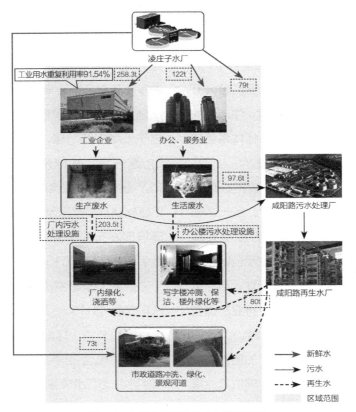

图5.1　华苑产业区水生态系统示意图

图片来源：吕毅. 面向低碳的生态工业园理论与实践研究［D］. 天津：天津大学，2012.

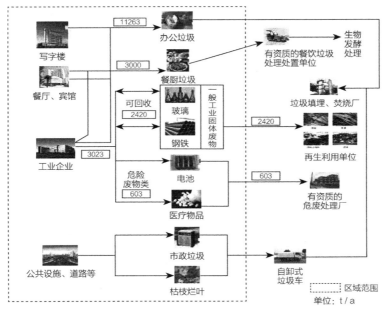

图5.2　华苑产业区固体废物分类收集系统

图片来源：吕毅. 面向低碳的生态工业园理论与实践研究［D］. 天津：天津大学，2012.

（2）能源节约和循环利用评估

对于节能和循环利用工作，华苑产业区在园区内积极推广清洁能源使用，区内企业单位GDP综合能耗0.03t标煤/万元，全区达到近期规划指标要求。强化能源管理和信息公开是华苑产业区政府能源管理的重要内容，主管部门对耗能在1000t标煤以上企业进行节能统计，开展能源监测，已形成图5.3所示的华苑产业区能源系统。

（3）土地集约节约利用评估

华苑产业区工业企业固定资产投资额140.2亿元，实现地区生产总值202.3亿元，工业总产值366.77亿元。建成区面积675.3hm²，其中工矿仓储用地362.5hm²。园区土地产出率2996万元/hm²，工业用地产出强度1.01亿元/hm²。通过以上数据分析，华苑产业区现状总体土地集约利用水平

较高，环内区为建成核心区，投入产出水平及土地集约利用程度较高，环外区为发展建设中的区域，部分企业预留项目用地较多，容积率与建筑密度水平尚待提高。

5.2.2　循环化工业园区建设技术

1）工业园区循环化概念

工业园区是一片集中的区域，在集中了生产的同时，也将各类废弃物及污染物集中了，如此集中的污染物不言而喻会对当地的环境造成比较不利的影响，是当地人民不希望的。因此，推进园区循环化改造势在必行，而其主要内容就是控制过程污染物的排放，通过循环利用园区中的废弃物，尽可能实现园区废物"零排放"，使社会与环境协调发展。

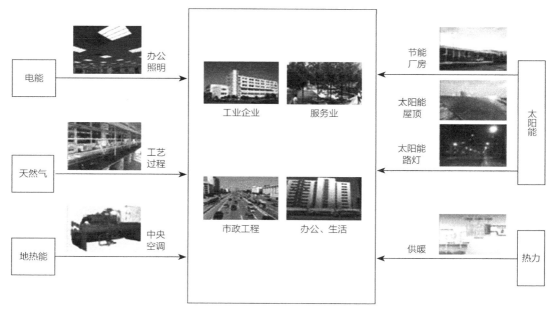

图5.3　华苑产业区能源系统

图片来源：吕毅. 面向低碳的生态工业园理论与实践研究［D］. 天津：天津大学，2012.

2）循环化工业园区建设技术

（1）清洁生产技术

切实转变先污染、后防治的发展观念，形成事前预防为主、生产全过程控制的发展模式。引导企业开展环境管理体系、环境标志产品等绿色认证，对污染物严重超标企业和使用有毒有害原材料企业进行强制性清洁生产审核，建立相应的清洁生产管理制度。引导有条件的企业进行清洁生产和绿色制造的审计，积极引导企业引进、开发和利用清洁能源技术，以及优化生产工艺、使用清洁能源和原料、完善生产管理模式，全面提高清洁生产、节能、节水和废弃物综合利用水平。

（2）循环产业链"补链"技术

立足现有产业优势，突出园区特色，积极实施"补链"工程。做大做强循环产业链，大力引进和扶持环保企业与资源回收再利用企业，大力推进节能降耗、中水回用、清洁生产，进一步推进相关产业固体废弃物的循环利用，形成从原料基地到精深加工，再到资源综合利用的产业链，切实推进产业资源的高效利用。

（3）循环经济公共服务技术

强化循环经济技术研发及孵化中心建设，建设循环经济工程（技术）研究中心和企业循环经济技术中心等创新平台。加快循环经济创新技术、成熟技术的规模化应用，积极推广烟气脱硫、电袋复合除尘、高效节能电除尘、有机废气净化、废水污染防治等

装备。加快建设生态工业园区节能中心，加强和提升生态工业园区节能中心的技术装备和服务能力，为生态工业园区企业节能降耗工作提供更多、更好的指导和服务。加快循环经济数据库建设，建立各行业有关技术、政策规范、企业项目、专家顾问等的数据库。

（4）资源综合利用技术

为了实现能源利用高效率，调整能源结构，发展新能源，推进风能、地热能、太阳能、生物质能等多种能源形式，实现能量的梯级利用和循环利用。积极开展节水、中水回用，实现城市水资源多样化循环利用。从园区产业结构和招商引资着手，优先引进资源利用率高、污染物产生量少以及有利于产品废弃后回收利用的技术和工艺，提升园区循环产业和制造业总体水平。大力发展节能环保产业，建立废弃物资源分类收集和分类筛选系统，积极开展生活垃圾、固定废弃物的回收和循环利用。

3）工业园区循环化改造评价指标

国家发展和改革委员会发布的园区循环化改造参考指标包括资源产出指标、资源消耗指标、资源综合利用指标、废物排放指标、其他指标及特色指标等6大类❶。其中，资源产出指标包括资源产出率、能源产出率、土地产出率、水资源产出率等4项；资源消耗指标包括单位国内生产总值取水量、单位生产总值能耗、主要产品单位能耗、主要产品单位水耗等4项；资源综合利用指标

---

❶ 国家发改委等两部委发文：做好"十四五"园区循环化改造工作［J］.资源再生，2021（12）：55–56.

包括工业固体废物综合利用率、工业用水重复利用率、废旧资源综合利用量（含进口）等3项；废物排放指标包括二氧化硫排放量、化学需氧量排放量、氨氮排放量、氮氧化物排放量、单位地区生产总值二氧化碳排放量、工业固体废物处置量、工业废水排放量等7项；其他指标包括园区循环经济产业链关联度、非化石能源占一次能源消费比重、可再生能源所占比例等3项；特色指标由工业园区根据园区特点自行确定。该指标体系主要用于各园区编制园区循环化改造实施方案。

根据国内外有关评价循环化改造水平指标体系文献，参考中华人民共和国生态环境部发布的相关准则，将循环化改造水平评价标准分为优、良、中、差四个等级。参照《国家生态工业示范园区标准》HJ 274—2015、"十三五"节能减排综合工作方案以及国内优秀园区代表的相关数据制定良等级的指标数据。并在良等级标准的基础上正向指标增加、负向指标减少10%作为优等级标准，在良等级标准的基础上正向指标减少、负向指标增加20%作为中等级标准，在中等级标准的正向指标减少、负向指标增加10%作为差等级标准。以我国当前的GDP增速以及政府颁布的相关政策所涉及的目标为理论依据，对未来的评价标准进行预测，以此制定循环化改造水平评价标准临界值（表5.2）。

循环化改造水平评价标准临界值　　　　表5.2

准则层	指标层	单位	优	良	中	差
资源产出指标	资源产出率	万元/t	6.59	5.99	4.79	4.31
	能源产出率	万元/t标煤	3.30	3.00	2.40	2.16
	土地产出率	万元/hm²	1650	1500	1200	1080
	水资源产出率	元/m³	1650	1500	1200	1080
资源消耗指标	单位工业增加值能源消耗量	t标煤/万元	0.45	0.50	0.60	0.66
	单位工业增加值水资源消耗量	t/万元	8.10	9.00	10.80	11.88
	单位工业增加值废水产生量	t/万元	7.20	8.00	9.60	10.56
资源综合利用指标	一般工业固体废物综合利用率	%	104.5	95	76	68.4
	规模以上工业企业重复水利用率	%	99	90	72	64.8
废物排放指标	二氧化硫排放量下降率	%	19.8	18	14.4	12.96
	化学需氧量排放量下降率	%	14.19	12.9	10.32	9.29
	氨氮排放量下降率	%	14.3	13	10.4	9.36
	氮氧化物排放量下降率	%	20.46	18.6	14.88	13.39
	单位地区生产总值二氧化碳排放量	t/万元	1.85	2.06	2.47	2.72
其他指标	非石化能源占一次能源消费比重	%	16.5	15	12	10.8

5.2.3 绿色园区建设技术

1）绿色园区概念

绿色园区是将绿色发展理念贯穿于园区的发展规划、空间布局、产业发展、能源利用、资源利用、基础设施、生态环境、运行管理等全过程和全方位的一种可持续园区发展方式。绿色园区不仅涵盖了节约、低碳、循环和生态环保，还包含了使人与自然和谐相处的文化内涵及制度安排，为了让人们能在天蓝、地绿、水净的园区环境中生产和生活❶。

2）绿色园区建设技术

（1）空间布局集约化技术

以现有空间布局为基础，结合产业现状、环境现状，完善园区产业、企业、基础设施空间布局，实现园区现有产业布局、物质流和能源流的再优化，节约集约开发利用园区土地资源，提高土地集约利用率和土地产出率。

（2）产业结构绿色化技术

以园区资源能源禀赋和环境承载能力为基础，结合产业规划，制修订以绿色环保产业为主导的园区发展规划目标、招商引资和产业准入政策，着力推动绿色产业聚集，实现现有产业的绿色化转变，为构建绿色产业链奠定基础。

（3）产业链条循环化技术

以园区现有产业布局为基础，挖掘产业间、企业间、项目间关联性，打通资源能源循环利用壁垒，提出补链招商，重点引进科技含量高、产业关联度强的补链、强链、延链项目，减少生产和流通过程中的能源资源消耗和污染排放，促进行业企业间原料互补、资源共享，实现园区资源能源的闭路循环。龙头企业发挥带头作用，实现上下游企业绿色协同发展。

（4）能源利用节约化技术

以园区能源利用现状为基础，完善能源管理体系建设，搭建园区能源管理服务平台，提升园区能源管理信息化、可视化、精准化水平。完善能源统计基础，通过安装在线监测仪表上传能耗数据，实现用能单位水、电、煤、气、热、油等的统计计量。园区管理部门可通过平台的能耗统计和大数据分析功能，及时掌握园区能耗情况和能效水平，为园区能耗管理提供数据依据。用能单位可通过平台的工业大数据及模型技术进行能耗走势分析和节能潜力分析，找出影响能耗波动的关键指标，从而调整生产计划，完善节能管理水平。

（5）污染治理系统化技术

以园区现有污染治理体系为基础，以"创新治理模式，规范处置方式，增强处理能力"为理念，引育专业化第三方治理公司建立覆盖园区的污染治理服务网络，加强污染集中治理设施的建设与升级改造，推动污染物规模化、集约化、协同处置，最大限度实现园区污染物自消化。以"智慧管理、智

❶ 黄雅如，李东哲. 有机更新，绿色发展——中国环境科学研究院园区发展规划及设计实践［J］. 城市建筑空间，2023，30（6）：74-77.

能监测、科学治理"为目标，搭建环境管理服务平台，为园区管理部门提供污水和固废集中处理处置、烟气治理、污染物排放监测等管家式环境综合治理服务。

（6）生态环境美丽化技术

以园区现有环境景观为基础，采用物理、生物技术改良土壤，加强生态修复，建立适应园区水土的植物谱系，布置道路景观绿化，提升园区绿化覆盖率，取得环境效益、经济效益和社会效益的共赢。

3）绿色园区评价指标

参照《工业和信息化部办公厅关于开展绿色制造体系建设的通知》（工信厅节函〔2016〕586号）中《绿色园区评价要求》确定了6大类31项指标，即能源利用绿色化指标（EG）、资源利用绿色化指标（RG）、基础设施绿色化指标（IG）、产业绿色化指标（CG）、生态环境绿色化指标（HG）和运行管理绿色化指标（MG），其中必选指标18个、可选指标13个。

能源利用绿色化指标包括能源产出率、可再生能源使用比例、清洁能源使用率等3项；资源利用绿色化指标包括水资源产出率、土地资源产出率、工业固体废弃物综合利用率、工业用水重复利用率、中水回用率、余热资源回收利用率、废气资源回收利用率、再生资源回收利用率等8项；基础设施绿色化指标包括污水集中处理设施、新建工业建筑中绿色建筑的比例、新建公共建筑中绿色建筑的比例、500m公交站点覆盖率、节能与新能源公交车比例等5项；产业绿色化指标包括高新技术产业产值占园区工业总产值比例、绿色产业增加值占园区工业增加值比例、人均工业增加值、现代服务业比例等4项；生态环境绿色化指标包括工业固体废弃物（含危废）处置利用率、万元工业增加值碳排放量消减率、单位工业增加值废水排放量、主要污染物弹性系数、园区空气质量优良率、绿化覆盖率、道路遮阴比例、露天停车场遮阴比例等8项；运行管理绿色化指标包括绿色园区标准体系完善程度、编制绿色园区发展规划、绿色园区信息平台完善程度等3项●。

5.2.4　零碳园区建设技术

1）零碳园区概念

零碳智慧园区是指在园区规划、建设、管理、运营中全方位系统性融入碳中和理念，依托零碳操作系统，以精准化核算规划碳中和目标设定和实践路径，以泛在化感知全面监测碳元素生成和消减过程，以数字化手段整合节能、减排、固碳、碳汇等碳中和措施，以智慧化管理实现产业低碳化发展、能源绿色化转型、设施集聚化共享、资源循环化利用，实现园区内部碳排放与吸收自我平衡，生产生态生活深度融合的新型产业园区。零碳智慧园区是在"双碳"背景下，历经低碳、近零碳的动态演进以及规划、建

● 谢慕文，苗丽娜，贾凡，等. 智能化系统在现代化绿色及健康园区中的应用［J］. 绿色建造与智能建筑，2023（6）：41-44.

设、运营一体化持续优化迭代，最终实现净零碳排放的一种园区发展模式[1]。

实现园区碳中和，根本上应从控制碳排放和加大碳吸收两方面入手，同时建立碳交易市场，加强智慧管控。首先，控制碳源，从能源、生产、交通、建筑、生活等方面节能减排，优化产业生产模式、使用绿色可再生能源、发展低碳负碳技术、倡导低碳交通和低碳生活。其次，加大碳吸收，发展生态碳汇、碳捕捉与封存等技术。此外，建立碳交易市场，实现碳排放权优化配置，推动企业进行技术升级。同时，打造零碳操作系统，汇聚园区内水电、光伏、储能、充电桩等各类能源数据，实现园区能源智慧管控（表5.3）。

（1）规划阶段

①诊断规划。对于现有园区的零碳化改造，需要针对现有产业结构，构建碳核算模型，进行全量碳数据汇总，确定零碳目标和线路图。首先，对全园区碳排放基础数据进行全面摸底，做好碳排放数据统计和核查等基础工作，深入了解园区的碳排放情况。其次，在园区碳排放统计和核查的基础上，推进碳达峰测算，科学估算碳达峰目标值和达

峰期限。梳理出潜在的减排途径，并对不同减排途径的减排潜力、减排成本和减排效益等进行详细评估和测算。最后，根据碳达峰目标值和测算结果，结合自身具备的能源转型、应用转型、数字化转型三大核心能力，科学选择碳中和路径，明确减排目标、重点任务、重点措施等事项，并制定详细减排时间表，形成精细化的碳排放控制计划和实施方案。

②顶设先行。对于新建园区，在园区定位、产业选择、空间布局等层面依据碳中和理念与数字融汇赋能的城市高质量发展空间的愿景目标统筹规划。首先，研究制定园区碳排放碳达峰行动方案，有计划有安排地推进零碳智慧园区建设，完善园区零碳发展顶层设计。其次，全面考虑零碳能源体系、零碳建筑体系和零碳交通体系的布局，因地制宜规划园区可再生能源（风电、光伏、地热等）区域，充分利用已有规划设计蓝图布局新能源发电以及能源存储转化系统。

（2）建设阶段

①产业优化。优化产业结构，加快推广普及碳应用，促进产业链优化，并结合实际情况制定产业优化方案，淘汰一批，改造一

零碳园区指标统计表　　　　　　　　　　　表5.3

一级指标	供给侧		需求侧							
	能源供给		能源利用			能源管理			能源交易	
二级指标	零碳能源布局	构建储能体系	零碳交通	建设新型基础设施	零碳建筑	构建智慧能源大脑	使用冷热电三联供系统	使用微电网系统	构建碳监测与碳核算系统	能源交易云平台

---

[1] 本刊编辑部、张杰，李晓春. 智慧园区——数字场景新生态［J］. 智能建筑与智慧城市，2023（10）：5.

批，引进一批。一方面，在原有园区产业基础上，鼓励产业与城市融合发展，淘汰落后产能，促进第三产业发展，推动建立低能耗、低污染、低排放的新型产业集聚区。另一方面，推动园区企业利用低碳设备、低碳技术及低碳材料进行技术改造、装备升级，提高能源利用率，进一步实现园区高耗能行业转型升级。

②机制引导。通过建立相关组织机制，创新碳排放激励机制等，完善园区低碳管理机制，并积极探索建立园区零碳建设的长效机制与政策措施，为实现节能减排、低碳发展提供制度保障。

③零碳改造。加强低碳基础设施建设，对园区用水、用电、用气等基础设施建设实施低碳化、智能化改造。加强园区数字化改造，建设碳监测体系，建立能源消耗和碳排放统计监测平台，加强对园区工业、建筑、交通用电等基础数据统计，建立并完善企业碳排放数据管理和分析系统。

（3）运营阶段

①数字赋能。通过智慧园区体系，对园区内水电、光伏、储能等各类能源数据进行全面管理及趋势分析，整合碳管理模块，建设零碳操作系统。基于零碳操作系统，利用大数据、云计算、边缘计算和物联网等技术对采集数据进行聚类、清洗和分析，建立企业范围内的资源—能源平衡模型，并设定评价指标体系，结合统计分析、动态优化、预测预警、反馈控制等功能，实现企业能源信息化集中控制、设备节能精细化管理和能源系统化管理，降低设备运行成本，提升能源利用效率。

②要素配置。强化要素支撑，对接配置相关土地、机制、金融、技术、人力、数据等资源要素，建设包括园区企业、园区管理机构、政府主管部门的分层次、多角度的监管体系，实现多元化、信息化监测模式。建设能源与碳排放信息管理平台，积极推动园区绿色金融综合服务平台、招商引资服务平台等互联互通，建立低碳企业库、低碳项目库、低碳人才库和政策工具库等专题数据库，加强企业碳排放统计监测及服务能力，实现对园区碳排放及用能的综合分析和实时监控，提升碳排放管理信息化水平。

2）零碳园区建设技术

（1）绿色规划

①低碳产业规划。规划应根据园区的产业定位从产业规模、产业结构等方面构建园区低碳产业体系，基于产业的碳排放评估，明确产业准入与退出措施，制定园区低碳产业选择原则。园区应对产业类型进行评估分类，对既有高能耗产业制定低碳化改造或针对性淘汰计划，对引进低碳产业进行针对性规划。拟新建和既有园区应对主体产业全面开展碳排放分析和低碳诊断，评估企业低碳技术改造潜力、能源转化效率提升潜力。园区应采取措施提高产业关联度和循环化程度，实施园区原料、生产加工、废弃物产业链全流程管理，促进园区内不同产业之间物质和能源的低碳循环。园区内生产企业应实施清洁生产审核，针对碳排放强度大的企业宜100%实施清洁生产审核，并建立节能高效的能源供应系统。

②空间布局规划。新建园区选址应符合

所在区域的总体规划和土地利用规划，坚持合理布局，与城市形成有机的整体；与园区上下游市场、城区具备便利的交通条件，便于发挥区位优势，减少物流运输碳排放；选择现状基础设施完善的区域，宜选择光能、地热能等可再生能源条件良好的区域。园区土地利用规划及空间布局应符合下列要求：按照土地分类集群统筹进行规划，同类工艺的产业用地应集中布局；功能不互斥的用地之间应相互混合，提高用地用途的兼容性；应设定土地指标与产业类型相挂钩的控制指标，合理控制园区规模；园区内应分级配置公共服务、商业、商务用地，形成服务中心；园区应立体式发展，强化利用地下空间利用，地下空间开发应与地上建筑、停车场库、商业服务设施或人防工程等功能空间紧密结合、统一规划。园区路网格局规划应有利于地块天然采光与自然通风，为绿色建筑设计创造条件；宜依托主要路网设置通风廊道，宽度不宜小于15m。园区用地规划应保障各类新能源基础设施用地，并符合下列要求：应尽早确定风力发电、太阳能发电、垃圾发电、地热等可再生能源利用设施规模和位置；能源交通工具充电设施应与内部车站、机动车停车场等合建为主，独立占地为辅；宜为未来新型节能、减碳设施的建设预留一定用地。园区规划应建立分层控制的园区建筑低碳化系统。园区应满足空间规划、土地利用规划、控制性详细规划和专项规划等不同阶段的控制指标，将园区低碳减排等指标与园区规划相结合。

（2）绿色能源技术

①能源供给技术：通过能源供给转型实现源头零碳化发展。园区通过整合能源投资和能源技术，构建以光伏、风电、水电、地热等清洁可再生能源为主的零碳能源系统，根据项目自身特点因地制宜布局，降低以火电为主的市电的使用，提高园区能源供应的清洁度。结合园区用能特点，在终端能源消费环节推进"以电代煤""以电代气"，在物流交通环节推进"以电代油"，能够从源头显著减少碳排放。通过储能体系实现多能融合互补。构建钒液流、锂电池、超级电容、铅碳蓄电池、氢储能等多种储能形式系统，推动能源清洁高效利用，实现大规模深度脱碳。通过氢燃料电池热电联供、区域电网调峰调频及建筑深度脱碳减排的应用，能够有效避免氢能系统的热能浪费并进一步提高氢能系统的效率，实现"冷—热—电—气"多能融合互补，提升园区能源效率和低碳化水平。园区应在建筑屋顶、交通设施中安装太阳能光伏分布式发电装置、空气源热泵等可再生能源利用设施，屋顶光伏比例不应低于50%。在园区建筑上增设或改造太阳能光热或光伏发电系统时，宜采用光热或光伏与建筑一体化系统。当环境条件允许且经济技术合理时，宜采用太阳能、风能等可再生能源直接并网供电，并明确上网电量和用网电量计量点。园区内可再生能源宜与储能系统结合，可再生能源利用率不应低于15%。

②能源利用技术：通过交通工具电动化实现交通零碳化发展。园区内交通鼓励使用电动汽车、生物燃料、氢能汽车和无人驾驶汽车等零碳交通工具，满足园区内企业员工的交通需求，投放电动观光车满足参观人群

需求，使用电动打扫车来完成园区清洁打扫。鼓励企业使用电动车辆或氢能车辆，以及共享纯电力班车。通过合理规划、有序建设充电站、换电站等配套设施，做好充电设施预留接口与停车场区域总体布局，以电能代替化石燃料实现交通过程的零碳排放。通过基础设施数字化转型提升园区基础设施运行效率和服务能力。零碳智慧园区更重视"新基建"等软环境，打造智慧消防、环境监测等数字设施，推动园区实现以数据为中心的数字化转型。布局5G、工业互联网、大数据中心为代表的新型基础设施，推进5G基站、物联网规模覆盖，提升园区基础设施运行效率和服务能力。

③能源回收技术：统筹园区各个产业的用能情况，集成整合能源系统，充分利用余热、废热，提高能源利用效率。有余热利用条件的厂区、园区应充分实现能量就地回收与再利用。生产工艺余热和废热宜进行热回收，并应符合下列规定：余热废热回收利用应进行可行性论证，静态投资回收期不宜超过5年；余热废热应优先自产自用，确实无法消纳时可考虑园区内或园区周边统筹利用；宜利用余热、废热，组成能源梯级利用系统。园区应进行回收利用和开展梯级利用的工业余热回收利用计量，余热回收利用率宜达到60%。园区应利用储能技术，提升能源供应保障和调节能力。

④能源管理技术：数字技术应用赋能零碳园区管理，构建园区智慧能源大脑。通过数字化实现碳生命周期全程智慧管理：在智慧园区系统中，将"双碳"作为一个关键模块纳入园区操作系统，构建智慧能源大脑，

汇聚重点企业、楼宇、园区的监测、污染、交通等多方数据，实现对园区碳排放的全生命周期智慧管理。通过微电网系统实现能源综合管控：园区的电力使用负荷大、强度高，对电能的质量要求高，通过整合太阳能、风能等分布式能源，建立楼宇级的综合能源微电网是园区实现碳中和的重要手段之一；园区构建分布式电源、储能装置、能量转换装置、负荷、监控和保护装置等组成的小型发配电系统，使园区能够实现自我控制、保护和管理，既可以与外部电网协同工作，也可以独立运行。通过冷热电三联供系统实现能源的协同利用，实现用户端冷、热、电三种能源形式综合高效供给：园区夜晚利用低谷电价，将冷量以低温冷水或热水的形式蓄存起来，而白天员工上班时正值用电高峰，水蓄能空调此时将所蓄冷量或热量释放，实现了"移峰填谷"，有效削减了电价高峰负荷并降低能源费用支出。

（3）绿色制造技术

绿色制造涉及产品全生命周期（包括产品设计、材料、工艺、包装和回收等），目前原材料、生产工艺及循环利用是工业绿色发展的重点领域。

①材料层面。要求在选择原材料时优先选用可再生材料及能耗低、污染少的绿色低碳材料，且所用原材料应易于回收、再利用或降解，例如在建材行业推广低碳胶凝、节能门窗、环保涂料、全铝家具等绿色建材；同时大力发展生物基材料在石化、纺织、汽车生产等行业的应用。

②工艺层面。鼓励企业对清洁工艺的研发、创新及应用，通过改变工艺流程、制造

技术或生产设备实现提高生产效率的同时兼顾降低资源消耗及环境影响,例如推广钢铁行业铁水一罐到底、近终形连铸直接轧制,石化化工行业原油直接生产化学品、先进煤气化,有色金属行业高电流效率低能耗铝电解等先进节能降碳工艺流程。

③回收层面。资源回收利用是提高资源利用效率的有力手段,具体举措包括建设大型一体化废钢铁、废有色金属、废纸等绿色分拣加工配送中心,建立废电池回收利用系统,以及推动工业固废在建筑材料生产、基础设施建设等领域的规模化应用等。

（4）绿色建筑技术

①建筑材料层面。使用新型、高性能低碳环保材料,例如高强度钢材、低碳混凝土等。推广废弃物及建材循环利用,主要包括:利用高炉矿渣作为水泥的混合材料,以节约天然砂石资源;采用农作物秸秆、废弃木材等作为装饰材料;将建筑垃圾回收并进行再加工,作为再生混凝土等循环利用。

②施工建造层面。推广绿色化、工业化、信息化、集约化、产业化的建造方式及被动式、装配式超低能耗建筑,减少能源消耗及碳排放量。在建造过程中,装配式超低能耗建筑能够减少80%的用水,70%的能源消耗及20%的建材使用;而在运营过程中更是比常规建筑节省50%的能源消耗。

③节能设计层面。利用热泵、冷蓄水、光储直柔等技术,建立以光伏、热泵、地热能等可再生能源为依托的电、热、冷、气综合供能系统,以满足建筑物和基础设施的用能需求,特别是居民建筑中供暖、生活热水及烹饪需求。

（5）绿色交通技术

推广交通行业电气化,依托氢能、锂电池、燃料电池等技术的创新发展,实现园区内交通运输行业的无碳化,主要举措包括:实现电动公交车对燃油公交车的全面替代,以电能替代化石燃料实现交通过程零碳排放;通过合理规划、有序建设充电桩等配套设施,推广电动汽车租赁服务;投放共享自行车,鼓励居民使用自行车、公共交通工具等零碳排放出行方式;利用数字化手段加快智能交通基础设施和信息系统建设以提升通行效率。

①交通组织层面。园区交通体系通过优化用地功能布局、使用交通领域绿色技术、统筹组织客货交通运输系统等方式,保障园区交通系统安全、绿色、高效、便捷有序运行。园区客运交通体系优先保障园区步行、公共交通、自行车等绿色交通的空间资源配置。产业园区结合其自身的区位条件、空间功能布局以及出行需求统筹布置园区主要功能区步行出入口、人行通道、公共交通站点、非机动车停车场等交通接驳设施。园区优先使用节能低碳型交通工具。

②慢行交通层面。建立相对独立、完整的步行及自行车慢行交通系统,并采取有效管理措施。园区步行和自行车交通系统的规划设计与用地相协调,与公共服务设施、市政与交通附属设施、景观绿化设施等的空间和功能相衔接。适宜自行车骑行的园区,建设连续、安全、通达的自行车交通系统。

③静态交通层面。园区机动车停车场采用"总量适度控制、分区差异化"的供给策略,并强化停车信息化管理水平,倡导开放

共享。园区停车场总体布局做好与充电基础设施预留接口、光伏、储能等绿色能源设施配置，积极探索"光储充放"的一体化应用路径，优化停车场充电基础设施用能结构，非机动车停车场应与园区慢行交通网络、公共交通站点相衔接。

④货运交通层面。园区货运交通系统应优化货运交通设施空间布局与运输线路，降低物流运输成本，提升设施利用率。物流仓储、生产制造为主要职能，货运交通占主导地位的园区宜针对货物集中区域规划设置货运中心、专用货运通道。有条件的园区应根据需要优先考虑通过设置铁路专用线、完善内河航道网络运输体系等，提高铁路、水运运输承运比重。

⑤智慧交通层面。园区宜建立道路交通信息采集系统，包含交通数据采集、道路交通数据综合处理、地面道路视频监控控制、即时通信、交通信息发布等功能。园区宜建立智能信号灯控制系统，检测道路横截面车流量、道路交叉路口的车辆通过情况，制定符合园区路网车辆通行最优化的信号机配时方案。园区宜建立智能车辆管理系统，将汽车的运行状况、位置信息采集后传递到后台进行统一处理，引导车辆进行合理、高效的停放。

（6）绿色生活

园区应倡导居民绿色生活，特别是针对产城融合型园区。绿色生活的减碳举措主要包括三个方面：①引导居民节约生活用电，包括空调、冰箱、电灯、电视、电脑、洗衣机、微波炉等设备的使用；②引导居民节约生活用水，包括洗衣、做饭、洗车、洒扫、沐浴等方面；③实行生活垃圾分类回收管理，引导减少一次性产品、塑料袋的使用，厨余垃圾可作为生物质燃料循环利用。

（7）绿色基础设施技术

①固体废物层面。园区内建筑垃圾、生活垃圾、工业垃圾等固体废弃物应分类收集、储存、运输与资源化利用，并应符合现行行业标准《建筑垃圾处理技术标准》CJJ 134—2019的有关规定。园区建筑应进行优化设计，减少建筑材料消耗和建筑垃圾产生，并宜选用建筑垃圾再生产品和可再循环材料。

②水资源利用层面。给水、热水、非传统水、工艺用水系统应根据分类、分项分别设置用水计量装置统计用水量。水资源利用、节水系统、非传统水重复利用水系统的建设要符合相关规定。零碳产业园区应进行海绵城市专项设计。设备、计量仪表、器材及管材、管件应符合相关规定。

③信息化系统层面。系统应具备获取不同区域光照强度的能力，包括园区内室外室内各区域；系统应具备园区内照明设施精细化控制能力，充分利用自然光提供照明，并通过智能化感知设备，仅对必要区域提供照明以节约能源。系统应具备园区内各区域、各节点、各设备能源消耗数据采集能力；系统应能够根据采集的能源消耗数据，对耗能异常的设备进行告警，必要时可根据设置切断电源。系统应具备对区域内设备设施运行状态、故障告警的信息采集能力，具备对各设施资源占用情况的感知能力及运维管理能力。

（8）绿色碳汇技术

①碳捕集、利用与封存（CCUS）技

术。CCUS技术是指将二氧化碳从生产过程中捕集起来应用于工业制造或在可行的地点进行封存。针对园区，由于新能源的不稳定、不连续性和生产工艺的局限性，很难实现完全零碳排放，而CCUS技术是一项理想的碳移除手段，捕集到的二氧化碳还能用于提高采油率、制造燃料及饮料和水泥行业的原材料等用途。CCUS技术目前仍处于研发或试点阶段，园区应对CCUS技术的推广给予政策、资金等方面的倾斜。

②植物碳汇技术。园区自身的地貌形态和原生植被不同，植物碳汇能力表现也不同。一般园区可以通过加强屋顶、墙体、道路等公共空间的绿化，建设小型公园、小微绿地及林荫停车场等；大型园区可以植树造林，建设绿色廊道、植物园等生态景观；部分园区可以依托河流、湖泊、湿地等结合植物群落共同增强碳汇能力。园区应结合所在地乡土植物碳汇能力，进行选择与配置，形成植物数量多、种类丰富、色彩多样、固碳能力强的生态群落景观。乡土植物使用比例应大于90%，本地木本植物指数应大于0.9。园区应根据类型制定绿地率目标，以小微绿地空间营造、防护绿地建设等不同类型的绿地规划布局契合园区定位的碳汇空间，绿地率不应低于20%。园区应优化绿化的组合方式，合理配置乔木、灌木及草皮、常绿树与落叶树、大树与小树等，最大可能增加碳汇吸存量。乔灌木的比例宜为7：3，常绿树种与落叶树种比宜为3：7。园区应注重内部绿地空间差异化，通过多种方式耦合设计道路、广场、建筑等景观的群体风格，提升园区整体景观多样性。园区应依托自然本底及建设要素，结合各类低碳技术，采取场地绿化与屋顶绿化、墙体绿化、草坪绿化结合方式，形成具有复合功能的园区绿化立体空间，绿化强度不应低于30%。

3）产业园区碳排放评价指标

产业园区碳排放评价体系应由规划、能源、产业、建筑、交通、固体废弃物、水资源、道路设施、生态景观等九个一级指标组成，且每类指标均包括约束项和引导项（表5.4）。

产业园区碳排放评价体系表　　　　　　　表5.4

一级指标	二级指标		基准值	指标性质
规划	公共服务设施便捷性		—	约束项
	城市热岛效应		2.5℃	约束项
	通风廊道	一级	宽度≥500m	引导项
		二级	宽度≥80m	引导项
		三级	宽度≥15m	引导项
	容积率	居住建筑	1.5～2.0	引导项
		商业办公建筑	1.5～4.0	引导项

续表

一级指标	二级指标		基准值	指标性质
能源	用能分类分项计量		—	约束项
	可再生能源利用率		15%	约束项
	清洁能源利用量占一次能源消费总量的比例		2.5%	约束项
	微电网工程		—	约束项
	屋顶光伏比例		50%	约束项
	余热回收利用率		60%	引导项
产业	循环经济专项规划		—	约束项
	园区企业实施清洁生产审核的比例		100%	引导项
建筑	建筑节能朝向比例		90%	约束项
	新建筑绿色建筑比例		100%	约束项
	二星级及以上新建绿色建筑比例		40%	约束项
	低能耗新建建筑面积比例		75%	约束项
	建筑本体节能率		5%	约束项
	既有建筑绿色改造面积比例		20%	引导项
	三星级新建绿色建筑比例		30%	引导项
交通	绿色出行率		85%	约束项
	客运交通体系的完善度		—	约束项
	交通接驳设施的完善度		—	引导项
	低碳交通工具	公共交通采用清洁能源比例	100%	引导项
		园区货运车辆采用清洁能源比例	80%	引导项
		园区燃油货车不低于"国六标准"比例	80%	引导项
	充电基础设施建设或预留比例	公共停车场	50%	引导项
		住宅停车场	100%	引导项
固体废弃物	再生资源回收利用率		70%	约束项
	生活垃圾资源化率		35%	约束项
	建筑废弃物资源化率		30%	约束项
水资源	海绵城市专项规划		—	约束项
	人均用水量（每月）		3.5m³/（人·m）	约束项
	管网漏损率		5%	约束项

续表

一级指标	二级指标	基准值	指标性质
水资源	冷却水循环利用率	98%	约束项
	生产工艺用水重复利用率	80%	约束项
	节水器具普及率	80%	引导项
道路设施	园区市政路网密度	12km/km²	约束项
	高效灯具和光源比例	80%	引导项
	新能源路灯占比	60%	引导项
生态景观	绿地率	36%	约束项
	绿化覆盖率	37%	约束项
	绿道系统	≥5km	约束项
	乡土植物使用比例	90%	约束项
	本地木本植物指数	0.9	约束项
	乔灌木比例	7:3	引导项
	常绿树种与落叶树种比例	3:7	引导项
	园林绿地优良率	95%	引导项

产业园区碳排放评价等级按以下规则确定：低碳、近零碳、零碳三个等级的产业园区均应满足碳排放评价体系中约束项的要求；近零碳、零碳两个等级的产业园区均应满足碳排放评价体系中引导项的要求；零碳产业园区的碳排放量应小于等于零（可通过以下方式实现：经碳排放计量，园区实际碳排放量小于或等于零；经碳排放计量，园区实际碳排放量大于零，购买碳减排产品抵消后碳排放不大于零）。

4）实践案例

青岛中德生态园位于青岛西海岸新区，规划面积11.6km²，拓展区29km²，远期规划面积66km²，是由中德两国政府建设的首个可持续发展示范合作项目。中德生态园围绕生态标准的制定和应用、低碳产业的配置和发展、绿色生态城市建设与推广等三大领域，建立零碳试验区指标体系，形成可复制、可推广的产城融合型零碳社区建设模式，力争率先打造零碳试验区、碳中和灯塔基地。在具体实施过程中，园区通过构建多元化清洁能源供给体系，推动能源转型。同时打造零碳建筑，发展被动式超低能耗和装配式建筑，实现100%绿色施工、绿色建筑。此外，推进园区管控数字化转型，建设零碳操作系统，实现数据支撑园区碳排放监测和管理。

（1）能源利用方面。重点发展太阳能、风能、地热能、空气能等可再生能源，作为青岛市首个"非煤化"试点区域之一，构建多元化清洁能源供给体系，并实施泛能网技术，运行山东省首例泛能网联网，分布式光伏装机规模达16MW，供能面积近100万m²。另外，中德生态园打造"智能绿塔"模式，采用新型太阳能光伏板作为外层幕墙，通过光伏电池板的使用，为建筑及其用户的用电需求提供支持，将获取的能量暂时保存在建筑内的高效锂离子电池中，平衡社区内的载荷电流，减轻国家电网的顶峰负荷。大力推广新能源和清洁能源使用，基本形成了"光伏—储能—充电桩—天然气分布式"区域能源互联网络；同时，对成员企业开展能源审计、重点用能单位节能考核、提升企业节能绿色意识，加强能源管理；"十三五"时期，园区单位生产总值能耗下降16.8%，单位GDP二氧化碳排放量总体呈稳步下降态势。

（2）绿色工业方面。以循环经济为指导理念，设立了节能循环低碳发展专项引导资金，提高了企业开展节能技改、能源管理等工作的积极性；加强基础设施建设，最大限度重复利用热能、污泥等副产品及厨余垃圾和废弃物，并生产沼气和生物质燃料，形成循环产业链。

（3）社区管理方面。倡导绿色生活，全域实行生活垃圾分类管理。

（4）绿色建筑方面。积极推广以节能环保、自然采光、雨水收集为特色的绿色建筑，获评省级建筑节能与绿色建筑示范区。中德生态园在房屋建筑方面，引进德国DGNB（Deutsche Gesellschaft für Nachhaltiges Bauen）可持续评价标准体系，发展被动式超低能耗和装配式建筑，获得亚洲首个德国DGNB区域金奖认证。园区内的被动房累计建设40万m²，装配式建筑占新建民用建筑比例50%以上，成为亚洲获德国PHI（Passive House Institute）认证的最大体量公共建筑。被动房在学校、酒店、办公、住宅等多类型建筑全面示范应用，初步建立起设计、监理、关键设备制造、鉴定认证于一体的全产业链，年节约一次能源消耗130万kW·h，减少二氧化碳排放量664t。

（5）绿色交通方面。通过"以桩促车、以车引桩"，完善公共交通网络，在全域内使用清洁能源公交车、推广普及电动汽车、鼓励使用自行车。

（6）数字化管理方面。与数字化服务供应商开展合作，搭建开放的能源互联网共享服务中心，以设立基准、优化能源需求、减少排放和提高能效。中德生态园以能源低碳作为切入点，结合大数据、AI、人工智能、知识图谱等新一代信息技术，打造覆盖数据采集、转换、清洗直至数据建模等全过程的"双碳"操作系统，构建形成区域"碳家底"资源池和"双碳"智慧大脑模型库，为"双碳"应用场景提供丰富的模型工具。另外，园区内的数据中心以"双碳"指标体系为基础，兼容数据填报、数据导入、系统对接、爬虫采集等多种数据来源，构建了包含数据集成、数据治理、智慧"双碳"算法模型库及大数据分析的"双碳"数据体系，实现了数据管理的灵活性和多功能性。

5.3　静脉产业园区绿色低碳更新技术

5.3.1　静脉产业园区概述

1）静脉产业园概念

静脉产业的发展有区域、园区、企业三种空间载体，其中，静脉产业园区是静脉产业的最佳实践形式，它是以资源再生利用企业为主建设的生态工业园区。此类园区以减量化、再利用、资源化为指导原则，运用先进的、经济可行的技术，将生活、生产和消费过程中产生的废物资源化，以实现节约资源使用、减少废物排放、降低环境污染负荷的目的。

通过静脉产业园区内外的中间产品、副产物及废弃物等的相互交换，实现物质循环，通过资源、能量和信息系统的高度集成使用和基础设施共享的方式构建园区工业生态链，以此形成固体废物资源化和固体废物处理处置的特殊产业集群，从而使资源得到最佳配置，废物得到有效利用，同时有利于污染的集中治理和控制，从而解决经济发展与环境保护之间的矛盾，是实现循环经济的有效手段❶。

我国出于污染集中控制、规范化管理的考虑，开始对产业进行监督管理，引导分散企业向园区集中，提升处理工艺，以符合环保要求。静脉产业园成为城市固废处理处置的综合解决载体，除传统的废旧资源再生利用产业园区，与生活垃圾资源化处理处置设施相结合的静脉产业园区，正在中国的许多城市得到实践。

生产、生活过程中产生的废弃物种类繁多，包括工业废物、建筑垃圾、医疗废弃物、生活垃圾、废弃车、污泥等，各种废物需要不同的处理厂，采用不同的处理工艺进行处理，主要的处理厂包括危险废物处理厂、建材利用厂、垃圾综合处理厂、焚烧发电厂、废旧产品再生利用厂、生物质能厂等。为最大限度地实现物质闭路循环、能量多级利用和废物产生最小化，可将各类废物集中处理，从而形成以从事静脉产业生产的企业为主体的生态工业园区。

《工业和信息化部、发展改革委关于组织开展国家低碳工业园区试点工作的通知》提出，低碳工业园主要创建内容之一为"优化产业链和生产组织模式，建立企业间、产业间相互衔接、相互耦合、相互共生的低碳产业链，促进资源集约利用、废物交换利用、废水循环利用、能量梯级利用"。可见，静脉产业园区和低碳工业园区理念相契合，静脉产业园区可作为低碳工业园区的一种，静脉产业以园区的形式建设，可以最大程度地实现产业共生、物质循环利用、能量梯级利用，更好地实现节能减排（图5.4）。

2）静脉产业园优势

静脉产业园区可以整合不同静脉产业，使其成为相互共生产业链。例如，焚烧产生炉渣为环保建材厂提供部分原料，其产生蒸汽为餐厨、污泥、蛋白提取厂提供所需蒸汽；大件垃圾处理厂和污泥处理厂为焚烧发

---

❶ 羬英娜. 混合功能导向下静脉产业园设计模式研究［D］. 济南：山东建筑大学，2023.

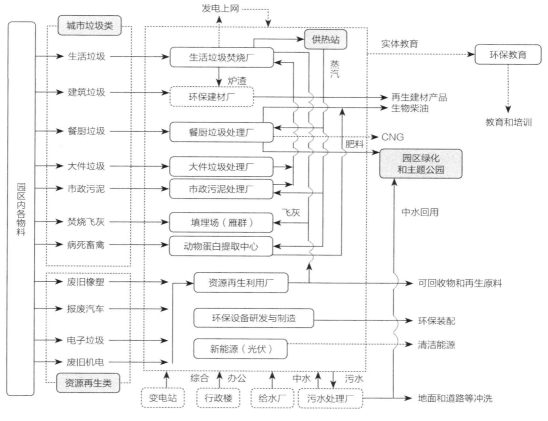

图5.4　静脉产业园工艺整体流程

图片来源：陈子璇，郑苇，高波，等. 静脉产业园与低碳城市的关系研究［J］. 中国资源综合利用，2020，38（11）：3.

电提供可燃原料。

静脉产业园区可以最大限度地实现物质的循环利用，减少排放。焚烧炉渣和建筑垃圾制造再生建材，重新返回建材市场；餐厨垃圾提取粗油脂生产生物柴油，使废弃油脂再次利用；餐厨厌氧沼渣制肥料，使其进入园林体系再次使用；橡塑、金属等可回收物回收再利用；中水循环利用等。

静脉产业园区可以实现能量梯级利用，减少能量消耗，达到节能目的。生活垃圾焚烧厂利用生活垃圾自身热能，将其破坏，实现减量化和无害化，剩余热能供餐厨、污泥、蛋白提取厂及发电用；餐厨垃圾处理厂

利用餐厨垃圾自身生物能，通过生物作用将其稳定化，实现资源化、减量化和无害化，并生产压缩天然气（CNG），供汽车等利用。

静脉产业园区通过共生产业链构建、物质循环利用以及能量梯级利用，践行低碳理念，最终达到节能减排、降低温室气体排放的目的。

5.3.2　静脉产业园区建设存在的问题

1）静脉产业园中的产业链有待完善

根据节约用地、减少投资、避免污染分散的原则，达到减量化、资源化、无害化的

目的，产业园区中还存在居民日常生活产生的大件垃圾（家庭装修垃圾、大件废旧家具等）没有专业的处理公司；家庭废旧电器及废旧电子产品的拆解企业也没有进入静脉园区；一些有害垃圾（废旧电池、灯管、过期药品等）随着社区垃圾分类的推进，会出现"先分后混"的现象，可能造成浪费和对环境的二次污染，也可能会对焚烧厂的后期污染指标控制带来不利因素。

2）园区管理不到位

部分园区在项目引进时并未对企业进行严格管控，致使一批生产工艺落后、产废量大的企业进入园区，出现"新建产能投产之日即变成落后产能"的现象，造成静脉产业园区沦为垃圾集聚地的负面影响；入园后没有一个有效而稳定的政府统一管理机构，仅能依靠企业与园区之间的契约机制来管理，难以有效约束企业，部分企业为了追求利益导致工作重点发生偏颇，与整个园区的发展产生冲突。

3）定位规划不合理

定位规划不合理，包括类型、选址和空间布局。园区定位时未充分考虑当地产业结构、发展规模和发展趋势，园区定位缺少科学依据。由于静脉产业园中的企业多是从事再生资源行业生产，公众往往存在邻避心理，再加上城市用地紧张，往往面临选址困难，因此部分静脉产业园选址规划时未充分考虑资源条件，造成产业园后续发展空间的制约，周边资源条件不匹配产业园消纳能力。园内项目布局规划时未充分考虑项目与项目之间的耦合共生与延伸性，大大增加生产成本。

5.3.3 静脉产业园区建设技术

1）污水处理厂建设

污水处理厂的服务对象除市政管网接纳污水外，还兼顾污泥干化厂和餐厨垃圾处理、垃圾中转站等产生的特异性生产废水处理难题。改扩建完成后水质达标和异味控制以新带老同步执行《城镇污水处理厂污染物排放标准》GB 18918—2022（征求意见稿）规定的排放限值，其中水质指标执行特别排放限值，高标准再生水作为区域生产水源实现再利用。污泥采用浓缩后在厂内进行脱水再短驳至污泥干化厂实现全干化，干污泥产品在热电厂干煤棚与燃煤掺混后送锅炉机组焚烧发电。同在一个静脉产业园区内脱水污泥和半干污泥的短驳输送皆能便利实现，尤其将污泥干化车间结合电厂干煤棚紧邻布置，直接采用输送设备倾倒在干煤棚内即产即清；杜绝高干度污泥长时间堆积散发甲烷气体造成局部超温自燃的安全风险。

2）污泥处理厂建设

污泥处理采用全干化后作为补充燃料与燃煤掺烧，干化热源利用热电厂余热中压过热蒸汽（0.88MPa在250℃）；焚烧烟气处理利用现有热电厂环保设施，循环冷却用水利用再生水为主要工业冷却水源，自来水补充循环冷却为备用冷却水源；污泥干化后产品污泥含固率75%以上。污泥干化产生的冲洗废水及干化冷凝液直接纳入第二污水处理厂内污水处理单元合并实现达标排放。

3）垃圾中转站建设

垃圾中转站的高浓度压滤液和渗滤液或冲洗废水出路可结合餐厨垃圾和污水处理厂改扩建设计深度融入污水处理、餐厨垃圾处理、污泥处理的工艺流程中，节约工程投资和单独运行的成本投入。常规单独建设餐厨垃圾处理或污泥处理厂产生的高浓度生产废水个别特征污染物（如氨氮）严重超标带来处理难题，设施处理流程长，稳定达标难度大，处理成本高。

4）餐厨垃圾处理

餐厨垃圾处理采用高负荷厌氧消化减量化、沼渣脱水后机械堆肥、沼气提纯后作为出租车用天然气销售的总体技术路线。垃圾中转站压滤液和餐厨垃圾处理过程的渗滤液等废水经厌氧水解和两级生化处理实现接近纳管标准后纳入污水处理厂合并处理。

5）再生水利用

污水处理厂尾水品质可作为再生水利用于污水处理厂内、餐厨垃圾处理、垃圾中转站、污泥干化厂、天然气门站洗车等，包括道路冲洗、建构筑物冲洗、绿化用水、污泥干化工业冷却水，以及区域厂站内化学除臭洗涤用水、土壤滤池喷淋用水、生物滤池用水等。

6）天然气门站及CNG加气站建设

餐厨垃圾处理产生的提纯天然气纳入天然气门站的储罐作为城市燃气或出租车加气

的补充气源之一，餐厨处理产生的天然气由路设专管接入天然气门站的储罐。

5.3.4　静脉产业园区生态环境效益评估指标体系

国外的生态环境评价研究工作开展较早，如美国、日本、加拿大、荷兰等相继开发出了常用指标体系，如生态指标、环境绩效指标、ISO 14000系列环境管理指标等，我国对产业园区评价指标体系也已有研究。国家发展和改革委员会于2013年发布园区循环化改造评价指标体系，主要用于各园区编制园区循环化改造实施方案，指标体系包括资源产出指标、资源消耗指标、资源综合利用指标、废物排放指标、其他及特色指标等6大类21项指标。2015年，环境保护部将《综合类生态工业园区标准》HJ 274—2009、《行业类生态工业园区标准（试行）》HJ/T 273—2006和《静脉产业类生态工业园区标准（试行）》HJ/T 275—2006合并为《国家生态工业示范园区标准》HJ 274—2015，规定了国家生态工业示范园区的评价方法、评价指标和数据采集与计算方法等内容。评价指标体系涵盖经济发展、产业共生、资源节约、环境保护、信息公开5个方面32项指标。此外，工业和信息化部2016年发布实施的《绿色园区评价要求》中涵盖能源利用绿色化指标、资源利用绿色化指标、基础设施绿色化指标、产业绿色化指标、生态环境绿色化指标和运行管理绿色化指标等6大类31项指标，其中必选指标18个、可选指标13个，并构建了工业园区绿色指数模型。

上述3套指标体系各有侧重，虽在可再生能源使用比例、工业用水重复利用率、再生资源回收利用率等方面存在共性，但仍有较大差异性。且上述指标体系总体涵盖内容广泛，对于静脉产业园生态环境效益评估的针对性不强、适用性不高，因此，亟须建立一套针对静脉产业园生态环境效益评估的指标体系和技术方法，以对不同静脉产业园的生态环境效益进行比较和评估。在具体指标设计上，上述指标体系中资源循环利用指标、废物排放指标等对静脉产业园生态环境效益评估指标体系设计具有借鉴意义。

针对静脉产业园的特性，可建立含循环利用（A_1）、环境质量（A_2）及生态效益（A_3）3个方面14项指标的园区生态效益评价指标体系（表5.5）。

5.3.5 静脉产业园区案例分析

本节分析华东地区某市以生活垃圾焚烧发电为核心的一个循环经济工业园的规划设计案例[1]。该项目通过园区的工艺流程、公共基础设施和综合管理等方面的整合协作，有效解决了废弃物处理可能引发的社区抵制问题，并实现了绿色经济的持续增长。此外，该案例还能够充当环境保护教育的平台和工业旅游的示范点，为其他城市在规划和设计循环经济工业园时提供借鉴。

1）华东某市基本概况

华东某市总面积为7400km^2，常住人口达到554万，其中城镇居民人数为411万，城镇化率为74.2%。目前，该市每天需要处理的生活垃圾量超过4500t，而已经建成并且开始运营的生活垃圾焚烧设施的处理能力为每天3600t。为了达到城市生活垃圾零填埋的目标，目前生活垃圾处理能力存在超过1000t/d的缺口。同时，该市还需要处理大量其他类型的废弃物，包括餐厨垃圾、废旧垃圾处理场的渗滤液、城市污泥以及建筑废弃物等。鉴于此，规划并建设一个以生活垃圾焚烧发电项目为核心的循环经济工业园显得尤为重要。

2）静脉产业园项目设计内容

通过学习华东某市城市废弃物产生量、各类城市废弃物一般处理工艺、国内外污染物排放标准、各类废弃物投资强度等，再结合产业园规划设计思想，对静脉产业园项目规划设计主要内容归纳如下。

静脉产业园区生态环境效益评价指标体系统计表　　表5.5

循环利用A_1					环境质量A_2				生态效益A_3				
综合能耗 B_{11}	水耗 B_{12}	固废资源化利用率 B_{13}	再生水回用率 B_{14}	余热利用率 B_{15}	烟气达标排放率 B_{21}	废水达标排放率 B_{22}	固废达标排放率 B_{23}	厂界噪声达标率 B_{24}	绿化覆盖率 B_{31}	净化空气效益值 B_{32}	减弱噪声效益值 B_{33}	固碳释氧效益值 B_{34}	二氧化碳排放量 B_{35}

[1] 章文锋. 以生活垃圾焚烧发电项目为核心的静脉产业园规划设计——以华东某市为例［J］. 四川环境，2022，41（3）：200-205.

（1）城市生活垃圾焚烧发电项目

处理对象：城市生活垃圾。

处理工艺：机械炉排式焚烧炉。

排污标准：严于国家标准，参照欧盟2010/75/EU标准。

处理规模：一期1000t/d，二期1000t/d，总规模达到2000t/d。

项目投资：一期投资6.5亿元，二期投资6.5亿元，投资总额13亿元。

占地面积：120亩（1亩≈666.67m²）。

装机容量：40MW。

年发电量：3.2亿kW·h。

项目特点与优点：以垃圾焚烧发电项目为核心，可为园区内其他项目提供电能和热能，同时还可以协同处理其他项目产生的废弃物；垃圾焚烧发电项目内规划设计集环保教育与培训、工业文化旅游及固废处理循环利用研究为一体的环保教育与科教中心。

（2）餐厨垃圾处理项目

处理对象：城市餐饮垃圾+厨余垃圾+地沟油。

处理规模：300t/d+100t/d+30t/d。

项目投资：总投资约3.0亿元。

占地面积：约50亩。

主体处理工艺：预处理+湿式厌氧+沼气利用+沼液沼渣处理。

技术特点及优点：利用垃圾焚烧厂的烟气和蒸汽作为热源；高温湿解—提高产油量；取消残渣堆肥工艺段—节省用地；固体残渣直接入炉焚烧—降低处理费。

（3）老旧垃圾处理场渗滤液浓缩液处理项目

处理对象：老旧垃圾处理场渗滤液浓缩液。

处理规模：500t/d。

项目投资：约1亿元。

占地面积：约4.5亩。

处理工艺：均质池+两级叠管式反渗透+软化+蒸汽机械再压缩技术+喷雾干燥工艺。

工艺优点：利用垃圾焚烧厂的烟气和蒸汽作为热源；固体残渣可直接入炉焚烧。

（4）污水处理厂污泥处理项目

处理对象：污水厂处理污泥。

处理规模：600t/d。

项目投资：总投资3.0亿元。

占地面积：约20亩。

处理工艺：利用垃圾焚烧厂蒸汽对污泥进行干化，干化后污泥同垃圾掺烧。

工艺优点：最精简的工艺，最少的投资，最高的性价比。

（5）建筑垃圾及焚烧炉渣处理项目

处理对象：建筑渣土、焚烧厂炉渣。

处理规模：4000t/d。

项目投资：总投资4.0亿元。

占地面积：400亩。

处理工艺：主要工艺为破碎、磁选、筛分，以及后期的制砖。

工艺优点：利用垃圾焚烧发电厂的循环冷却水，100%循环，不增加用水，不产生灰尘污染。

3）静脉产业园区项目协同

在静脉产业园内，各个项目通过高度协调的工艺链实现了能源、热量和污水处理的循环利用，以此促进能效提升和排放降低。

该模式以生活垃圾焚烧发电项目为核心，形成了一个高效的资源回收和能源转化系统。具体而言，城市产生的生活垃圾被输送至焚烧发电设施进行处理，过程中产生的高温蒸汽被导入污泥处理单元，同时，焚烧过程中回收的余热被用于加热污泥处理、餐厨垃圾的厌氧发酵过程和处理老旧垃圾场的渗滤液浓缩液。此外，焚烧过程产生的炉渣被送往建筑垃圾处理单元，而生成的电力既供应电网也用于园区内部设施。污泥干化、餐厨垃圾处理以及老旧垃圾处理场渗滤液浓缩液处理后产生的污泥和可燃残余物重新投入生活垃圾焚烧发电设施。园区内生产和生活产生的废水，经过焚烧设施内的渗滤液处理站处理后，中水被完全回收用于园区的生产活动和绿化灌溉，而处理站产生的浓缩液则返回焚烧设施进行处理。此系统中，所有废弃物处理产生的恶臭气体被集中并送往垃圾焚烧炉内进行高温焚烧处理，有效消除污染。同时，餐厨垃圾处理和渗滤液处理站产生的沼气，根据产量的大小，可以用于湿式厌氧发酵或送往垃圾焚烧设施燃烧，甚至在沼气量足够时，用于沼气发电机组产电，实现能源的最大化回收利用。这一循环经济模型不仅优化了资源利用，还显著降低了环境影响，体现了现代工业园区在实现绿色转型中的创新途径（图5.5）。

静脉产业园项目除了在工艺上协同，在公共设施和园区管理方面也可进行有效的协同。比如，在公共设施方面，园区内道路、地磅、管网、综合办公楼、宿舍和食堂等可以园区内共享；在园区管理方面，专业技术人员、维保人员、管理人员及化验员等也可协同管理。

4）静脉产业园物质流和能量流分析

（1）物质流分析。在静脉产业园的物质循环分析框架下，图5.6展示了一种集成

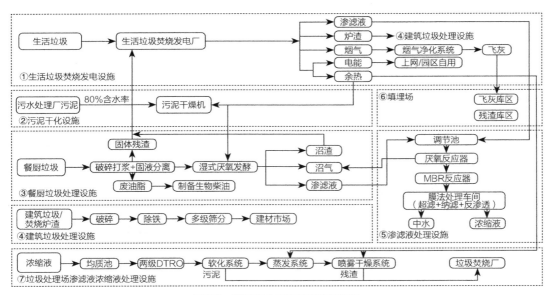

图5.5　静脉产业园项目工艺循环图

图片来源：章文锋. 以生活垃圾焚烧发电项目为核心的静脉产业园规划设计——以华东某市为例［J］. 四川环境，2022，41（3）：200-205.

的物质流系统，其中包含内部循环与外部循环的双向流动。外部循环主要涉及城市产生的废弃物输入到园区，经过处理转化为可再利用的原材料，如通过生活垃圾焚烧产生的炉渣转化为建筑材料，或餐厨垃圾处理后产生的生物柴油为园外企业所用。内部循环强调的是园区内不同废弃物处理设施之间的互相支持与资源共享，例如，各处理厂产生的污泥和残渣转化为焚烧厂的燃料，而处理过程中产生的渗滤液经过内部处理用于园区绿化和生产。通过这种高度集成的物质流管理，静脉产业园实施了一种先进的循环经济模式，该模式基于将城市废弃物转化为再生

资源的原则，通过园区内部废弃物处理设施的协同作用，优化资源利用，减少环境影响，同时增强园区的经济效益。这种模式不仅促进了资源的可持续循环利用，还展示了废弃物管理和资源回收领域中技术创新和系统集成的潜力。

（2）能量流分析。在静脉产业园的能量管理策略中，重点放在提升能量的有效利用率，通过采用蒸汽发电及余热回收技术，优化园区内部的能源分配，力求最大化地利用再生能源，同时减少原始能源的依赖，从而增强园区的经济性能。能量流分析图（图5.7）揭示了静脉产业园内能量转换与利用的高效

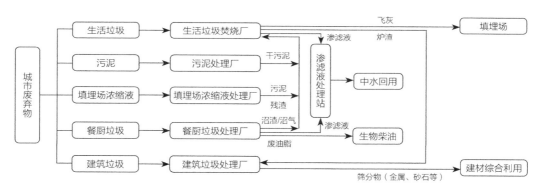

图5.6　静脉产业园物质流示意图

图片来源：章文锋. 以生活垃圾焚烧发电项目为核心的静脉产业园规划设计——以华东某市为例［J］. 四川环境，2022，41（3）：200-205.

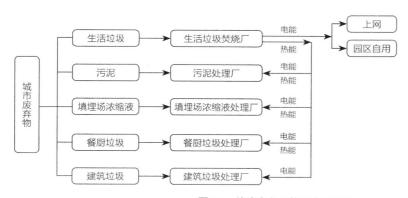

图5.7　静脉产业园能量流示意图

图片来源：章文锋. 以生活垃圾焚烧发电项目为核心的静脉产业园规划设计——以华东某市为例［J］. 四川环境，2022，41（3）：200-205.

路径。以生活垃圾焚烧厂为能量中心，该厂通过焚烧过程释放的热能被转换为蒸汽，此过程中利用高效能锅炉系统进行热交换。这些蒸汽不仅被用于发电，满足园区自身及其他废弃物处理设施的能源需求，还被并网供电，为国家电网贡献额外能源。此外，通过余热利用技术，这些蒸汽和热量进一步被污泥处理厂、填埋场渗滤液浓缩液处理厂、餐厨垃圾处理厂所用，实现了能量的最大化回收和利用。这种能量流的高效管理不仅优化了能源使用，降低了对传统能源的依赖，还促进了园区经济、社会、环境效益的综合提升，展现了静脉产业园在实现循环经济和可持续发展方面的先进理念和实践。

5）静脉产业园项目监督系统

在静脉产业园的运营中，引入了先进的网络技术和大数据分析能力，通过整合"互联网+"概念，实施了一套先进的数字化监控系统。该系统旨在实现对园区各项目的高效监管，利用数字化手段收集、传输和分析关键的生产管理信息。图5.8展示了该监督系统的界面设计。园区的信息化建设满足了现代管理需求，确保从建设到运行的全过程中，所有生产活动和相关资料都能够实现数字化。通过系统，生产过程的关键参数、在线监测数据和实时视频流可被远程传输，实现与政府相关管理部门及社会公众的实时共享。该数字监控平台允许实时查看园区内所有环境污染物排放数据和运行参数，并提供数据聚合、分析等高级功能。借助于云计算技术和定制化的移动应用程序，该系统进一步扩展了政府和公众对园区远程管理的能力，实现了无时无刻的接入和监督，从而提高了管理效率和透明度。这不仅体现了现代信息技术在环保领域的应用，也为静脉产业园的可持续管理提供了强有力的技术支持。

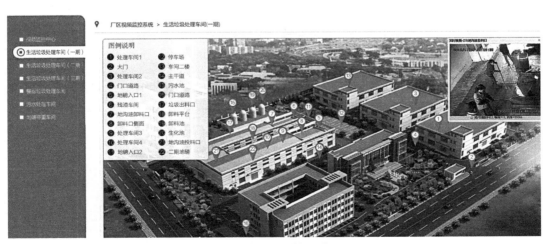

图5.8 静脉产业园监督系统界面

图片来源：章文锋. 以生活垃圾焚烧发电项目为核心的静脉产业园规划设计——以华东某市为例［J］. 四川环境，2022，41（3）：200-205.

5.4　园区检测技术

5.4.1　园区环境智慧检测技术

围绕国家对生态工业园区与绿色制造评价体系的要求，基于物联网技术、大数据分析技术、GIS技术、通信融合等技术构建一个全面感知的信息化基础环境，对污染源、环境质量等环境要素进行全面感知、实时采集和自动传输，动态、全面、准确掌握园区环境污染排放、治理设施运行及环境质量状况，构建生态环境水、气、土壤与地下水共享协同的数据融合中心与数据挖掘管理应用，实现污染排放自动化、智能化分析❶。

一张网即一张生态环境监测网，实现环境水、气、土壤与地下水、三废污染源等环境要素的监测全覆盖，实时采集和自动传输，全面感知园区生态环境状况。一中心为环境数据资源中心，对环境信息资源进行统一存储、高效整合、全面共享、深度挖掘和智能分析。一平台即园区生态环境信息化管理平台，集成智能监测、分级预警、污染管控、GIS管理一张图、环境应急、决策大屏展示等多个应用。

1）建立园区环境监测监控体系

基于预警—响应—总结的闭环原则，依据园区内大气、水、企业风险源识别、企业边界、园区边界、园区敏感点分布等因素，可选择多个维度设计园区预警方案，优化监测点位，根据相关标准设置监测周期，确定站点的数量及位置。可建立园区"点、线、面、域"全方位立体自动在线监测网络。针对风险预防与控制要求，设立三种预测预警范围——重点敏感范围、风险防范范围、边界防护范围，并设置有毒有害气体的预测预警体系等。对园区河道进行合理化分段，部署水质监测设备和视频监控设备，构建水环境监测预警体系，实现对园区内部和周边河道水质状况的实时自动化监测，以便提供科学准确的水质数据。

（1）监测监控网络

根据园区的监测目标，依据国家和地方相关标准，部署包含多类型预警微站的预警站点。大气预警站主要分为风险监测站、厂界监测站、扩散路径站、环境敏感位置站、移动监测站等。水质预警监测点包括地表水监测断面、沿河雨水总排口、沿河重要检查井、企业雨水排口等。监测点布设规则主要有6个方面：①有组织排放污染源测量装置、生产工艺关键点和无组织排放密集的特征污染物测量站、危险单元气体监测预警装置及视频记录装置等；②污染企业边界和封闭园区边界安装的监测预警装置；③园区周围敏感区域安装的特征污染物空气监测站、大气扫描雷达或高空鹰眼摄像装置等；④整体考虑园区地形等影响因素，在环境监测重点区域增设气象监测设备，观测相关气象参数；⑤针对园区河道水质监测安装的水站设备和园区内企业雨水排口在线监测设备；⑥针对监测指标制定科学严格的阈值预警体系，并定期进行核验。所有相关监测站应预

❶ 李清宇. 基于物联网的智慧化工园区系统的设计与实现［D］. 济南：山东大学，2021.

留空间，为后继增加监测因子提供条件。

（2）立体式监测监控体系

①点监测。在能生成特征污染物的工艺设备、排放出口、库存罐区等位置安装特征污染物监测设备，测量排放数值及总量、污染物温度、压力、流量、流速、泄漏报警设备等。针对雨污水排口，结合重点污染源监测系统，在排口处采取差异化参数监测，对pH值、流量、高锰酸盐指数等指标进行监测。②线监测。根据当地气象情况，在主导风向下风向，距离排放源边界一定距离范围处，安装有机污染物排放监测设备，实时监测企业的无组织排放。对沿河汇集企业雨水的排放口，在流向下游一定范围内定期采集水样，进行数据监测。③面监测。将高精度的特征污染物空气微型站安装在园区制高点采集数据，总体监测园区范围内的无组织排放情况。河道水质监测可以使用高光谱技术，反演河道整体的水质数据，进行定性水质排查。④域监测。在特定距离内敏感目标区域建设大气环境及各类特征污染物监测站点，将监测数据与点、线、面监测的数据进行多维度分析。水质监测方面，整合河流上下游水质监测数据进行水域分析，构建区域河流水质影响模型，确定水质的变化趋势，以便在发生污染事件时快速溯源。

（3）监测因子选择

化工园区内企业加工过程中使用的主要原料、生产工艺以及最终形成的产品都不尽相同，排放的大气污染物种类多，常规项目监测已不能满足现代环境管理需要。通过现场排查监测，可筛选出主要污染类型，进而安装相关污染物监测设备，摸排达标排放情

况。污染物种类一般包括二氧化硫、氮氧化物、臭气类化合物、非甲烷总烃、苯、甲苯、二甲苯等。同时，建立水环境预警模型，加强对园区企业内部水环境管理的监督，升级园区雨水闸控设备、河流闸控设备，完善企业层面、园区层面、环境敏感水体层面的防控措施，搭建三级防控体系。根据监测位置和监测重点，水质指标一般为水质常规五参数、总磷、总氮、氨氮、化学需氧量、高锰酸盐指数、挥发酚等。

2）构建环境监测信息管理平台

环保物联网技术具有实时化获取信息、智慧化处理数据等特点，整个化工园区的环境监测信息管理平台见图5.9，由数据感知层、基础设施层、支撑平台层、服务资源层、业务管理层、应用展现层6个部分组成。其中，数据感知层是指各种监测传感器、无线射频识别标签和GPS等感知终端，包括监测环境空气异味、水质污染、大气污染的传感器。基础设施层会将感知层采集到的监控数据打包发送到云端和应用层，实现数据与云端的连通。应用展现层是整个园区的管理核心，主要完成感知数据的存储和数据分析、监测预警和辅助分析等。

利用高清视频、GIS技术、云计算、物联网等技术，构建一个集环境与安全管理于一体的智慧管理平台。在园区管理中心，管理人员可利用该平台实时查看分析大气、水质等环境质量的动态变化情况，随时精确了解园区环境污染排放、治理设施工况及安全质量状况，部署智能化分析模块，因地制宜提出园区污染治理与控制建议。依据应急预

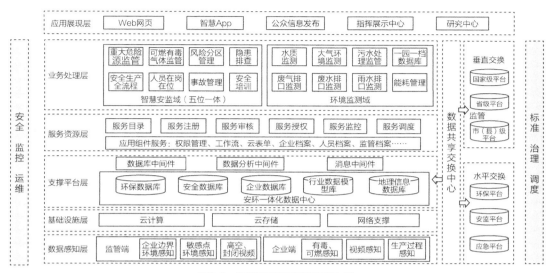

图5.9 环境监测信息管理平台图

图片来源：李清宇. 基于物联网的智慧化工园区系统的设计与实现［D］. 济南：山东大学，2021.

案，不断优化园区和企业预案，环境与应急部门"修、练、用、评"同步联动，推进环安一体化管理制度和运维管理机制建设。平台通过三维可视化的方式展示园区和企业重大风险源、高危区域、监测设备、污染控制设施、应急储备资源以及周围背景情况等的基本信息与分布位置，实时监测数据展示、设施分布与查找、二维和三维展示切换等，依据相关生态环境元数据和数据共享规范要求，设计开发与上级信息管理系统共享的监管数据接口。

（1）一园一档系统

一园一档系统是化工园区的数据中心，通过信息档案管理、生态环境监督管理、生态环境质量信息管理等模块将园区以及园区所有企业相关信息进行电子档案登记（图5.10）。按照一企一档、一企一策要求，每个企业都建立自己的企业端。平台与园区各企业平台的危险废物信息、特征污染物信息、有毒有害气体监测数据、地表水质监测数据、污水口实时监测数据、雨水口实时监测数据等实现数据共享，方便园区管理部门全方位了解园区及园区企业情况。对化工园区内产生的危险废物进行分级分类精细化管理，对低风险类危险废物实施豁免管理，并建立基于危险废物处置全流程的管理系统，集成在一园一档系统中。既能有效控制重大危险源类废物的环境与安全风险，又能节省有限的处置能力，降低危险废物的处置成本。化工园区内的危险废物管理模式从粗犷式转变为精细化管理后（特别是实施了危险废弃物全生命周期管理的智慧监测），可以极大地防范风险，减少或杜绝爆炸案件等的发生。

（2）安全生产信息化管理平台

安全生产信息化管理平台采用园区安监管理总平台与企业安全生产管理平台相结合的方式实现园区企业安全生产监管（图5.11）。基于企业安全生产智慧化平台，建立前端监测体系，将重点监管企业关

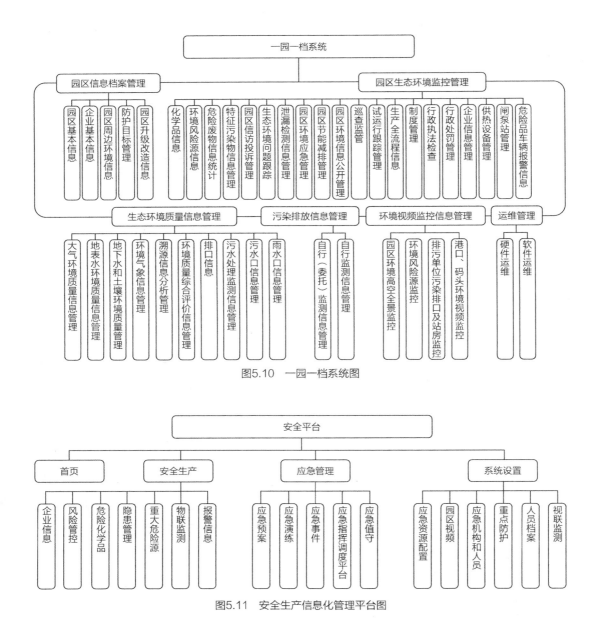

图5.10　一园一档系统图

图5.11　安全生产信息化管理平台图

键生产环节的设施安全运行工况、重大危险源数据、报警信息等接入园区安监管理总平台。将智慧化业务、GIS可视化、互联网移动应用相结合，形成事前、事中、事后的综合监管监察"大安全"格局。报警数据通过移动端应用推送至园区相关负责人，园区依法依规对相关情况进行监管，并将相关处理意见留档，形成监管闭环。实现全方位、多层次、多维度、一体化监管方式，提升安全监管的纵深度。落实企业是安全生产的责任主体，进一步提升安全生产监管效果和效率。企业五位一体平台可经由园区安监管理总平台跳转访问，该平台以物联网技术为支撑，打造"可燃有毒气体管理平台""重大危险源预警预报平台""人员在岗在位可视化管理平台""企业安全风险分区管理平台"

和"企业生产全流程管理系统"5个子系统为一体的管理平台。园区安装高清监控摄像头，可覆盖整个产业园，综合视频安防管理平台获取园区各区域的实时视频并存储。管理人员实时查看监控视频，实时判断是否存在安全隐患，是否存在违规现象（包括聚众滋事、车辆逆行、车辆违停、车辆事故等），支持管理人员快速处理相关问题，保障园区日常运营和业务运作的安全和高效。安全平台建有安全生产及应急管理一体化系统，通过设置常态化业务管理、应急处置保障、应急演练模拟、应急预警预报、智慧化应急预案、应急协调指挥等环节，形成单点指挥、敏捷迅速、有机协调、高效运转的应急管理机制。

（3）封闭管理系统

借助基础设施建设以及信息化管理手段，实现封闭化管理，提高园区处置应急事件的场景快速回溯能力，规范人流、车流的监控和管理，实现危险化学品运输的货物申报与核实，根据园区各区域的安全风险等级，结合安全管理需求，分级确定封闭管理的具体内容。

5.4.2　园区固废智慧检测技术

结合物联网技术搭建固体废物管理平台，为废物全生命周期管理和全流程监管提供数据支撑，实现固废管理自动化、可视化、智能化。由统一平台"固废污染防治联网监管平台"监管（图5.12）。平台存在四类角色：产废单位、处置单位、运输单位、管理单位。在线业务主要包括：信息申报登记、业务联单转移、出入库台账、在线高效审批。数据平台支撑包括：单位数据信息、业务数据信息、固废追溯数据、运输轨迹数据、智能预警信息[1]。

总体架构，整体平台系统包括：基础支撑、应用支撑、数据支撑、应用系统、门户登录系统。基础支撑包括云服务器、网络部署的保障、硬件终端的数据采集、系统安全的部署。应用支撑包括基于SOA的服务中心架构完成数据集成与交换，为系统可拓展性提供高效、可靠、安全的数据接口。数据支撑包括系统的业务数据采用云存储，对不同类型业务数据进行分类，提高用户系统访问速度，对安全级别高的数据进行安全隔离。同时对业务需求类数据及时进行分类汇总，实时响应业务需求调取。应用数据包括固体废物产生源管理子系统、固体废物转移管理子系统、设备运行状态监控子系统、预警管理子系统、标签管理子系统组成。门户登录系统包括产废单位门户、运输单位门户、处置单位门户、产废单位门户，可以根据权限分别进行各自访问与操作，同时为方便业务操作可以通过手机App或小程序及时办理业务。

1）流程

①以在线申报登记为基础，高效快速地在线收集企业污染源数据，综合数据仓库数

图5.12   固废污染防治联网监管平台图

图片来源：王俊，洪晟，徐进. 基于全自主区块链的危固废智慧监管平台［J］. 网络安全与数据治理，2023，42（3）：13-19.

据迁移，有效整合多部门数据，数据人工智能审核，保障数据质量，动态信息综合分析，为科学决策提供数据基础。

②以信息系统为依托，智能辅助在线办公，提高办证效率、管理效率。规范化制度，确保审批过程严谨、公正、透明。在线联合监管执法，进一步规范经营单位行为状态信息实时同步，杜绝无证假证等违法行为。

③以智能审核为辅助，实现对危废交易全过程的监察管理，实现空间数据和业务属性数据的关联，数据收集工作效率高、成本低，智能预警提示各种潜在危险。

④以电子联单为手段，联单电子化申请、发放，全方位审核辅助，确保联单审核严谨高效，GIS辅助调度，科学确定危废转移方案，联单有效性实时自动判定，杜绝联单违规使用。

⑤以GPS实时追踪为保证，实时轨迹追踪，联单问题自动智能预警，直观友好的GIS界面，在线实施远程监控，全程在线监管，有效杜绝危废非法转移，大幅增加管理效率，提高应急处理能力。

2）技术要点

①称重标签：自动称重设备与标签打印机互联传输重量数据，结合入库时间，自动生成包含所有信息的条码，避免人工记录错误。

②危废入库：简化入库操作，固废管理

人员移动端点击入库选项，扫描信息二维码，并确认入库，入库数据接入危险废物智能监管平台。

③电子台账：系统根据每日台账走动汇总成本月台账数据，可生成并导出月度台账上传至省级管理系统。

④移动提醒：对危废暂存间内危废有超期贮存，联单异常等情况采取消息推送等提醒危废管理人员方式。

⑤创建联单：移动端设备软件中发起转移联单，选择运输公司、接收单位，添加待转移信息，扫描信息标签二维码添加并发起联单。

⑥视频监控：对企业产生、贮存等进行视频监控，规范和记录各环节操作。

5.4.3 园区设备与环境检测技术

1）生活垃圾焚烧炉自动燃烧控制技术

生活垃圾焚烧炉自动燃烧控制技术（Automatic Combustion Control，ACC）是指一种基于计算机控制系统的生活垃圾焚烧炉燃烧过程自动控制技术。通过测量和分析焚烧炉内的温度、压力、氧含量等参数，自动调节燃料供应、风量调节、废气循环等操作，实现燃烧过程的自动化控制。

ACC技术通过实时监测和反馈燃烧炉的温度、氧含量等参数，可以有效控制焚烧过程中的温度、氧气浓度和烟气排放，提高焚烧效率，减少对环境的污染。同时，该技术还可以降低人工干预的需求，提高生产效率，降低生产成本。除了自动控制技术外，

ACC技术还可以与其他先进技术相结合，如在线气体分析技术，烟气脱硫、脱硝、除尘等技术，进一步提高焚烧效率和环境保护能力。

总体来说，生活垃圾焚烧炉自动燃烧控制技术是提高生活垃圾焚烧炉的燃烧效率、降低污染排放的关键技术之一，也是未来生活垃圾焚烧炉绿色低碳发展的重要方向之一。

2）生活垃圾焚烧炉在线监测技术

生活垃圾焚烧炉在线监测技术是指在生活垃圾焚烧炉运行过程中，通过安装传感器和在线监测设备，实时监测焚烧过程中的温度、压力、氧含量、烟气排放等关键参数，从而对焚烧过程进行精确控制，保证焚烧效率和环境排放标准。

生活垃圾焚烧炉在线监测技术包括多个方面的技术，主要有以下几种。

烟气连续排放监测技术：通过安装烟气连续监测设备，实时监测烟气排放中的二氧化硫、氮氧化物、碳氧化物等污染物的浓度，保证烟气排放符合国家相关标准。

炉内温度监测技术：通过在焚烧炉内安装温度传感器，实时监测炉内温度变化，精确控制焚烧炉内的燃烧过程。

炉内氧气浓度监测技术：通过在焚烧炉内安装氧气浓度传感器，实时监测炉内氧气浓度变化，精确控制氧气浓度，保证燃烧效率。

烟气流量监测技术：通过在烟气排放管道内安装流量计，实时监测烟气流量，掌握烟气排放情况。

烟气温度监测技术：通过在烟气排放管道内安装温度传感器，实时监测烟气温度，掌握焚烧炉的热效率。

生活垃圾焚烧炉在线监测技术的应用可以有效保障焚烧炉的安全、高效、环保运行，提高垃圾焚烧效率，减少对环境的污染，符合绿色低碳可持续发展的要求。

3）生活垃圾填埋场渗漏监测技术

生活垃圾填埋场渗漏监测技术是指通过安装监测设备，对填埋场中的渗滤液进行实时监测，及时发现并控制渗漏液的排放，以保证填埋场的环保运行。

常见的生活垃圾填埋场渗漏监测技术如下。

渗漏液收集井监测技术：将渗漏液收集井安装在填埋场中，通过对井内液位、流量、温度等参数进行监测，及时发现渗漏液的排放情况，避免对环境造成污染。

地下水监测技术：在填埋场周围的井或水源中安装监测设备，对地下水中的有害物质进行实时监测，及时发现填埋场的渗漏液对周围环境的污染。

气体监测技术：通过在填埋场周围安装气体监测设备，实时监测甲烷、二氧化碳等气体的浓度变化，及时发现填埋场的渗漏液可能引起的气体污染问题。

遥感监测技术：利用遥感技术，对填埋场周围的植被、土壤、水体等进行定期监测，及时发现填埋场可能造成的环境污染问题。

通过上述监测技术的应用，可以实现对生活垃圾填埋场渗漏液的实时监测和及时控制，保证填埋场的环保运行，减少对周围环境的污染。

4）填埋场恶臭气体排放监测技术

填埋场的恶臭是由填埋过程中产生的气体所致，其中包含硫化氢、甲硫醇、二甲硫等有害气体，会对环境和周围居民的健康产生不良影响。因此，填埋场恶臭气体排放监测技术对于环境保护至关重要。

常见的填埋场恶臭气体排放监测技术如下。

气体检测仪检测：利用气体检测仪对填埋场的气体进行采样和分析，监测填埋场的硫化氢、甲硫醇、二甲硫等有害气体的浓度，及时发现填埋场的气体污染问题。

气象监测系统监测：通过安装气象监测系统，监测填埋场周围的风向、风速等参数，分析填埋场气体扩散的方向和范围，及时预警填埋场气体扩散的情况。

视频监控系统监测：通过视频监控系统，对填埋场的整个过程进行实时监测，及时发现填埋场可能产生的恶臭问题。

嗅探仪监测：通过安装嗅探仪，实时监测填埋场周围的气味，及时发现填埋场可能产生的恶臭问题。

通过上述检测技术的应用，可以实现对填埋场恶臭气体排放的实时监测和及时控制，保证填埋场的环保运行，减少对周围环境和居民的影响。

第6章

设施类绿色低碳更新技术

- 市政基础设施绿色低碳更新技术

- 道路交通绿色低碳更新技术

6.1 市政基础设施绿色低碳更新技术

绿色基础设施（Green Infrastructure，GI）是最早由西方国家于20世纪90年代提出的概念，是在人居环境、生态保护和绿色技术三大领域起源发展逐步形成的概念。不同国家不同阶段不同角度对其概念定义及研究重点略有不同，究其根本是研究生态系统与人居环境之间的影响互联及绿色解决措施。根据相关定义，绿色基础设施是提供全面生态系统服务的绿色网络结构，是城市发展与土地保护的基础性空间框架，包含国家自然生命支持系统、基础设施化的城乡绿色空间和绿色化的市政工程基础设施三个层次[1]。

将绿色基础设施的发展理念和规划手段应用到城市更新过程中，引导城市绿色更新改造，更加契合绿色低碳路径。在绿色基础设施中，绿色化的市政工程基础设施是其重要组成部分，传统的市政工程基础设施为城市提供如能源供热、道路、建筑、防洪、雨水排放、污废水处理等市政基础服务，其绿色化改造是指通过生态工程和绿色技术来降低工程设施所带来的生态胁迫和干扰，并改善和恢复城市生态系统服务功能。

绿色化的市政工程设施系统包括：可持续雨洪管理技术、河道生态修复与生态防洪工程、道路生态工程、污染废弃地的生态修复技术、污水处理的人工湿地技术、基础设施生态学、能源系统、固体废物处理系统和交通通信系统[2]。

市政基础设施的绿色低碳改造路径可以概括为以下几个方面。

（1）编制相关规划：制定绿色低碳的发展战略和规划，对市政基础设施进行全面评估，明确改造目标，并制定实施计划。

（2）创新技术和模式：推广和应用节能环保技术，如太阳能发电、地源热泵等，以减少能源消耗和碳排放。同时，可考虑创新基础设施建设运行模式，如开展工业"绿岛"、农业"绿岛"、服务业"绿岛"等项目，来解决小微企业的治污难题。

（3）优化能源结构：加大对清洁能源的利用，如太阳能、风能等，以逐步减少对传统能源的依赖。

（4）优化水资源管理：通过雨水收集和利用技术，减少对水资源的消耗。同时，还可以考虑推广节水器具和节水型园林景观设计，以节约水资源。

（5）促进废物资源化利用：将城市固体废弃物进行分类处理和资源化利用，如废旧电池、废旧家具等，减少对环境的污染。

（6）应用智能设施：应用智能化的市政设施，如智能路灯、智能公交站等，可以优化资源配置，提高效率，减少浪费。

（7）加强政策引导、培养公众意识：政府应通过制定鼓励性政策、加强监管等方式，引导企业和市民参与绿色低碳行动。通过媒体宣传、教育等多种方式，培养市民的低碳意识和理念，鼓励他们在日常生活中实践低碳生活。

❶ 许茹雅. 上海市绿色基础设施生态韧性研究［J］. 经济研究导刊，2022（11）：51-54.
❷ 栾博，柴民伟，王鑫. 绿色基础设施研究进展［J］. 生态学报，2017，37（15）：5246-5261.

本节仅对城市更新时市政工程基础设施中的给水排水设施，能源、电力输送系统等的绿色低碳技术进行介绍。

6.1.1 市政给水厂绿色低碳改造

在城镇化进程不断加速的今天，市政给水厂的更新改造和绿色低碳设计是不可忽视的部分。市政给水厂作为城市基础设施的重要组成部分，其改造更新对于提高水质、保障供水安全、降低能耗和减少污染物排放具有重要意义。

1）市政给水厂进行节能低碳更新改造的意义

（1）提高水质和供水安全

随着人们生活水平的提高，对高品质饮用水的需求日益增加。给水厂的更新改造可以通过引入先进的净水工艺和技术，提高水质，减少水中的污染物和有害物质，保障供水安全，从而改善人们的饮用水质量。

（2）降低能耗和运行成本

给水厂的更新改造可以引入先进的生产工艺和设备，提高生产效率，降低供水过程的能耗和运行成本。通过优化工艺流程和设备选型，实现生产过程的自动化和智能化，可以减少人力物力的投入，提高给水厂的运营效率。

（3）减少污染物排放和环保责任

给水厂的更新改造可以引入环保理念，采用环保材料和节能设备，减少生产过程中产生的污染物排放。同时，加强废水处理和资源回收利用，可以提高水资源的利用效率，实现绿色低碳发展，履行企业的环保责任。

2）市政给水厂绿色低碳设计的原则

（1）节能减排

在给水厂的绿色低碳设计中，应注重节能减排的原则。合理选择能源和水资源的使用方式，优化工艺流程，减少生产过程中的能源和水资源的消耗。同时，应采用高效节能设备和新型净水技术，降低污染物排放量。

（2）循环利用

循环利用是实现绿色低碳设计的重要手段。在给水厂的更新改造中，应注重资源的循环利用。例如，将废水进行处理后再次利用，实现废水零排放；将泥浆、滤渣等废弃物进行资源化利用，减轻环境的负担。

（3）低碳环保

低碳环保是绿色低碳设计的核心。在给水厂的更新改造中，应采用低碳环保的工艺和技术。例如，采用新型环保材料和低毒性化学药剂，减少对环境的污染；加强绿化和水体保护，提高生态环境质量。

3）给水厂实际改造过程中具体的技术措施

（1）给水水质处理

澄清和消毒处理地表水水源。澄清工艺包括混凝、沉淀和过滤，来处理水中的杂质，经过加药处理后，重力分离沉淀池中的絮凝和沉淀物，利用过滤池中的粒状滤料，截留水中的杂质，将水的浑浊度降低。清水再经过加氯消毒，然后可供应用户。混凝、沉淀和过滤形成完整有效的过程，不仅将水中的有机物和细菌进行了有效去除，也降低了水的浊度。生活饮用水的处理，过滤是不可少的。工业用水采用的澄清工艺省去了过滤，只进行混凝和沉淀即可。

气浮法能有效去除水中的藻类，将压力水与压缩空气同时注入溶气缸内，使水被压缩空气所饱和，制取压力溶气水。然后将其引入气浮池的捕捉室，利用溶气释放器，在水中造成压力溶气水的骤然减压，以释放出大量的微细气泡，这些气泡与经过加药絮凝后的水中绒体粘附在一起，使其表现密度小于水而浮至水面，成为浮渣而被排除，从而使水得到净化。

将生活饮用水净化后，如水中的臭味仍严重，可使用活性炭吸附法，或者使用氧化剂氧化法进行去除。溶解性和挥发性的有机物产生的臭味，也可以在水中投入硫酸铜等。去除臭味，必要时还可以采用适当的出盐的措施。

生物固锰除锰机理指导下的生物除铁除锰工艺技术，充分利用接触催化氧化法除铁和生物酶催化氧化法除锰，两种方法协同作用，将Fe^{2+}、Me^{2+}净化过程耦合一体。水中的钙和镁，使用离子交换法和药剂软化法进行软化，将水中的钙和镁等加以互换，达到去除的目的后，投入药剂，将石灰、苏打以及钙镁离子进行分离。❶

（2）降低能耗及运行成本

现阶段给水厂的日常工作过程中需要使用到大量的水泵机组，水泵机组工作过程中需要消耗掉大量的电力资源，并且占到水厂总电能消耗量的90%以上。因为给水厂内部设备、技术等各方面因素的影响和制约，我国在泵站工程建设方面存在效率偏低、能耗量过高、制水成本较高等多方面问题，使得给水厂的整体经济效益相对较低。

随着我国城镇化建设发展速度不断加快，城市内部的供水量也在快速增加，供水管网的改造工作速度也在不断提升，但是给水厂内部的水泵机组却没有进行同步改造工作，造成水厂当中的水泵工作扬程不断下降，经常处于低效率的运行工作状态，进而降低了水泵机组的工作效率，形成大量的电力资源浪费问题，同时还存在一些给水厂内部二次加压供水工作的机组配置不科学，也会造成电力资源浪费的情况。

给水处理构筑物节能工作，通常情况下节约水头产生的损失量和进水效果之间有着直接的关联，有效解决水头损失问题，可以全面提高水体处理工作质量和效果。在此工作条件下需要对节能工作展开综合考虑和分析，对水厂自动控制技术的改造和应用，是降低给水厂能耗量的重要方法。国外一些发达国家在给水处理构筑物的设计工作中，通常情况下会使用隔板絮凝，通过使用滤池形成的落差进行发电实现节能化效果。同时大部分的水厂都会采用仪表控制和计算机控制系统，在水体处理过程中通过加药和污泥处理工作方法，可以有效提高水体处理工作质量和效果，且如今由于我国在该市场的资金投入量，以及对先进技术适用程度不足等方

---

❶ 吴广键. 现代化城市给水厂水质处理新技术探讨［J］. 科学与信息化，2017（3）：59-61.

面因素的影响，给水处理工作过程中存在的问题相对较大，应得到重视和关注。

（3）减少污染节能减排

在老旧水厂更新改造过程中，应进行现代化技术的提升和应用，加强老旧管网的改造和维护，提高厂区供水管道的通畅性和稳定性，增加水体和输水管网的储存容量，以提高供水的可靠性和稳定性；在排放废水方面，应充分校核排放方式的具体实行措施，以达到降低污染物排放，提高供水设施运行的安全性和效率的目的。

4）针对泵站展开系统优化和改进工作的两种途径

第一，是进行水泵机组的合理化选择，通过选择一些运行工作效率更高的水泵机组，可以有效达到良好的节能化工作目标和效果。关于水泵基础的优化选择方法相对较多，比如启发式选择方法、图解法、动态规划算法等。其中图解法属于其中一种比较常用的水泵机组选型工作方法，主要优点在于计算比较简单、更加容易理解，缺点问题在于过程流程比较繁琐，在供水量相对比较频繁的情况下，整个计算工作过程相对比较复杂。同时同一张综合型图谱上的泵型相对比较有限，因此不能囊括所有的工作机组型号，因此在水泵机组的类型选择方面会存在一定的限制，只适用于一些比较简单的泵站水泵机组的选择。

第二，对泵站进行调度优化工作。本质意义上主要是在城市用水量和供水量产生变化的情况下，保证泵站可以始终处于一种最优化的工作状态，以此可以达到良好的节能

化效果。泵站优化调度工作方法相对比较复杂，其中主要包含动态规划法、非线性规划法、线性规划法以及等微增率法等，泵站系统的节能方法多样化，需要根据实际工作情况对其进行合理选择。通过对水泵扬程大小进行科学合理的设计，可以有效调节水泵机组的运行工作速率，单体建筑或者建筑小区在选择使用高效水泵机组的工作基础之上，如果再通过多套水泵叶轮和变频调速工作，可以将其始终维持在高效的工作区间范围内，或者通过使用高频水泵机组，可以为其进行24小时的运转供水工作，整个泵站的运行工作稳定性得到全面提升，同时还可以实现全自动化的控制与节能化效果。

6.1.2　污水处理绿色低碳改造

纵观污水处理发展历程，技术与观念的变革对于改善水环境、推动行业发展具有重大意义。实现碳达峰、碳中和是现今最为广泛而深刻的经济社会系统性变革。污水处理属于能源密集型行业，单位产值能耗高且主要排放甲烷、氧化亚氮等非二氧化碳温室气体，深度减排难度大。因此，我国污水处理行业应当以实现碳中和为契机，开发绿色低碳和可持续新型工艺，达到减污与降碳协同增效的目的。在当前环保形势下，污水处理出水水质达到一级A标准已不能排放到水体，必须达到流域水污染物排放标准方能重新排入水环境中。所以，污水处理厂提标升级改造也有较高的紧迫性。

受限于资金不足等问题，污水处理厂中许多的除污设备经长时间工作后，会因设备

维护的缺失以及厂区管理不善而有着严重的设备老化问题，有的甚至造成除污设备停运，很难达到设计要求的除污效果，导致污水处理效率得不到保障。且污水处理厂在设计之初缺乏远见，未考虑技改的可能性，总体污水处理能力有限，且预留处理量显著不足，难以达到当前的处理标准。

2020年9月，习近平主席在第七十五届联合国大会上郑重提出，中国"二氧化碳排放力争于2030年前达到峰值，努力争取2060年前实现碳中和"。"双碳"战略为全社会的碳减排目标任务进行了顶层设计，而污水处理厂作为传统能耗大户，更应该多措并举，适度超前，提早开启低碳变革，为未来的发展赢得更大的主动权与更广阔的空间。污水处理站在更新改造中具体的低碳措施如下。

1）污水余温热能利用

生产生活中因热量输入输出使得经处理后排放的污水水温通常比环境温度低（夏季）或高（冬季）。据统计估算，污水余温热能约占城市总废热排放量的15%～40%，加之污水流量稳定、温差较小，具有冬暖夏凉的特点，因此可以采用热泵技术以热交换方式利用污水余温进行供热或制冷。通过能效比对比发现，地源热泵与空气源热泵的性能系数（COP）分别为3.3～3.8和2.8～3.4，均低于污水源热泵3.5～4.6的能效比，这说明交换同样的热量，污水源热泵比地源热泵和空气源热泵都更省电。位于芬兰的Kakolanmäki污水处理厂，日处理水量约9万m³，拥有4个平

行处理系统，采用WSHP技术回收污水中的余温热能后，为周边邻近区域内15000户家庭提供了近200GW·h的制热输出量和约30GW·h的制冷输出量，满足了当地14%的供暖需求与90%的制冷需求。可以看出，污水余温热能的利用对于污水处理厂碳中和的实现具有积极的推动作用。

2）污泥热电联产

污泥厌氧消化产生甲烷用于热电联产（CHP），因既产电又产热的先进能源利用形式而被世界各国所大力推崇。丹麦的Marselisborg污水处理厂从2006年开始筹划实施节能降耗项目，经过10年的系统优化，该污水处理厂采用中温厌氧消化工艺从污水中回收甲烷，再通过CHP回收能量，成功实现了污水处理厂能量的自给自足，此外，每年还会产生约2.5GW·h的热能进入当地的供热网络。此种不添加外来有机物即可实现能量自给自足的情况较少，绝大部分污水处理厂由于进水有机物浓度偏低，致使污泥产量较少，甲烷产量不足，难以实现能量自给。为此，位于美国威斯康星州的Sheboygan污水处理厂确立了"能源零消耗"的运行目标，积极参与了"威斯康辛聚焦能源（FOE）"项目，通过采取外加高浓度有机食品废物方式实现有机废物与污泥厌氧共消化，产生高浓度甲烷进行CHP，且在2013年，该污水处理厂产热量与耗热量比值便已达到了0.85～0.90，而产电量与耗电量比值更是高达0.9～1.15，已基本接近碳中和目标。Sheboygan污水处理厂碳中和的实现路径为我国大量存在的进水有机

物浓度偏低、污泥产量较少的污水处理厂实现碳中和提供了可复制的成功经验，高浓度有机废物如餐厨垃圾等与剩余污泥厌氧共消化完全可以弥补污水处理厂自身有机能源不足的问题。

3) 原水碳源捕集

传统的污水处理技术都是基于污染物的降解与水质稳定达标而提出的，这些技术几乎均是通过消耗大量能源来换取污染物的去除，同时还会向环境排放大量温室气体，是一个极不经济且不可持续的过程。事实上，污水本身也是能源与资源的载体。统计显示，原水中所含有的碳源能量大约是污水处理所消耗能量的9~10倍之多。如果能将这些碳源部分或全部捕集，则污水处理厂的碳中和目标是完全可以实现的，而且污水处理厂还能作为"能源工厂"向外界源源不断提供清洁能源。为此，新加坡Ulu Pandan再生水厂在"预处理+活性污泥+厌氧消化（AD）"技术路线基础上提出了"AD+CHP"模式。但该模式由于化学耗氧甲烷化效率较低，故逐步被强化预处理以实现碳源捕集转向及满足污泥增量的技术路线（简称A-B型）所取代。A-B型工艺中，A段主要是实现原水碳源捕集并将其转移到能源化途径，而进入B段的废水则呈现出明显的低碳氮比（C/N）特性，需要辅以厌氧氨氧化等低C/N工艺确保出水水质稳定达标。位于奥地利的Strass污水处理厂采用A-B型工艺与测流厌氧氨氧化工艺相结合的方式实现了原水碳源捕集及污泥产量最大化，通过污泥厌氧消化产生甲烷实施CHP，早在2005年便达到了碳中和运行目标，且能源自给率达到了108%，成为碳中和运行的国际先驱，在全球范围内都具有积极的示范意义。

4) 太阳能光伏发电

污水处理厂通常拥有较大的占地面积，而反应池、沉淀池、滤池等工艺单元也都具有较大且空旷的表面，这为太阳能光伏发电技术在污水处理厂的应用提供了先决条件。太阳能以其"取之不尽、用之不竭"的特点被称为"未来能源"。国际能源署（IEA）指出，太阳能作为廉价清洁能源，其开发应用将带来巨大的长期效益。自20世纪70年代以来，太阳能光伏发电技术便在美国、德国等发达国家得到了迅速发展。1997年，美国便宣布实施了"百万太阳能屋顶计划"。而德国也在1990—1999年期间实施了"千屋顶计划"，到2000年左右，德国的太阳能光伏市场急剧增长了14倍，光伏发电容量也达到了40MW之多。大量"屋顶计划"的成功实施，意味着太阳能光伏发电技术应用于污水处理厂是可行的，不仅可以降低污水处理过程的能耗支出，降低污水处理成本，还可以实现碳减排任务，助推污水处理厂碳中和的实现。

5) 采用低能耗污水处理工艺

短程硝化反硝化（SCND）、厌氧氨氧化（Anammox）、好氧颗粒污泥（AGS）等工艺因处理过程所拥有的低能耗优势而越发引起了研究人员与工程技术人员的广泛关注。SCND工艺是在曝气阶段对过程溶解氧进行系统优化,将硝化反应产物控制在NO_2^--N形态,随后降低溶解氧进行反硝化脱氮,此过程相比全程硝化反硝化而言,节省了NO_2^--N氧化为NO_3^--N的深度硝化需氧量,可节约25%左右曝气能耗。广州兴丰污水处理厂通过对过程溶解氧进行不断优化,经过一段时间的调试驯化后发现,NO_2^--N累积率呈现稳步上升趋势并成功启动了SCND。对该污水处理厂稳定运行后的经济指标进行分析发现,与运行之初相比,平均电耗降低了38%。可以看出,SCND工艺的应用对污水处理厂碳中和的实现具有重大的现实意义。Anammox工艺指厌氧氨氧化菌在缺氧或厌氧条件下,以H_2CO_3或CO_2为碳源,以NH_4^+-N为电子供体,以NO_2^--N为电子受体,生成N_2与NO_3^--N的过程。与传统处理工艺相比,Anammox工艺节省了NO_2^--N氧化为NO_3^--N的深度氧化需氧量,可节约大量曝气电耗,从而可直接减排大量CO_2;同时其以H_2CO_3或CO_2为碳源,无须外加有机碳源,也可间接减排大量温室气体。此方面新加坡樟宜再生水处理厂率先在全球范围内开启了Anammox工程实践探索。经调试运行后对微生物菌群进行分析发现,好氧区NO_2^--N累积率达到了76.0%,缺氧区存在大量厌氧氨氧化菌。通过对经济指标进行分析发现,该工程曝气能耗仅为$0.12kW \cdot h/m^3$,相比传统再生水处理厂下降了近30%。可以看出,Anammox工艺

对于大量存在的低C/N城市污水及无机工业废水的处理具有天然优势。

6)设备节能改造

据统计,我国污水处理厂平均电耗为$0.29 \sim 0.40kW \cdot h/m^3$,其中,鼓风曝气机、污水提升泵等设备能耗约占污水处理总能耗的69%。因此,通过节流途径降低能耗的关键是对曝气系统、污水提升系统等关键能耗设备进行升级改造。对于曝气系统而言,既要防止曝气不足影响出水指标,也要防止过度曝气导致能耗增加;而对于污水提升系统而言,既要防止设备老化、落后出现低效提升,也要防止设备频繁启停导致能耗增加。对此,丹麦Marselisborg污水处理厂通过采用在线氨氮、磷酸盐等参数仪表对污水处理过程工况指标进行动态实时监控,再辅以变频器控制措施应对原水水质、水量的动态变化,该举措使该污水处理厂电耗降低了25%。同样地,Sheboygan污水处理厂也通过对曝气系统与污水提升系统进行升级改造,降低了设备运行过程中的电耗支出。其首先将建厂之初的4台186kW老式曝气机改造为2台261kW高效、节能新设备,之后将原有6台提升泵中的2台提升泵电机改造为150kW高效变频电机,并为其分别配置了变频驱动,这2项升级改造共计为该厂节省电耗约33%。❶

在污水处理城市更新节能低碳改造过程中,应按照因地制宜、查漏补缺、有序建设、适度超前的原则,统筹考虑城市人口容

---

❶ 吕利平,李航,李伟,等. 碳中和在污水处理厂的实践途径与应用进展 [J]. 工业水处理,2022,42(11):1-6.

量、分布和迁徙趋势，坚持集中与分散相结合，科学确定城镇污水处理厂的布局、规模及服务范围。从全国的角度看来，京津冀、粤港澳大湾区、黄河干流沿线城市和长江经济带城市和县城实现生活污水集中处理设施能力全覆盖。缺水地区、水环境敏感区域，要根据水资源禀赋、水环境保护目标和技术经济条件，开展污水处理厂提升改造，积极推动污水资源化利用，选择缺水城市开展污水资源化利用试点示范。

提升污泥无害化处置和资源化利用水平，应限制未经脱水处理达标的污泥在垃圾填埋场填埋，鼓励采用厌氧消化、好氧发酵等方式处理污泥，经无害化处理满足相关标准后，用于土地改良、荒地造林、苗木抚育、园林绿化和农业利用；在土地资源紧缺的大中型城市鼓励采用"生物质利用+焚烧"处置模式，将垃圾焚烧发电厂、燃煤电厂、水泥窑等协同处置方式作为污泥处置的补充，推广将生活污泥焚烧灰渣作为建材原料加以利用。

6.1.3 市政热源绿色低碳改造技术

我国北方城市冬季都需要供暖，秦淮线以北采用集中供暖形式，供暖热源大多来自市政热源。市政供暖热源基本以热电联产、燃煤锅炉为主导，同时多种能源、多种供热热源相结合。根据2016年集中供暖系统各供暖热源的面积占比构成数据，热

电联产占51%，其中燃煤热电联产占48%；区域和小区锅炉占45%，其中燃煤锅炉占33%，燃气锅炉占12%；其他类型热源占4%[1]。显然其格局已不符合当代国情政策。市政热源所占能耗比较高，在城市更新进程中，对集中供热系统进行绿色低碳化改造，提高可再生能源利用比例，实现清洁低碳转型，提升原有能源利用系统及输送系统的工作效率，可有效降低能源消耗，实现低碳目标。

与以前的建筑能源系统相比，在碳中和背景下的建筑能源的供应端有以下几方面的变化：①供暖电气化。在城区和建筑层面去化石燃料燃烧。②可再生能源应用规模化。③建筑能源系统分散化。④供能多元化。⑤建筑和城区能源管理系统数字化和智慧化[2]。在全球能源革命和"双碳"目标的推动下，能源电力化，电力清洁化是实现碳中和的有效方法，同时地热能、空气能、太阳能等清洁能源和可再生能源的开发利用成为世界各国能源发展的重要战略。

1）热电联产综合利用

热电联产是北方集中供热的主要热源方式之一，可以高效地生产热和电。机组容量越大，发电效率越高，能耗越低，随着脱硫脱硝等尾气处理装置的发展已经可以实现近零污染物的超低排放，被视为环境友好型供能方式[3]。

然而作为城市热源方式，系统容量并非

❶ 方豪，夏建军，林波荣，等. 北方城市清洁供暖现状和技术路线研究［J］. 区域供热，2018（1）：11-18.
❷ 龙惟定. 碳中和城市建筑能源系统（1）：能源篇［J］. 暖通空调，2022，52（3）：2-17.
❸ 尹顺永，夏建军，江亿. 中国北方城市供给和需求侧热电比特征分析［J］. 区域供热，2019（1）：8-15.

越大越好，过大的装机容量容易导致热电比控制不合理，需求与供应不相匹配，造成电力过剩。要想高效低碳地利用好热电联产形式供能，就需要根据地域城市用能需求特点，分析城市能源系统的供给和需求侧特性，寻找到平衡点，达到热电供需平衡。

根据相关研究，热电联产的供暖和发电效率可以通过很多方式得到改善：改进生产工艺；调节加入天然气中氢气的量来改变系统的热电比以此适应用户季节性的热电需求变化；将热电联产系统连接到电网并统一配备蓄热装置和备用锅炉等方式；安装吸收式换热器，进一步降低一次网回水温度等。

同时在燃煤热电联产中利用乏汽余热回收、在燃气热电联产中利用乏汽余热回收和烟气余热回收技术可有效提高热电比。在条件适宜的区域也可以使用生物质热电联产和垃圾热电联产系统，综合提升区域减碳固碳能力。

城市更新过程中热电联产的利用也需要结合城市经济产业特性，合理更新配置，尽量避免电力过剩问题，或通过辅助高效热泵电供暖等方式缓解供需不匹配的情况。除了传统的煤炭、燃气热电联产系统，近年发展起来的生物质能、垃圾热电联产系统外，还有以核能作为能源的热电联产系统。

核能是一种清洁能源，具有高效、环境危害小的特点。利用核能热电联产方式，是一种有效利用单一能源生产电力和有用热能的方式，可以用于区域供热、过程供热等，同时可以提高核电站的性能，减少其他能源使用情况下的整体温室气体排放，降低对环境影响。但由于燃料具有放射性，反应堆的设计要求较高，基于核能的热电联产系统的发展还具有一定的挑战。

2）中深层地热能利用技术

地热能是一种可再生的清洁能源，大部分是来自地球深处的可再生性热能，它起于地球的熔融岩浆和放射性物质的衰变；还有一小部分能量来自太阳，大约占总的地热能的5%，其中表面地热能大部分来自太阳。

按埋藏深度可分为浅层地热能、中深层地热能。蕴藏在地表以下200m以内的恒温带中的浅层岩土体、地下水、地表水中的低品位（<25℃）的热能属于浅层地热能；深度在1~3km、温度70~150℃甚至更高的中深层岩土体中的热能为中深层地热能，中深层地热能可分为水热型与干热岩型两类。

浅层地热能、水热型地热（温泉）及干热岩是目前世界上正在开发利用的三类地热资源形式。

浅层地能分布广、储量大、可再生及易开采，借助地源热泵技术可广泛用于建筑空调的供暖制冷等方面，而我国经过近几十年对浅层地热的研发应用，已有一套相对成熟的技术，在城市更新进程中根据项目及地域资源特色合理地利用好浅层地能，必将促进节能减排。

中深层地热能相比浅层地热能，具有埋深大、焓值高且稳定的特点，但因为开采技术要求高及资源的地域依赖性，以往对中深层地热的开发利用程度并不高。

近年来，随着我国地热资源基础理论和方法研究的完善、地热水回灌的研究、勘探技术的发展、地下换热装置的研发，中深层的地热能逐渐被发掘，未来有很大发展空间。我国幅员辽阔、各类地热资源丰富，进一步加强对地热资源的技术研究及开发利用，必将助力"双碳"目标。

中深层地热能埋藏较深，其地热能品位随着深度的增加而增加，其资源量需借助地球物理勘探结果及目标区域周围钻孔、测井数据做出资源量的评估，确定是否有开发价值。近年来国内外的专家学者开展了对中深层地热能的研究，把钻孔埋管的深度加大到1500～3000m，热源侧采用封闭式换热器，从地下2～3km深、温度在70～90℃甚至更高范围的岩石中，提取蕴藏其中的地热能，称为中深层地埋管换热器技术。中深层地热源热泵系统地下温度基本稳定，一个地埋管换热器可满足较大面积的建筑物供暖，不仅减少了孔数及占用场地面积，而且可利用的土壤温度显著提高，适合于单供暖的情况。

由于中深层地埋管换热器技术采用闭式埋管循环系统，故对地质条件的限制比较少，可以灵活应用于多种地质条件。避免了开式系统与地下水或岩层的直接接触或质传递，从而避免了对地下水的污染。

3）太阳能区域供热技术

太阳能作为"双碳"背景下最受关注的能源方式之一，其在供热方面的技术研究也越来越受到重视。作为清洁、环境友好的可再生能源，太阳能区域供热的发展潜力急需发掘利用。在太阳能资源丰富的华北北部、东北、西北地区、西藏地区，应积极开发利用太阳能区域供热技术，降低煤炭使用强度，达到供热转型。

太阳能区域供热（Solar District Heating）是在原有区域供热系统不变的情况下，利用太阳能集热器吸收太阳能，并通过太阳能集热管网系统将热量输送到热厂或热交换站。集热管网系统与市政区域热网相连接，向市政区域热网供热，最终为热用户提供供暖和生活热水所需热量[1]。

太阳能区域供热系统主要由集热器阵列、区域热厂锅炉、热交换器、储热装置、控制系统、管网系统等组成，属于典型的多能互补区域供热系统，通常与其他热源相结合联合供热[2]。由于太阳能的时间及季节性特性，太阳能区域供热系统需配备蓄热设施，蓄热设施又分为短期蓄热和季节蓄热设施。蓄热水箱、坑式蓄热水池、地埋管钻井蓄热、含水土层蓄热、无机盐相变蓄热器等是常用的蓄热方式。

4）生物质能清洁供暖技术

根据《"十四五"可再生能源发展规划》相关内容，积极发展生物质能清洁供暖。合理发展以农林生物质、生物质成型燃料等为主的生物质锅炉供暖，鼓励采用大中型锅炉，在城镇等人口聚集区进行集中供暖，开展农林生物质供暖供热示范。

[1] 李峥嵘，徐尤锦，黄俊鹏. 中国太阳能区域供热发展潜力［J］. 暖通空调，2017，47（9）：68-74.
[2] 黄俊鹏，陈讲运. 太阳能区域供热在中国发展的可行性［J］. 区域供热，2017（4）：18-25.

生物质包括所有的动植物和微生物，是通过光合作用形成各种有机体，以及由这些有生命物质派生、排泄和代谢的许多有机质，是地球上广泛存在的物质。

而生物质能则是以"生物质"为载体的能量。它是一种将太阳能以化学能形式贮存在秸秆草木、牲畜粪便、制糖作物、城市污水、垃圾等生物质中的能量形式，它直接或间接来源于植物的光合作用。

根据具体载体形式的不同，生物质能可以分为农村生物质能和城市生物质能。农村生物质能主要是指秸秆、草木等农林生产废弃物或木屑、果壳等农林加工废弃物，城市生物质能主要是指城市生活垃圾。

生物质能取之不尽用之不竭，是一种可再生能源，具有绿色、环保、可再生等特点。生物质能够增加碳的收集和存储过程，收集产生的二氧化碳，能够创造负碳排放，因此生物质能可视为一种零碳能源甚至负碳能源。目前生物质能已经通过发电、供热、供气等方式，应用于工业、农业、交通生活等多个领域。

我国的生物质能资源丰富，《生物质能发展"十三五"规划》中提到可供能源化利用的农林业剩余物资源近7.5亿t。丰富的生物质能资源，为北方地区清洁供暖提供了更多的资源条件选项，对降低化石能源的依赖以及减少温室气体的排放都具有非常重要的意义。

生物质能清洁供暖是指利用生物质成型燃料、生物质液体燃料等燃烧时产生的热能进行供热。如利用沼气、薪柴、生物乙醇、生物柴油、农林废弃物再利用加工而成的成型燃料等供热都属于生物质能供热。生物质固体成型燃料，燃烧时二氧化碳零排放，各种硫氧化物、氮氧化物等污染物的排放量也远远小于煤。

生物质能可与多能互补，共同构建集成供热系统。如生物质能与太阳能互补供暖系统，包括供热（生物质炉和太阳能集热器）、储热（储热水箱）、自动控制和散热（室内散热器及配套管道和管件）四部分[1]。

生物质能还可以耦合核能供热发电，系统包括核能供热单元和生物质发电单元。核能供热单元包括核能供热堆以及分别与核能供热堆连接的核能供热子单元和核能供汽子单元；生物质发电单元包括生物质侧热网首站，以及依次连接的生物质锅炉、高压缸、低压缸和凝汽器，凝汽器的输出端经过凝结水泵后，其中一支路连接至蒸汽发生装置的输入端，另一支路依次经过凝结水系统和给水系统后，进入生物质锅炉；系统在非供暖季，核能供热堆不停堆，保证核能堆全年的安全稳定运行；在供暖季，核能供热堆提供基本供暖热负荷，避免了核能供热堆的频繁调整；生物质电厂在发电的同时承担部分供暖热负荷，可以作为核能供暖的调峰热源[2]。

5）多能互补、高效互联

新型清洁可再生能源的利用各有一定的

❶ 郝莉娟. 生物质多能互补户用集成供热示范项目模式与成果［J］. 热带农业工程，2022，46（2）：60-62.

❷ 山东电力工程咨询院有限公司. 一种核能耦合生物质能供热发电系统：CN202021691045.5［P］. 2021-06-18.

限制条件，比如太阳能受制于天气状况，生物质能、地热能受制于使用地的资源情况等。在构建新的清洁能源体系时，可结合传统能源的高效低碳利用技术，多能融合，建立一个多能优化、智慧调节、闭环管理的系统，应对各种气候条件，形成不同能源调用模式。同时，综合考虑建设成本和运行成本，合理布局能源中心，并合理考虑水蓄热、水蓄冷等蓄能装置与街区能源站共同布局。

多能互补运行的模式需要搭建一套精准高效的智慧管理系统，才能使运行、使用、调节有机反馈融合，做到系统可检测可调节，运行安全高效。

6.1.4　市政天然气安全高效利用绿色低碳技术

市政天然气管网作为城市基础设施的重要部分，是保障城市正常运行和健康发展的物质基础之一。然而我国还面临着燃气管网覆盖率不足、已有部分管网老化存在安全隐患等各种问题。

根据《"十四五"全国城市基础设施建设规划》，要增强城镇燃气安全供应保障能力，新建和改造燃气管网24.7万km，推进天然气门站和加气站等输配设施建设，完善城市燃气供应系统。

结合城市更新工作，以材质落后、使用年限较长、存在安全隐患的燃气管道设施为重点，推进城镇燃气管网等设施建设改造与服务延伸，提升城镇管道燃气普及率。

1）存在问题

城市更新项目中已有燃气管网存在的问题多为钢管及附件腐蚀严重，管道阀门失灵、损坏、泄漏或阀井结构坍塌，有的PE管存在质量问题而存在泄漏隐患，管道敷设及调压箱设置不合理，调压箱被圈占，不满足安全距离要求等问题。

2）改造更新技术方案

在更新改造时，需要根据现行规范并结合现状建筑及周边管线条件，合理优化管网设置，根据管网负荷重新进行水力计算，确定适宜走向及管径、选择适合的管材和阀门。具体改造技术方案可参考以下方案：

"DN 300mm及以下规格采用PE管，DN 300mm以上规格采用三层PE防腐结构焊接钢管。需改造的DN300mm及以下规格阀门的阀井，由钢制阀井改为PE直埋阀井；DN 300mm以上规格阀门的阀井内，采用全通径、法兰连接的钢制球阀。

与相邻建构筑物以及其他管道无法满足安全距离时，采用增设套管、增加管壁厚度和提高防腐等级等技术措施，可以适当缩小安全距离。当地下无管位或地下水位高不具备浅埋条件时，无法埋地敷设的管道可沿邻近建筑外墙架空敷设，与门窗洞口保持安全距离，采用204无缝钢管焊接连接。

根据用户的分布，重新整合配置调压设施。悬挂式调压箱内设置超压切断装置，不设安全放散装置；落地式调压箱内设置超压切断装置和安全放散装置；保证调压箱距门

窗洞口和建筑物的安全距离；调压箱进、出口埋地管道采用204无缝钢管。"❶

3）服务延伸

因地制宜拓展天然气在发电调峰、工业锅炉窑炉、清洁取暖、分布式能源和交通运输等领域的应用。在有条件的城市群，提高燃气设施的区域一体化和管网互联互通程度。同时在条件适宜地区积极探索及开展生物天然气项目，形成并入城市燃气管网以及车辆用气、锅炉燃料、发电等多元应用模式。

6.1.5　电网系统绿色低碳改造技术

推进城市电网系统高效化、清洁化、低碳化发展，增强电网分布式清洁能源接纳和储存能力，以及对清洁供暖等新型终端用电的保障能力。结合城市更新、新能源汽车充电设施建设，开展城市配电网扩容和升级改造，推进城市电力电缆通道建设和具备条件地区架空线入地，实现设备状态环境全面监控，提高电网韧性。建设以城市为单元的应急备用和调峰电源。推进分布式可再生能源和建筑一体化利用，推进主动配电网、微电网、交直流混合电网应用，提高分布式电源与配电网协调能力。因地制宜推动城市分布式光伏发展。发展能源互联网，深度融合先进能源技术、信息通信技术和控制技术，支撑能源电力清洁低碳转型、能源综合利用效率优化和多元主体灵活便捷接入。

6.1.6　照明系统绿色低碳改造技术

积极发展绿色照明，加快城市照明节能改造，防治城市光污染。对城市照明盲点暗区进行整治和节能改造。消除城市照明的盲点暗区，照明照（亮）度、均匀度不达标的城市道路或公共场所增设或更换路灯。持续开展城市照明节能改造，针对能耗高、眩光严重、无控光措施的路灯，通过LED等绿色节能光源替换、加装单灯控制器，实现精细化按需照明。风光资源丰富的城市，因地制宜采用太阳能路灯、风光互补路灯，推广清洁能源在城市照明中的应用。

6.1.7　城市基础设施智能化改造技术

1）开展智能化城市基础设施建设和更新改造

加快推进基于数字化、网络化、智能化的新型城市基础设施建设和技术改造。因地制宜有序推动建立全面感知、可靠传输、智能处理、精准决策的城市基础设施智能化管理与监管体系。加强智慧水务、园林绿化、燃气热力等专业领域管理监测、养护系统、公众服务系统研发和应用示范，推进各行业规划、设计、施工、管养全生命过程的智慧支撑技术体系建设。推动供电服务向"供电+能效服务"延伸拓展，积极拓展综合能源服务、大数据运营等新业务领域，探索能源互联网新业态、新模式。推动智慧地下管线综合运营维护信息化升级，逐步实现地下管线

❶ 赵越超，李春德. 城市燃气管道更新改造工程常见问题及措施［J］. 煤气与热力，2023，43（6）：38–42.

各项运维参数信息的采集、实时监测、自动预警和智能处置。推进城市应急广播体系建设，构建新型城市基础设施智能化建设标准体系。

建设智慧道路交通基础设施系统。分类别、分功能、分阶段、分区域推进泛在先进的智慧道路基础设施建设。加快推进道路交通设施、视频监测设施、环卫设施、照明设施等面向车城协同的路内基础设施数字化、智能化建设和改造，实现道路交通设施的智能互联、数字化采集、管理与应用。建设完善智能停车设施。加强新能源汽车充换电、加气、加氢等设施建设，加快形成快充为主的城市新能源汽车公共充电网络。开展新能源汽车充换电基础设施信息服务，完善充换电、加气、加氢基础设施信息互联互通网络。重点推进城市公交枢纽、公共停车场充电设施设备的规划与建设。

开展智慧多功能灯杆系统建设。依托城市道路照明系统，推进可综合承载多种设备和传感器的城市感知底座建设。促进杆塔资源的共建共享，采用"多杆合一、多牌合一、多管合一、多井合一、多箱合一"的技术手段，对城市道路空间内各类系统的场外设施进行系统性整合，并预留扩展空间和接口。同步加强智慧多功能灯杆信息管理。

2）推进新一代信息通信基础设施建设

稳步推进5G网络建设。加强5G网络规划布局，做好5G基础设施与市政等基础设施规划衔接，推动建筑物配套建设移动通信、应急通信设施或预留建设空间，加快开放共享电力、交通、市政等基础设施和社会站址资源，支持5G建设。采用高中低频混合组网、宏微结合、室内外协同的方式，加快推进城区连续覆盖，加强商务楼宇、交通枢纽、地下空间等重点地区室内深度覆盖。结合行业应用，做好产业园区、高速公路和高铁沿线等应用场景5G网络覆盖。构建移动物联网网络体系，实现交通路网、城市管网等场景移动物联网深度覆盖。统筹推进城市泛在感知基础设施建设，打造支持固移融合、宽窄结合的物联接入能力，提升城市智能感知水平。

加快建设智慧广电网络。发展智慧广电网络，打造融媒体中心，建设新型媒体融合传播网、基础资源战略网、应急广播网等。加速有线电视网络改造升级，推动有线网络全程全网和互联互通。建立5G广播电视网络，实现广播电视人人通、终端通、移动通。实现广电网络超高清、云化、互联网协同化、智能化发展。加大社区和家庭信息基础设施建设投入力度，社区、住宅实现广播电视光纤入户，强化广播电视服务覆盖。推进应急广播体系建设。

3）开展车城协同综合场景示范应用

推进面向车城协同的道路交通等智能感知设施系统建设，构建基于5G的车城协同应用场景和产业生态，开展特定区域以"车城协同"为核心的自动驾驶通勤出行、智能物流配送、智能环卫等场景的测试运行及示范应用，验证车—城环境交互感知准确率、智能基础设施定位精度、决策控制合理性、系统容错与故障处理能力、智能基础设施服务能力、"人—车—城（路）—云"系统协同性等。建立完善智慧城市基础设施与智能网联汽车技术标准体系。

6.1.8　市政管网绿色低碳改造技术

市政管线种类繁多，一般包括供热、给水、污水、中水、雨水、电力、通信、燃气等各类管线。在城市更新区域中，各类市政管线普遍存在管线使用年限长、老化、漏损等各种问题，改造时需要整体统筹考虑，统一优化布局、协同设计，尽量同步实施，以避免对道路的重复破坏开挖，造成人力和资源的浪费。统筹优化实施，可实现绿色低碳化改造。

1）城市热网优化改造设计

集中供热地区城市供热一次管网规模较大，从热源厂到换热站往往距离较长，系统庞大，管网系统的布局合理性及对管道保温管材整体性能要求较高。完善合规合理的管网输送系统可极大提高城市供热效率。

在城市更新进程中，分析热网布局，根据城市街区现状、热负荷分布情况、发展规划以及地质条件、地形条件等信息进行确定全面诊断，进行优化设计改造。对保温破坏处、管道漏损处进行修复及更换以降低热损失及水损失；对管径不合理的管段进行整体水力平衡计算，确定合理管径并更换管道；对老化的补偿器、阀门、检查井等阀门附件等设施进行检查更新等。通过对市政热网的整理检查更新优化，使系统达到近零热损失和水损失。

2）市政热网智控系统

城市集中供热系统在热力管网优化设计改造前提下，其运行工况的实时监测也对系统稳定高效的工作至关重要。

构建城市热网智控系统，对热网的温度、压力、流量、开关量等信号进行采集测量、控制、远传，实时监控一次网、二次网温度、压力、流量，循环泵、补水泵运行状态及水箱液位，末端热用户室内温度，供热区域室外温湿度、光照、风力风向等各个参数信息，进而对供热全过程进行有效的监测和控制，实现整个供热系统的高效运行和先进管理。

在供热期间可按室外温度调节二次网供回水温度（可手动、自动切换），达到按需供热，实现气候补偿节能控制；也可以进行分时分区节能控制，在保证室内舒适度的前提下，实现热网平衡和节约能源的目的。

3）多专业市政管线共享共建、高效传输

城市更新区域地下管网往往错综复杂，密集交错的管线不仅带来改造困难的问题，更不利于各个系统的绿色高效运行及维护。

在以往实际改造案例中，存在各种不节能不低碳不绿色环保的问题。

（1）各专业管线改造规划实施不统一、各自为政，各专业之间在规划理念、资源、技术上的考虑缺乏关联，在实施操作上也难以协调，有时甚至相互矛盾。因为分期改造、分段改造造成反复开挖、重复建设及浪费资金现象。

（2）同一专业的管线存在改造主体不

统一、改造档期不统一、产生老旧管线同时运行的现象，造成系统运行及维护问题。

（3）地下管线敷设没有合理进行管综和施工排期，存在谁先施工谁占主导，造成无压管道让有压管道问题，影响后期运行效果。

为此，在更新改造进程中，应研究解决相关问题，市政管线共建共享、高效传输，通过绿色更新手段实现绿色市政、低碳市政。

首先，各专业在规划设计阶段应进行系统整合，技术协调统一，共建共享。市政管线共建共享是绿色城市基础设施建设中不可或缺的一部分。它是指将不同类型的城市管线，如供水、排水、燃气、热力等，通过统一规划、设计、施工、管理等方式，进行统筹管理和维护，实现资源共享、提高效率、降低成本的目的。

而绿色更新技术，是指在管线共建共享过程中，采用对环境友好、资源节约的技术手段，以降低对城市环境的影响，提高管线使用效率，促进城市可持续发展。

在实际操作中，可以通过采用新型的管线材料和工艺，提高管线的使用性能和寿命；采用智能化的管线管理系统，实现对管线运行状态的实时监控和优化管理；同时，也应注重对管线周围环境的保护和修复，以减少对环境的影响。

其次，改造建设要整体统一协调，将改造过程统一化、整体化。避免出现某些管段成为"漏网之鱼"，造成安全运行隐患。施工阶段要统筹安排，根据实际情况优化施工方案。

市政工程一般规模相对较大、施工周期相对较长，且具有一定的规模效应，一旦建成如需拓宽增容，代价昂贵，还会对其他设施的运转造成影响❶。因此，在绿色市政工程建规划设计时应具有一定的适度超前性。

总之，市政管线共建共享和绿色更新技术是城市基础设施建设的两个重要方面，它们不仅可以提高城市运行效率、改善居民生活环境，也是推动城市可持续发展的重要手段（表6.1）。

市政基础设施相关政策及绿色低碳相关技术标准汇总表　　表6.1

名称	发布单位/分类	主要内容
"十四五"全国城市基础设施建设规划	住房城乡建设部、国家发展改革委/政府文件	围绕构建系统完备、高效实用、智能绿色、安全可靠的现代化基础设施体系提出重点任务及行动措施
"十四五"可再生能源发展规划	国家发展改革委、国家能源局等九大部委/政府文件	明确了可再生能源的开发、发展、利用、创新、机制健全、国际合作、保障措施、实施等内容
生态再生水厂评价指标体系 DB11/T 1658—2019	北京市市场监督管理局/地方标准	对生态再生水厂评价指标体系进行了规定，应按环境友好、功能齐全、绿色高效、社会和谐四大要素对再生水厂进行评价
污水处理厂低碳运行评价技术规范T/CAEPI 49—2022	中国环境保护产业协会/团体标准	规定了一套完整的评价指标体系，包括能耗指标、温室气体排放指标、资源利用指标和风险分析指标等；同时规定了一种基于实测数据和计算模型的评价方法

❶ 洪昌富，高均海，郝天文，等. 北川新县城"绿色市政"规划技术方法与实践［J］. 城市规划，2011（z2）：71–75.

续表

名称	发布单位/分类	主要内容
供热系统智能化改造技术规程 第1部分：热源、热网和热力站DB11/T 2106.1—2023	北京市市场监督管理局/地方标准	规定了热源、热网和热力站现场踏勘及评估，智能化改造，源网站户协同，施工与运行维护的要求
中深层地埋管地源热泵供暖技术规程T/CECS 854—2021	中国工程建设标准化协会/协会标准	工程地质调查、地热资源评估、地热换热系统的设计和施工、热工供暖系统的设计施工以及监控和调试运行
生物质热电联产工程技术规范NB/T 11177—2023	国家能源局/行业标准	依据生物质燃料固有特点，结合生物质热电联产工程目标、定位以及在系统中功能等要求，在厂址选择、燃料接收、储存、运输及输送、烟气净化等章节进行重点论述
绿色建材评价 太阳能光伏发电系统T/CECS 10074—2019	中国工程建设标准化协会/协会标准	规定了太阳能光伏发电系统绿色建材评价的术语与定义、评价要求、评价方法表
城镇燃气系统智能化评价规范T/CGAS 025—2023	中国城市燃气协会/协会标准	规定了城镇燃气系统智能化评价指标体系中智能设施、智能化平台、数据、信息安全、发展机制、行业引领、用户体验和政府评价全部指标的评价方法

6.2　道路交通绿色低碳更新技术

6.2.1　绿色交通更新概述

绿色交通就是指对人类生存环境不造成污染或者较小污染的交通方式。它不是一种新的交通方式，而是一种新的"理念"。其含义包括交通工具、道路状况、车辆运行方式和交通管理措施等。

1）建立绿色交通体系的意义

绿色交通可以节省宝贵的能源，促进城市多中心的规模化合理布局，平衡立体、平面发展和城市绿地的有机组合，带动城市经济的发展，使城市发展的生命力更强，空间更广。绿色交通能使人们得到安全、便利、快速和平稳舒适的运输功能，还能使环境和城市的景观协调；能够满足大气污染轻、噪声小、与有限的城市自然环境承载力协调的要求；能使城市中人畅其行，物畅其流，减少城市交通中的交叉干扰和拥堵现象，同时交通设施建设与大自然和城市景观以及人文氛围协调，甚至能够达到车、城、山、水融为一体的现代化交通的境界。

2）我国推行绿色交通的必要性

我国交通事业的迅猛发展，大大促进了社会经济的增长，提高了社会生产力，给人们带来了巨大的财富。但是伴随着交通的发展，也产生了不少危害，如交通事故的增加，交通拥挤造成的大量时间延误，能源的消耗和浪费，汽车废气和噪声等。

汽车排放的尾气是全球大气污染的主要根源之一，汽车排出的污染物占大气污染总量的60%以上。世界上的一氧化碳、碳氢化合物和二氧化氮气体有50%是由以汽油和柴油为动力的发动机所燃烧的矿物燃料释放的。交通污染危及我国城市居民的健康和安全，构成城市环境的一大公害，严重制约着城市的可持续发展。此外，交通噪声已占城市环境噪声的70%以上。严酷的事实告诉人们，发展绿色交通势在必行。要在发展交通的同时注意环保问题，而不应走先污染后治理的路，否则将付出巨大的代价，这是全球生态环境问题日益严峻的必然要求。

3）绿色交通常采用的主要措施

措施有制定机动车在环保方面的标准、对机动车进行定期检查和技术改造、对旧机动车实行强制报废等。从科学管理道路交通的角度来看，对于正在道路上行驶的机动车，可以通过调节交通流，控制车速等有针对性的措施，达到控制和减少交通污染的目的。

6.2.2　公共交通更新技术

1）公共交通的绿色低碳优势

公共汽车优势：较小轿车污染小，占用道路和停车用地更为经济。以每平方米每小时通行人数为标准衡量道路的使用效益，公共汽车是小轿车的10～15倍。

轨道交通优势：轨道交通在资源方面具有明显优势，在绝大多数人文和可持续发展属性的定性评价指标中，轨道交通也都具有优势。以2020年我国国民经济发展预测值估算，铁路运量每增加1个百分点，将减少占有333.4km^{2}的土地资源，同时减少能耗2Mt标准煤。铁路和其他交通系统的综合能耗比为1∶5.7。城市轨道交通是在满足城市居民交通需求条件下全社会总付出最少的方式，也是满足人文和城市可持续发展要求的最佳方式。在大客量的运输方面，轨道交通较其他的交通工具有其显著的优势，它的交通事故损失成本大大低于道路交通工具，

其带来的噪声和空气污染等环境方面的损失仅为道路交通方式的6%～10%；同时由于城市轨道交通方式不会造成交通拥堵，故其速度快，旅客消耗的旅行时间价值可与出租车媲美，不到公共汽车的40%。此外，轨道交通方式的每人每千米能耗为道路交通方式的15%～40%，占地仅为道路交通方式的1/3左右。现在我国在大力地发展轨道交通，很多城市都在建设地铁、轻轨。轨道交通不仅轻便、快捷，同时对环境保护起了巨大的作用。轨道交通可以承担大量的客流，能有效地缓解城市道路的交通压力。

2）公共交通绿色低碳发展技术路径

优先发展公共交通是缓解城市交通拥堵、转变城市发展方式和交通结构、提升人民群众生活品质、提高城市基本公共服务水平的必然要求，是构建资源节约型、环境友好型社会的战略选择。城市公共交通系统作为政府公共服务的重点内容，应为城市中的各类人群提供与其需求相适应的多样化、高品质公共交通服务，增强与私人小汽车交通的竞争力。由于不同城市的出行需求特征不同，因而城市公共交通发展应坚持因地制宜的原则，不同的城市要发展适合自身特点的城市公共交通系统，要适应城市定位和规模，符合当地地理区位条件和经济社会发展水平。

3）集约型公共交通服务水平评价技术

集约型公共交通服务对城市人口和就业岗位的覆盖率要求是公共交通作为城市公共服务的基本要求，也是城市集约、可持续发

展的支撑，一方面，通过高覆盖率，为所有居民提供便捷的公共交通服务，同时提升公共交通服务空间可达性，加强公共交通对居民出行的吸引力；另一方面，城市人口和就业岗位的集聚要求也是公共交通引导城市发展、优化用地布局的导向。

从居民出行决策过程分析，要使公共交通成为居民出行的优先选择，首先须保证出行起点在公共交通服务的空间范围内，且空间范围的覆盖直接影响公共交通出行过程中的两端接驳时间。

"公交站点覆盖率"以公交车站一定空间直线距离（300m和500m）为半径形成的圆形区域作为站点的覆盖范围，此外，站点覆盖范围内的城市用地并非都是有效的出行发生吸引源，例如水域、绿化用地等，因而高站点覆盖率对于居民来说不一定意味着公交服务的有效覆盖。为了更加直接地反映公共交通服务的空间覆盖性，规划中应当更加关注集约型公共交通对于人口和就业岗位的覆盖率。[1]

"人口和就业岗位覆盖率"即公共交通站点一定空间范围覆盖的人口和就业岗位占统计范围内总的人口和就业岗位的比例。大量城市公共交通出行意向调查数据显示：居民普遍认为现状步行至公共交通站点的时间过长，公共汽电车最具有吸引力的步行时间应在5分钟以内，轨道交通最具有吸引力的步行时间应在10分钟以内。因此，对于轨道交通，其站点服务的空间范围取值可按步

行10分钟计算，对于公共汽电车交通，可按步行5分钟计算。

关于集约型公共交通服务对城市人口和就业岗位的覆盖率指标值。从国内外发展经验看，香港实现了公共交通走廊500m范围内90%的人口和就业岗位覆盖率，其中香港通过发展TOD模式（以公共交通为导向的发展模式）起到了关键作用：即在有轨道站点的区域应结合周边用地进行一体化规划、设计，以公共交通站点为中心、以400~800m（5~10分钟步行路程）为半径建立中心广场或城市中心，充分重视地上、地下空间的联动连接，瞄准轨道站点辐射片区的居民需求、游客需求，利用大型商业、办公区等与TOD站点间公共步道、连廊等，有机融合多样化服务，发挥轨道交通引导城市发展的作用。其特点在于集工作、商业、文化、教育、居住等为一身的"混合用途"，使居民和雇员在不排斥小汽车的同时能方便地选用公共交通、自行车、步行等多种出行方式。[2]

中心城区轨道交通站点800m半径范围内覆盖的人口与就业岗位占规划总人口与就业岗位的比例，宜符合表6.2的规定。

4）公共交通运营提升技术

优化公交站点位置和线路。基于居民出行调查、公交跟车调查等，注重公交站点的可达性，提高公交站点密度，在10分钟生活圈居住区应设置70~80m²的交通场站服

❶ 周天. 浅谈城市公交站点覆盖率［J］. 科教导刊：电子版，2017（12）：1.
❷ 郭印. 我国未来城市交通发展趋势探讨［J］. 科学之友（B版），2008（6）：44-45.

人口和就业岗位覆盖比例表　　　　　　　　　　　　　　　　表6.2

规划人口规模（万人）	覆盖目标（%）
≥1000	≥65
500~1000	≥50
300~500	≥35
150~300	≥20

务设施。结合居民日常出行需求改址公交站点，减少居民步行距离。在公交站点位置优化设置的基础上，适当减小公交线路长度，降低线路重复系数，提高发车频率。提升公交站点品质。有条件的城市、区域，宜实施智慧公交站台、智能电子站牌、智能交互终端等，以便居民或游客实时查看公交运行信息、自助充值、查询地图或周边景点等信息。同时宜结合城市风貌、片区特色进行公交站点设计，提升公交站点整体品质。

设置公交专用道。有条件的城市、区域，为保障公交路权，可实施分时段的公交专用道，提高公交运行效率，降低路段居民的整体出行延误。

公共交通接驳优化多方式停车换乘系统。应根据城市轨道交通车站类型和区位进行集约化布局和规划，充分考虑与步行、共享单车、网约车、常规公交的多方式一体化接驳设计。可结合其他停车场共同建设、共享使用，并充分考虑未来用地的功能转换人性化的接驳环境。加强公交站台、地铁站点出入口与大型商场、办公区，甚至小区等人流集中区出入口之间的环境景观设计，设置诸如风雨连廊等人性化设施，一体化站台与出入口设计，提高出行品质。

公交服务质量提升。通过调查充分掌握

居民多样化的公交出行需求，在常规公交运营体系的基础上，精细化设置公交线路、提供特色化公交服务，设置社区公交、夜间公交、大站快线、预约公交等特色化、智慧化的公交服务，提升公交覆盖率和运营质量。

6.2.3　慢行道路系统更新技术

步行路网设计更多的是关于城市规划中的无障碍设计要求，具体如下。

保障人行通道设置：为行人和轮椅使用者提供清晰、直通和宽敞的通道。这包括人行道、入口、人行横道等人行交通区域的无障碍设计，如扶手、斜坡等，使所有人都能方便地进入和使用这些区域。

减少绕行距离：应尽可能减少行人、轮椅或婴儿车使用者的绕行距离。

1）发展现状

我国在规划、建设与管理等各个环节中存在着步行交通系统连续性不够，对步行交通特征考虑不周，行人立体过街设施建设严重滞后，交通管理对步行交通缺乏保护等问题。针对这些问题提出了科学规划步行交通系统，加大行人立体过街设施建设力度，优先步行空间设计，打造步行商业街区，加强步行交通系统的政府管制等一些保障措施。

2）步行交通评价技术

为保障步行交通的方便与通达，城市宜在合适的地区建设独立于城市道路系统、可以供步行交通通行的步行通道和步行路径，如向步行交通开放城市中封闭的街区、大院，居住区内部道路允许步行交通穿越，建设城市绿地、建筑之间的步行路径等，提高步行设施网络的密度。

人行道宽度必须满足行人安全顺畅通过的要求。参考《城市道路工程设计规范》CJJ 37—2012（2016年版）第5.3.4条的规定，各级道路人行道最小宽度不应小于2.0m；商业或公共场所集中路段以及火车站、码头附近路段的人行道宽度下限为4.0m。步行设施网络密度包括步行专用路、城市道路两侧人行道及各类专用设施的密度之和，下限值参考《中共中央 国务院关于进一步加强城市规划建设管理工作的若干意见》《城市步行和自行车交通系统规划设计导则》第4.2.8条确定。高强度开发地区内步行道平均间距不宜大于150m，网络密度不宜小于14km/km²；其他地区步行道平均间距不宜大于300m，网络密度不宜小于6km/km²。

除了作为一种独立出行方式外，还需考虑步行作为公共交通重要接驳方式以及城市公共活动的有机组成。为了提高城市交通的运行效率和城市活动的空间便捷性，步行设施应与公共交通网络和城市各类公共空间良好衔接。

3）慢行道路系统改造提升与优化技术

（1）人行道改造

①保障人行道空间。以步行通行优先级最高分配道路空间，既有道路不得通过挤占人行道、非机动车道方式拓展机动车道，人行道过窄路段应拓宽至与全路段保持一致。街道小品等设施应以不妨碍行人通行为前提进行统筹设计。②完善人行道设施。加强标志标线标牌建设，在交通站点覆盖范围内的主要道路布设站点指示牌。符合条件的街道宜保证充足的街道照明、休憩、娱乐功能。③提高步行空间品质。强化与景观绿化、城市家具、功能业态相融合的一体化设计。

（2）保障非机动车通行空间

①机非隔离。通过物理隔离、彩色铺装等实现机非分离、人非分离。②非机动车交通组织优化。通过优化路网交通组织，设置非机动车骑行区域，形成机非分流的交通走廊，减少快慢交通冲突。

（3）建立多维慢行系统

①立体过街。在邻近城市重点商区、医院、车站等行人过街流量较大的区域，宜考虑地下过街通道或人行天桥，实现过街人车分离，改善慢行环境。商业、文化娱乐等两侧公共设施密集的路段应将其人流组织与空中连廊等立体过街设施充分结合、一体化设计，形成立体高效的慢行交通体系。

②绿道。利用人行道与路侧绿地打造融合型绿道，有机整合绿道与街道慢行空间，串联主要文化设施及公园。

③内外步行系统连续。加强小区内部步行道与外部人行道、地下通道、绿道等的衔

接，如TOD站点，结合站点出入口地下人行通道，连接周边居住小区与商业区等高密度人流吸引点的出入口。

（4）无障碍设计

残障人士坡道、盲道线路应合理设置，充分体现人性化。线形应连续、顺畅，中途不得有电线杆、拉线、树木等障碍物，宜避开井盖铺设；人行道中的行进坡道应与公交车站的坡道相连接。

6.2.4 非机动车道路系统更新技术

1）非机动车道路系统的作用及要求

非机动车交通是城市中、短距离出行的重要方式，是接驳公共交通的主要方式，并承担物流末端配送的重要功能。适宜自行车骑行的城市和城市片区，除城市快速路主路外，城市快速路辅路及其他各级城市道路均应设置连续的非机动车道。并宜根据道路条件、用地布局与非机动车交通特征设置非机动车专用路。

2）非机动车专用道技术措施

适宜自行车骑行的城市和城市片区，非机动车道的布局与宽度应符合下列规定：最小宽度不应小于2.5m；城市土地使用强度较高和中等地区各类非机动车道网络密度不应低于8km/km²；非机动车专用路、非机动车专用休闲与健身道、城市主次干路上的非机动车道，以及城市主要公共服务设施周边、客运走廊500m范围内城市道路上设置的非机动车道，单向通行宽度不宜小于3.5m，双向通行不宜小于4.5m，并应与机

动车交通之间采取物理隔离；不在城市主要公共服务设施周边及客运走廊500m范围内的城市支路，其非机动车道宜与机动车交通之间采取非连续性物理隔离，或对机动车交通采取交通稳静化措施。当非机动车道内电动自行车、人力三轮车和物流配送车流较大时，非机动车道宽度应适当增加。

3）电动自行车专用道技术措施

随着私人电动自行车保有量的增加，快递及外卖业务的快速崛起，凸显电动自行车的发展与传统的道路设计存在矛盾，主要表现为电动自行车与自行车共用非机动车道。在非机动车道内混行易产生事故和交通秩序的混乱。因此，需要将传统非机动车道进行精细化划分，使电动自行车与自行车分隔行驶，达到空间分离提高通行安全，对道路交叉口进行交通组织设计，保证其各自的通行空间。

电动自行车专用道的设置并不适合所有的道路类型，如狭窄的支路、交通拥挤的次干路等，这些道路交通资源十分紧张，部分路段甚至没有设置非机动车道，因此较为理想的设置路段为道路规划完整且具有较多空间资源的主干路以及次干路，这些路段机动车与非机动车道隔离分明，在部分道路上非机动车有着较大的通行空间，这是设置电动自行车专用道的基础。由于老城区电动自行车的保有量高，易发生交通冲突，因此在有条件的老城区设置电动自行车专用道更具现实意义。

电动自行车专用道设计标准可参考下列内容。

根据不同车速下的电动自行车的通行能力，计算出电动自行车专用道的设计参数，对单条电动自行车专用道的宽度进行实际调研和数据分析，确定单车道宽度为1.7m，其他详见表6.3。

针对电动自行车专用道与自行车专用道之间的空间大小提出不同的隔离方式，包括物理隔离（隔离柱、隔离护栏等）（图6.1）、标线隔离，以保证行驶空间的独立性与行驶的安全性。

根据不同交叉口的控制方式以及路口空间大小不同，设计非机动车左转的两种不同交通组织方式，分别是与行人同放行的二次直行以及与左转机动车同放行的一次左转通行方式。建议通行空间允许时对电动自行车和自行车进行空间分离。❶

车道宽度对比值　　　　　　　　　　表6.3

道路类型	自行车专用通道宽度（m）	电动自行车专用通道宽度（m）
单一车道	1.5	1.7
两条车道	2.5	2.9
三条车道	3.5	4.1

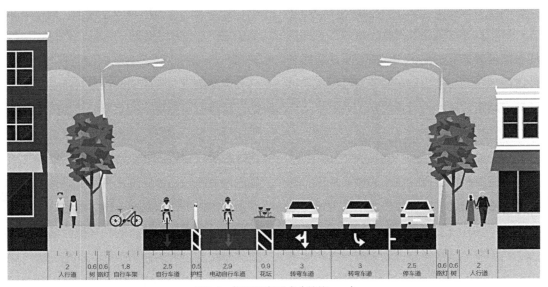

图6.1　物理隔离形式（单位：m）

❶ 中华人民共和国住房和城乡建设部. 城市居住区规划设计标准：GB 50180—2018［S］. 北京：中国建筑工业出版社，2018.

6.2.5 绿色停车场更新建设技术

1）传统意义的绿色停车场

在高密度（容积率越高）的居住区通常要求绿地率达到30%～35%，但随着停车位数量的需求不断增加，停车场与绿地的矛盾越来越尖锐，造成小区环境绿化得不到保证，通常地面采用与绿植共建的方式。

①草地停车场（即铺植草砖的停车场）：此法效果有限，尤其在北方，干旱地区，植草砖中的草很难成活。

②树阵停车场：把停车位设在乔木的绿荫之下，树阵间距不大于6m间距。

③花架下停车场：停车场搭盖葡萄架之类的花架，让车停在藤蔓绿荫之下，这种方式也受地域限制。

以上所提到的几种做法，只能是在解决停车与绿化争地矛盾方面找一些缓解矛盾的办法，但并未真正解决环保的其他方面要求，例如解决噪声干扰问题、空气污染问题、各种安全问题等与居住环境质量的保障问题。

2）绿色停车场评价标准

绿色停车场应当理解为"环保型停车场"，因此它的功能要求符合住区环境（或城市、街区环境）的环保要求：

①尽可能保证相应区域环境的绿化指标不受影响；

②应避免对住区环境的噪声干扰（或保持噪声不超标）；

③尽可能降低对空气的污染程度；

④应保证居民的交通安全、休闲安全。

综上所述要建造绿色停车场至少满足两个条件：停车场是绿色生态的；所用的材料是环保的。

绿色停车场应当理解为"低碳型停车场"，因此它的功能需符合节能的相关要求，例如利用光伏发电的太阳能停车场绿色停车场应当按"高效型停车场"理解，因此它的功能需满足高效运作的相关要求，例如利用网络技术的智慧停车场。智慧停车场规划应用与云端研究管控领域，无线通信、人工智能、智慧终端、大数据、物联网等高新技术均广泛应用，例如，实现停车场内车位资源系统实时采集与管理。考虑到旧城区等用地条件有限，还可在符合公共停车场设置条件的城市绿地与广场、公共交通场站、城市道路路内空间等新增停车位，采用立体复合方式增设公共停车场，结合商业设计地下停车库，引入车位引导牌等智慧停车系统，提供集约高效的停车设施支撑片区发展，对片区停车缺口进行有效补充。

6.2.6 新能源车辆发展

据统计，2020年我国温室气体排放主要原因包括能源发电与供热、制造业与建筑业以及交通运输等，根据中汽数据测算，2020年我国汽车使用阶段碳排放约为7.2亿t，是全社会碳排放的7.5%左右。按照现有情景发展，我国交通领域的碳减排难度和紧迫性将随着汽车保有量的增长不断变大。

新能源汽车具有节能环保的特点，在国家相关补贴政策和对汽车尾气处理相关要求的促进下，新能源汽车得到了迅速的发展，在国内的保有量也日趋增加。据公安部统计，截至2022年底新能源汽车保有量达1310万辆，占汽车总量4.10%，增长67.13%。其中，纯电动汽车保有量1045万辆，占新能源汽车总量的79.78%。2022年全国新注册登记新能源汽车535万辆，占新注册登记汽车总量的23.05%，与上年相比增加240万辆，增长81.48%。新注册登记新能源汽车数量从2018年的107万辆到2022年的535万辆，呈高速增长态势[1]。

2023年，我国新能源汽车发展势头愈加强劲，全年新注册登记743万辆；我国新能源汽车保有量达到约2000万辆。假设基准车辆油耗6.4L/100km，电动汽车电耗13.9kW·h/100km，项目车辆年行驶里程11500km，据《新能源汽车替代出行的温室气体减排量评估技术规范》T/CAS536—2021测算，纯电动汽车单车全年减排量约0.9t。我国新能源汽车全年减排量约为1260万t，按照2021年全国碳市场价格46.61元/t测算，我国新能源汽车出行碳减排量价值可达5.88亿元，开发潜力巨大。因此，探索新能源汽车出行碳减排量的应用场景，将其开发成碳资产具有重要意义。

推广新能源汽车，减少二氧化碳排放量。国家在税收、资金等方面给予新能源汽车相应补贴支持，通过技术革新使新能源汽车代替传统燃油汽车，社区应通过优化新能源汽车基础设施建设，在普民惠民的基础上鼓励居民选择新能源汽车，改善人与燃油汽车的出行环境。

[1] 数据来自公安网2022年全国新能源汽车保有量统计数据。

第 7 章

面向未来的绿色
低碳技术与生活

- 人工智能技术

- 数字信息模型（BIM）技术

- 智能化技术

- 碳汇与碳排放核算技术

- 绿色低碳生活

7.1 人工智能技术

7.1.1 人工智能设计技术

稳定扩散算法技术（Stable Diffusion Process，SDP）是一种用于图像处理的算法技术，它可以用来生成具有独特风格的图像。该算法的核心思想是将图像上的像素点看作是粒子，然后通过对输入图像的像素值进行微小的扰动来生成具有多样性和创新性的图像。这个过程可以看作是一个从噪声到图像的生成过程，通过迭代不断优化生成图像，最终生成高质量、高分辨率的效果图。在稳定扩散过程中，可以通过调整一些参数来控制生成图像的风格和特征，例如增加噪声强度可以生成更加多样化的图像，减小噪声强度可以生成更加真实的图像。SDP是一种流行技术，它能够对图像进行平滑处理，通过增加迭代次数丰富图像中的细节。SDP的具体实现方法包括迭代求解泊松方程和非线性扩散方程等。

1）模型生成

设计师可以通过特定的模型生成不同风格的效果图。训练用于建筑设计的SDP模型，可以按照以下步骤进行。

（1）数据收集：收集建筑设计的图像数据集，包括建筑外观、内部设计、景观设计等，并确保数据集包含多个角度、不同光照条件、不同材质和颜色的图像。

（2）数据预处理：对数据集进行预处理，包括调整大小、裁剪、归一化、转换为灰度等。

（3）模型训练：训练过程中需要选择合适的超参数，例如学习率、批量大小等，并使用适当的损失函数和优化算法。

常用的损失函数有负对数似然损失（Negative Log Likelihood，NLL），用于计算模型输出和目标样本之间的差异；KL散度（Kullback-Leibler Divergence，KLD），用于度量两个分布之间的距离；重构损失（Reconstruction Loss，RL），用于衡量重构的图像与原始图像之间的差异。

常见的优化算法有随机梯度下降（Stochastic Gradient Descent，SGD），它是最基本的优化算法，通过计算梯度来更新模型参数；Adam是一种自适应优化算法，可以根据梯度动态地调整学习率；Adagrad是一种自适应优化算法，根据每个参数的历史梯度信息来动态调整学习率。在训练模型时一般使用损失函数NLL和优化算法Adagrad。

SDP模型需要大量的计算资源和时间进行训练，因此需要使用GPU（图形处理器）加速并选择合适的训练参数和超参数。使用者还需要掌握一定的深度学习知识和编程知识。同时，对于建筑设计领域，需要考虑不同建筑类型和设计风格，若想模型能够生成好的效果图并且具备泛化能力和鲁棒性，还需要收集大量的数据。

由于AI学习技术入门门槛较高并且如果仅用于方案设计阶段，为工程师起到辅助作用，对于出图精度要求不高的场景下，可以使用其他人训练好的模型。这样能够省去大量训练模型的时间和所需的计算资源。

目前人工智能在方案设计阶段有两方面

的应用前途：一是帮助设计师寻找灵感，二是帮助设计师将草图快速转化为简单的方案效果图。

2）文字生成图片技术

人工智能可以根据输入的文字生成相应的图片（图7.1）。设计师根据这种技术生成的图片获取一定的灵感。举个例子，设计师可以在Stable Diffusion软件的输入框中输入一些描述性的文字，比如"现代化的商业建筑的街景，建筑采用扎哈·哈迪德设计风格，外立面采用大量玻璃幕墙，建筑处于夜晚，周围环境有大量植物"。通过文字生成图片技术，系统可以根据这些文字生成相应的图片，让设计师更加直观地感受到自己的设计想法，通过图片选择合适的设计风格。

在使用Stable Diffusion生成图片时可以通过调整权重参数和随机种子参数调整出图的风格。在确定风格时，可保存随机种子的参数，并调高迭代次数，为图片添加更多的细节。

图7.2图片迭代次数为10次，图7.3图片迭代次数为40次。可以看出迭代次数越高，图片中的细节越多，同时，图片扭曲的地方也逐渐变少。虽然迭代次数越高图片细节和质量越好，但是生成图片所需的计算资源和时间也成倍增加。所以建议先采用较少的迭代次数生成合适的风格，再增加迭代次数，增加图片细节和质量。

3）快速生成初步效果图技术

建筑设计师通常在设计初始会使用手绘草图和线稿来表达他们的想法和概念。然

图7.1　提供描述词的条件下由Stable Diffusion随机生成的图片

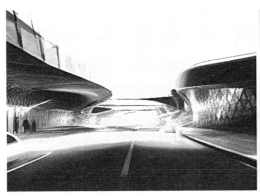

图7.2   使用Stable Diffusion迭代10次生成的图片

图7.3   使用Stable Diffusion迭代40次生成的图片

而，这些手绘草图通常不够准确和详细，需要进行进一步的转换和编辑才能形成最终的设计效果图。

在将线稿转换为效果图的过程中，ControlNet可以帮助设计师对线稿进行对齐和校准，这对于保持线稿中的比例和准确度非常重要。ControlNet基于图像配准技术，通过对线稿进行变换和平移来与原始效果图进行匹配。这个过程中，可以设置一些参数来控制变换的精度和准确度，例如最小二乘法中的阈值参数。

一旦完成了对齐和校准，Segment技术可以帮助对生成的效果图进行语义分割，即将图像分割为不同的区域和元素，例如墙壁、窗户、门等。Segment技术可以通过神经网络模型实现，这个模型可以对图像进行分类和识别，并将其分割为不同的区域。这个过程可以帮助建筑设计师更好地理解和调整效果图中不同区域的特征和风格，进一步提高效果图的质量和精度。

在仅使用图生图功能时，可以明显看出建筑表面发生扭曲变形，无法生成较为理想的效果图片（图7.4）。所以需要引入ControlNet技术，对物体的边界进行定义，防止表面产生扭曲。

在只使用ControlNet时，由于建筑、地面、植物的线条无法准确区分，模型难以做到对模型的"面"进行区分，所以无法将模

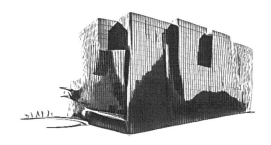

图7.4　生成效果图所用图片

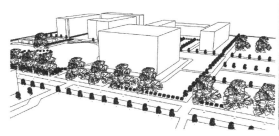

图7.5　仅使用ControlNet生成的图片

型的"面"附上相应的材质（图7.5）。但是利用Segment技术可以通过RGB颜色对面进行定义，通过对模型的分层，并通过Vary赋予表面材质，赋予相应语义的RGB数值（在犀牛软件中受到显示设置的影响，赋予图层的RGB数值通过截屏后会发生变化），最后生成Segment能够理解的图像（图7.6）。

SDP模型支持同时使用ControlNet和Segment技术，同时使用两种技术对图片进行定义后，生成的效果图明显好于仅使用

单一技术的结果。线条和表面的关系都能较为精确地体现在生成的图片中。

抛去对AI模型的训练时间，使用GTX 1050显卡迭代次数为40的效果图仅需要1分钟左右的时间。相对于使用传统软件进行渲染，AI渲染具有以下三点优势：①更快速。SDP技术不必像传统渲染软件那样进行繁琐的光线跟踪和计算，因此生成速度更快。②更灵活。传统的基于光线追踪的渲染方法通常需要修改着色器或渲染设置来改变

图7.6　使用Segment技术生成的图片

渲染风格，这可能需要大量的手动调整和试错。而使用SDP生成效果图时，只需要修改输入的随机噪声或控制向量，即可实现渲染风格的变化。此外，稳定扩散过程还可以通过调整模型的超参数，实现对生成图片风格的控制，让用户可以灵活地调整生成的图片。③更节约成本。传统的渲染软件需要高性能计算机和显卡等硬件设备的支持，而稳定扩散过程则只需要相对较小的计算资源即可完成生成任务，因此成本更低。

7.1.2　人工智能辅助用能决策技术

在建筑/区域中完整可靠的传感器和物联网的基础上，传感器信息可以通过物联网将时序数据上传至服务器。服务器可以基于本地的计算资源或者使用分布式计算技术，利用云上的计算资源对人工智能进行训练，优化能耗控制逻辑[1]。

首先是能耗数据的获取和预测。在使用数据之前需要对数据进行清洗和分类。数据清洗是因为传感器节点使用的元器件噪声、环境噪声、采集误差等干扰，数据需要通过合理的算法进行清洗剔除异常值后才能够使用。不然会对模糊控制和机器学习产生过度解释并且对结果产生干扰。

数据在传入和使用时，先由人对建筑负荷类型进行分类（主要分为住宅、办公、商用、综合体等），之后由AI对建筑时序能耗数据进行细分。细分后的数据用于人工智能决策。对于细化区分建筑类型时，可使用高维聚类算法技术。一般建筑的能耗与建筑室外温度、湿度、光照等环境参数有关，并且环境参数随时间变化而变化，所以只有在时序条件下数据才有学习价值。

主流的算法有K-means聚类算法技术和随机森林回归算法技术。分别用于数据处理的不同阶段。首先使用K-means聚类算法技术对用能模式进行区分，之后使用随机森林回归对不同用能模式下的建筑能耗进行预测[2]。

K-means聚类在时序领域应用广泛，其原理为通过将数据分为K个簇，使得簇内的各个数据到中心点的距离平方差和最小。目前虽然有使用K-means对高维数据进行聚类，但是由于时序的能耗数据属于二维数据，所以需要使用欧几里得距离定义。

聚类算法技术对能耗数据处理后，可以对能耗数据按照不同季节分类，并可在分类后统计各个分类所处的阶段及相关时间段，从而找到不同区域的空调设备切换启停时间和运行模式的时间节点，以此作为划分预测模型的分割点。即不同区域设备依据哪个时间段作为一种运行模式的训练数据，形成预测模型，并对于在一年中不同季节、不同区域的空调设备，何时采用何种预测模型进行预测提供理论依据。

对数据使用聚类算法技术将建筑耗能数

❶ AGOSTINELLI S, CUMO F, GUIDI G, et al. Cyber–physical systems improving building energy management: Digital twin and artificial intelligence[J]. Energies, 2021, 14(8): 2338–2363.
❷ 叶从周, 肖朋林, 秦俊, 等. 基于聚类和随机森林回归的超大型建筑能耗负荷预测模型研究［J］. 绿色建筑, 2022, 14（5）: 48–51, 55.

据分为按照不同时序生成不同的运行模式。避免在使用拟合算法对能耗数据预测时，因为无法应对换季时期，而预测性能下降的问题。

随机森林回归是一种基于决策树的集成学习算法。核心思想是一个由多棵随机生成的决策树组成的森林，每个数据输入后，由各个不相关的决策树进行分类或者回归，并且投票决定数据该如何分类或回归。

单独使用决策树时，往往会在训练数据上表现良好，但是训练数据和实际应用效果比较差，其过拟合的缺点，使模型不具备普遍性和工程应用上的能力。

为了弥补决策树的缺陷，随机森林引入随机采样的概念，即决策树训练所用数据都是全局样本中的一部分，避免过拟合并且可以通过算法本身进行特征选择，不需要对数据进行规范化，相比于支持向量机（SVM）、人工神经网络（ANN）等，随机森林算法使用的数据不需要做特别的数据预处理就可以得到较高的预测准确性，因此工程化更简单。面对不同的设备模型训练时，不需要做任何超参数设置，预测性能不受影响。因此不必因设备的不同为每个设备单独进行算法模型调试。随机森林具备容易并行计算，善于处理大量数据的特性，适用于建筑感知系统❶。

选取温度、湿度、是否为工作日、时间、相同的工作模式下前一天同一时间点的能耗值作为训练用数据，该时间点的能耗值作为输出变量，对设备能耗预测进行建模。

其次是模糊人工神经网络优化设备运行模型。目前主要人工智能在建筑上的应用方向是能耗预测和单个子系统自动控制，不过随着建筑使用主动节能措施越来越多，并且对建筑中的舒适度要求越来越高。经典PID控制算法面对多输入多输出（MIMO）的非线性系统比较吃力。并且使用后也不能满足控制精度的需求。所以需要引入模糊控制和人工智能技术满足控制需要。

人工神经网络模拟人脑结构的思维功能，具有较强的自学习和联系功能，人工干预少，精度较高。但是缺点是不能处理和描述模糊信息，不能很好利用已有的经验知识，特别是学习及问题的求解具有黑箱特性，其工作不具有可解释性。模糊系统相较于神经网络系统而言具有推理过程容易理解、专家知识利用较好、对样本的要求较低等优点，但它同时又存在人工干预多、处理速度慢、精度较低等缺点，难实现自适应学习的功能，而且如何自动生成和调整隶属度函数和模糊规则也是棘手的问题。

模糊神经网络是模糊数学和神经网络结合的产物，它汇集了神经网络与模糊理论的优点，即保证神经网络自学习能力下，采用模糊理论解决模糊信号，使神经网络权系数为模糊权或者输入为模糊量。

主动节能系统的控制普遍是一个MIMO的非线性系统，控制量之间可能还会存在耦合性。理想状态下将建筑内部环境看作一个

❶ 叶从周，肖朋林，秦俊，等. 基于聚类和随机森林回归的超大型建筑能耗负荷预测模型研究［J］. 绿色建筑，2022，14（5）：48-51，55.

整体，将室内的照明舒适度、温湿度舒适度、风环境舒适度、整体能耗等参数均作为建筑能耗管理平台的输入量，满足建筑内部舒适度作为前提，建筑能耗是受控量，输出建筑中各设备的控制策略。但是目前的模糊神经网络主要局限于简单模型的控制，简单模型为单输入单输出（SISO）或多输入单输出（MISO）系统，对于多输出系统的控制使用，模糊控制存在不精确的问题。

7.2 数字信息模型（BIM）技术

建筑信息模型（Building Information Modeling，BIM）技术作为建筑数字信息化的重要手段，在降低建筑成本、提高建筑质量、延长建筑寿命方面发挥了重要作用。

以BIM技术为核心，可以实现评估勘测、设计、制造、施工、运维全过程的一体化。高效的数据信息采集、信息传输及分析，有效地优化工程设计，预制件优化和管线排布方案，极大提高了设计和施工的自动化程度和安装的精度，完美还原了建筑的细节效果。同时各阶段的大容量工程数据在信息平台上集成分流和实时共享，有效地架起了设计和运营沟通的桥梁，方便决策，实现了优于传统手段的服务价值。

BIM技术具有以下特性。

（1）三维可视化。BIM技术可以将传统的二维信息立体化，可更直观地进行三维设计和效果观察。

（2）可模拟性。BIM技术可以更好地检测对比方案的实施效果，便于选出最优方案。BIM技术不仅可以进行建筑生态分析，还可以在结构中对设备运行效果和安全疏散等多方面进行模拟。

（3）多专业协调。不合理的建筑设计会引发施工窝工和停顿现象，此时就需要多方面的人员进行分析、研究和更改，将不合理的问题解决后才能继续进行施工，此过程耗费时间长，消耗成本多。BIM技术具有协同性特点，多部门多专业可通过云端进行协调，共同分析信息数据，提高效率。

（4）可输出性。BIM软件可输出二维图纸与三维效果展示动画，还可输出多种文件格式，避免大量的重复性工作。

（5）信息可持续性。BIM技术可融入建筑项目整个生命周期，辅助建筑项目进行信息传递和协同工作，可便捷地从上一环节调取可用信息供此环节参考和使用。

利用BIM技术来提升节能设计的精细化程度，从而提升设计质量管理水平，可为实现低能源消耗、高保温性能提供参考。

绿色建筑建设发展，应在工程建设全过程中落实环保节能理念，特别是规划（评估）与设计环节。设计人员落实可持续发展理念，将其应用到实际建设中。建筑结构复杂度高，相应功能要求增加，仅采用主观经验法，无法准确把握绿色建筑设计。在绿色建筑设计中，合理应用BIM技术，不仅能计算复杂数据，还能做好动态化模拟，对建筑物理性能、环境性能进行分析，以此提升绿色建筑设计水平。在绿色建筑中应用BIM技术可简化深化设计过程。BIM可真实记录建筑项目每一处的深化信息内容并展现设计效果，各参与方可实时从中获取建筑的各部分构造、材质、尺寸等信息，可更直观地看到细部的3D模型。面对需要改进与更新的内容，可利用BIM技术直接进行修改，与其相关联的数据都会自动进行实时更新。BIM技术可将模拟的内容立体化，便于工程设计师准确地把握所设计的内容，及时修改和完善建筑模型。通过研究分析，证明了计算机辅助绿色建筑设计的可操作性和实用性。

BIM技术能够提高绿色建筑深化设计质量管理的工作效率和工作水准，先记录下某一细部节点的基本数据属性，再结合BIM技术三维可视化的特性，直观地进行三维设计和效果观察。每一处的细部构造均可在BIM软件中提前做出深化效果图，指导分析细部的性能和特点，以便更高效地进行后期实施、检查和处置等，从而极大地提高绿色建筑在设计和施工方面的工作效率。

7.2.1　BIM技术在绿色设计中的应用

绿色建筑已经成为时代发展趋势，对每个建筑人的使命影响较大，如何建设绿色建筑及判断绿色建筑，均需参考绿色建筑评价体系。根据国家标准评价条文，可实现绿色建筑评价量化与具体化，获得评价总分值，将其确定为一星级、二星级、三星级。所以，在绿色建筑评价体系中，是否应用BIM及与之关联的评测打分是评价体系的重要内容。在绿色建筑设计阶段，合理应用BIM技术，发挥出BIM技术的优势特点，对建筑环境各元素进行模拟，从而控制建筑布局与物理环境，确保建筑人员全面、准确设计出高质量绿色建筑，可从根本上促进国家绿色建

筑发展，加大技术支持与保障力度。

1）满足绿色建筑目标

建筑能源消耗，极易受到多因素影响，例如，单元形状、建筑密度、设备热源、外部环境等。因此，基于设计、选址、废弃物处理，都要落实绿色设计理念。通过BIM技术，能对建筑设计流程进行整合，涉及建筑选址、场地改造、工程设计、施工维护等，属于重点建造内容。

（1）场地选址、改造。对场地规模大小、建筑功能、建设条件、经济性进行综合化考量。同时，通过BIM技术，开发场地、合理划分利用率，加强土地应用效率与质量。

（2）初步设计。借助BIM技术，对建筑能量进行分析，全面分析建筑体型、外部围护结构、平面布置、材料性能等，以此明确设计方案，保证方案合理性与科学性。

（3）机械设备设计。通过BIM模型，可模拟机械设备使用情况，之后计算材料、水电使用量，确保水源、电力、土地资源节约。

（4）建筑设计。设计人员通过BIM模型，能对建筑能耗进行分析，提升绿色建筑设计水平。

2）提升设计专业协同性

传统建筑设计过程中，未关注到多方协调与沟通，加大了设计矛盾与冲突。BIM模型牵扯信息较多，如拓扑信息、物理信息、几何信息。利用拓扑信息，可反映出不同组件的相关性。集合信息，反映建筑

三维空间特点；物理信息，展示不同组件的物理性质。

　　基于此种情况，建筑模型可对不同项目信息进行整合。将BIM技术应用到绿色建筑设计中，不同专业均可在建筑模型中做好优化设计，转变建筑师决策角色，作为负责人。初步设计期间，BIM技术所具备的优势作用显著。利用BIM技术，建立建筑模型，对技术经济、模拟建筑功能进行分析，同时考虑虚拟建造、性能信息。在后续环节中，科学应用上述信息，确保不同专业的空间协调性。BIM模型可模拟施工过程，及时找寻施工潜在问题，有效衔接施工环节和设计环节。此外，通过应用BIM技术，可明显缩短建筑设计时间，全面促进绿色建筑行业发展。

3）及时全面分析节能

　　BIM软件涉及较多细节化设计，可深度还原模型细节。在BIM软件中，导入建筑信息后，需深入分析能量消耗。借助BIM技术，可对建筑设计进行优化，设计人员可科学评估设计方案环境、物理等性能，实现建筑的节能化、生态化发展。BIM技术的集成

化效果显著，通过数字化方式，可凸显出建筑功能与特点。施工建设之前，项目各主体应用BIM技术，能明确完工的建筑外形和性能。此外，BIM模型能科学分析建筑节能性能，建筑人员通过能耗软件，合理分析项目各设计环节节能问题，准确模拟建筑全年能量消耗。

　　随着计算机辅助技术的快速发展，各种能耗分析软件层出不穷，为绿色建筑的设计提供了一个新的舞台。只需将软件工具与基于BIM技术的虚拟建筑模型相结合即可实现绿色建筑设计。大部分的建筑能耗分析软件由四个主要模块组成：负荷（Loads）、系统（Systems）、设备（Plants）、经济（Economics），这四个模块也可简写为LSPE，它们互相联系，构成了一个建筑系统模型（表7.1）。

7.2.2　计算机软件在室外环境和建材选配中的应用

　　绿色公共建筑设计，可以促进建筑与环境友好和谐发展。在室外环境设计中，不能造成公共建筑噪声污染、光污染。在设计绿

相关软件　　　　　　　　　　　　　　　　　　　　　　　　　　　　　　表7.1

软件名称	与BIM技术协同设计
Ecotect Analysis	Ecotect Analysis提供了友好的三维设计界面和用途广泛的性能分析、模拟功能。它的操作界面可以兼容建筑师常用的辅助设计软件（如CAD等）。可以用于光环境、热环境、声环境、太阳辐射、可视度等方面的分析
Green Building Studio	Green Building Studio是一种基于Web的建筑整体能耗、水资源和碳排放的分析工具。其结果很容易能够在BIM建筑模型中导出并显示到服务器上，方便比较
Integrated Environmental Solution	Integrated Environmental Solution是一种建筑性能模拟和分析软件。它可以在框架下导出一个统一的建筑物理模型，使用同一套集成数据模型可以对建筑中的光环境、热环境、日照、设备、造价、流体等内容进行精确的模拟分析

色公共建筑时，需展现出人性化特点。对于建筑性能来说，自然通风、人行区风速属于重要影响因素。如按照绿色建筑标准，建筑周边人行区风速应小于5m/s。在Revit软件中，采用CFD❶模拟方法，可模拟计算室外风环境，同时对公共建筑设计效果进行准确化判断。

（1）按照周边风场风速、空气龄、建筑表面风压指标，对不同季节工况进行分析。在模拟计算中，应用FLUENT软件的求解器，按照设计过程的模型方案，从模型中提取建筑坐标。在Revit软件中，建立项目室外风环境模拟模型。

（2）设置本区域夏秋季节、过渡季节的气象平均数据，并做好标准化计算。在3个工况模拟下，项目人行区域环境舒适度，在1.5m高度位置，风速应当小于5m/s，以此满足设计要求。然而，夏季建筑前后压差低于1.5Pa，对自然通风的影响较大。可在设计期间，在建筑周边种植乔木，以此改善通风条件。

1）计算机软件在节能与节材方面的应用设计

考虑项目节能性因素，需采用节能、环保型材料。为对设计可行性进行检验，应分析建筑全年运行能耗、系统运行特性等。对于Revit软件，在节能与节材方面的应用表现如下。

（1）建立公共建筑模型，在数据模型中纳入构件参数与信息。为加快计算速度，只需计算办公区域的能源消耗。按照公共建筑设计标准，设计参考建筑模型。

公共建筑空调系统，可选用独立新风系统、干盘管系统等，以此避免室内凝结水问题，全面提升热舒适度。按照公共建筑模型，计算节能结构，对围护结构予以改进，推广应用高效空调设备。

（2）借助BIM技术，能对建筑材料使用量进行计算，优化建筑材料配置，减少浪费问题。在建筑施工中，所需建筑材料比较多。建筑材料采购过多或过少，均会加剧能源浪费。通过BIM模型，借助系统模拟建筑物，准确计算建筑物所需材料能耗，使经济费用降到最低，优化配置建筑材料。应用BIM技术，可控制建筑材料性能，根据不同建筑结构，优化配置材料，以此维护建筑结构性能与质量。

2）软件模拟辅助室内自然采光设计

在绿色建筑设计中，自动化控制室内采光属于重要内容，可对室内自然采光进行优化，使能源消耗降到最低。传统室内采光设计，主要采用传统经验实施，无法有效统计自然光学要素。通过大量实践可知，基于BIM技术建立日照数据模型，可通过三维画面方式，展示出建筑物采光要素，统一计算日照与太阳光。在室内设计中，可精准计算出室内采光影响面积，按照地区气候特点，计算所有室内空间自然光情况，进行仿真模

---

❶ "Computational Fluid Dynamics" 的缩写，是一种通过数值方法模拟流体流动、传热和传质等现象的技术。CFD常用于工程领域，比如航空航天、汽车设计、化工、环境工程等，帮助工程师预测流体在不同条件下的行为，优化设计。通过CFD模拟，可以得到诸如流速、压力、温度等重要信息，从而更好地理解和改进系统的性能。

拟以优化建筑室内自然采光。

3）软件模拟分析园区热环境

按照公共建筑规划与方案，建立水系模型、道路模型、草地模型、建筑模型等。在模拟计算中，按照地区实际气候条件，科学设置边界条件，同时对园区热岛强度进行分析。根据公共建筑热环境分析结果，可确保建筑单体设计、群体布局、绿色设计的合理性，以此消除"热岛"效应。

4）软件模拟分析园区环境噪声

按照场地实际情况，采用计算机环境模拟，有效建立几何模型。利用材质变化趋势、室内装修变化，对建筑声学质量进行预测，同时预测建筑声学改造方案的可行性。

7.2.3　建设改造

BIM技术在装配式建筑工程深化设计中的应用包括对预制构件与节点进行检测，对预制构件模板进行深化设计以便于工业化生产。

建筑设计质量管理即采取一系列手段和举措，统筹规划建筑模型和细部构件的设计过程，使设计质量达到相关标准，满足后续环节的施工要求。

计划、实施、检查、处置是建筑工程全面质量管理PDCA循环方法的四个重要阶段。将计划的内容进行实施，在实施过程中检查各项内容是否达到预期，在处置阶段对结果进行总结处理。建筑质量管理常用的7种工具如表7.2所示。

BIM最直观的特点在于三维可视化，降低识图误差，利用BIM的三维技术进行碰撞检查，直观解决空间关系冲突，优化工程设计，优化管线排布方案，减少在建筑施工阶段可能存在的错误和返工。施工人员可利用碰撞优化后的方案，进行施工交底、施工模拟，提高施工质量以及与业主沟通的能力。

1）建模标准及拆分要求

流程、编号及色彩搭配按照《建筑工程设计信息模型制图标准》JGJ/T 448—2018执行。项目模型可依据三大基础专业

建筑质量管理工具　　　　　　　　　　　　　　　表7.2

工具	特性
排列图法	可寻找影响质量的主次因素
因果分析图法	分析质量问题与其产生原因之间的关系
频数分布直方图法	展现质量分布状态
控制图法	描述生产过程中产品质量波动状态
相关图法	显示两种质量数据之间的关系
分层法	按照不同目的和要求进行分析整理
统计调查表法	利用专门设计统计调查表收集、整理、分析数据

进行拆分：土建、结构、机电。模型拆分之处应确立统一的文件坐标、朝向、项目基点、应用的软件文件及模型格式等。模型的拆分更注重命名，确保模型的组织性，便于拆分分包及后期整合模型。

2）模型精度

依照国际通用LOD100~LOD500模型精度标准，按照打造绿色建筑、智慧建筑要求，工程BIM模型精度一般按照LOD350高精度标准执行。

3）相关软件协同设计

在BIM应用实施过程中，相关软件协同设计。其中，建模软件有Revit（建筑模型、结构模型）、Magicad（给水排水模型、机电模型、暖通模型）、Navisworks（碰撞管线综合）。造价软件有广联达土建（土建算量模型）、广联达钢筋/广联达下料（钢筋算量模型）、广联达安装（给水排水算量模型、机电算量模型、暖通算量模型）。预制构件生产信息化管理软件有PCMES（预制构件管理）。施工管理软件有广联达BIM5D（施工项目信息化管理）。

7.2.4　运营维护

BIM技术基于参数化、三维模型可对相关专业信息进行整合，利用可视化、参数化、数字化方式，表达出工程项目设施实体，同时确保建筑全过程信息一致，持续提供相关项目实时化数据。该类数据具备可靠性、完整性，可实现实时化协调，以此满足绿色建筑在运营管理环节的信息需求。在既有建筑使用阶段，基于BIM模型的智慧化应用原理是：通过物联网采集前端的数据，采集、传输、分析、决策和展示，随着如区块链、人工智能等技术引入，会增加智慧安防、智慧消防等密切联动，把人、事、物三者通过物联网技术和智慧化数据载体结合起来。

在建筑业实现跨越式发展的道路上，信息技术是实现从传统图解设计方式到智能建造转变的关键。但是自引入中国普及应用的20年来，BIM技术并未能协助建筑业完成全方位的变革，无法发挥预期生产力，而其根源为建筑"信息—物理"不交互，即建筑物理实体与信息缺失了双向的关联性。BIM技术既无法解决跨阶段的建筑"信息孤岛"，也无法满足建筑信息的高标准要求，使建筑业信息化和智能化转型瓶颈难以突破。在实际建筑设计和建造过程中，首先设计方案无法实现原样建造，信息无法被完全实体化，施工精度的提升也未能使得建成成果与前期设计信息达成一致，随着时间的推移和建筑的运行使用，受重力等自然因素影响的建筑形变也无法被检测，建筑材料和构件的变化不可测量。

针对建筑"信息—物理"不交互的问题，结合第四次工业革命的前沿理论与技术，从打通信息到物理的通路开始，建构建筑数字孪生体（BDT，Building Digital Twin）理论和体系，探索建筑信息交互的应对策略。在第四次工业革命中，数字孪生、物理信息融合系统等理论和逆向工程技术、传感器技术分别是工业4.0时代实现智能化转型的核心理论和实现数字孪生的关键技术。因此，借鉴智能制造中的相关理论与技术，提出建筑数字孪生体的概念并尝试进行建构。

建筑数字孪生体是在建筑全生命周期中，记录各个活动中产生的设计信息和建成信息，从而以信息形式精准、全面、及时地反映建筑历史和现实状态。其中，设计信息是指包含CAD、SU等二维、三维图形类信息和其余非图形类信息的人的虚拟意识，建成信息是包含图形类、非图形类信息的建筑物理实体。在应用过程中，建筑数字孪生体首先实现了信息与物理的双向畅通，进而通过信息控制机器完成建筑生产，同时通过传感器收集反馈信息至数字模型中，进行全过程的实时监测，实现对空间形态、使用情况和温度湿度等多维度性能信息的掌控。

建筑数字孪生体作为信息与物理交互的集成中心，需要运用新兴人工智能和大数据等技术，融入多学科、跨专业技术人才的协作，在实现多元信息融合的基础上，提高信息的精准性和及时性，以期迈向真正的数字建筑时代和智能建筑的未来。

在实际运用中，建筑数字孪生体在设计、建造和运维等不同阶段，融合运用虚拟现实技术和人工智能技术，构建建筑数据库以实现生产操控和后期管理。在第三届中国国际太阳能十项全能竞赛中，苏州大学与丹麦技术大学共同打造Aurora极光之家，选取可再生的集成竹材和钢材作为建筑结构主体，利用先进的箱式房模块化预制技术，创新性地使用混合现实技术实现智能建造。团队在三周时间内完成了箱体吊装、立面制作、竹屋架装配以及室内装修等工作。

其中，在波浪形立面的建造过程中，引入了混合现实技术，通过一套详细的数据编码，生成构件定位和翻转角度等信息，使用微软Hololens混合现实增强现实智能眼镜将编码信息模型投射在物理实体上以完成构件定点装配。同时，建筑外部的光线、风速和太阳高度角等信息，也能通过传感器和模拟模型的结合，通过多次数据输入和信息反馈，还原真实的建筑条件，为建筑运维提供信息来源，实现建筑"信息—物理"双向交互和控制，同时减少建筑能耗。

除了提高新建建筑的建造效率和减少建筑能耗，建筑数字孪生体对已建建筑的智能运维也具有重要意义。建筑数字孪生体可以构建建筑隐蔽工程的信息库，例如实时监测建筑使用过程中管线结构老化或裂化的情况，及时为改造维修提供警示和精准的改造方案。建筑数字孪生体也能结合人工智能技术中机器学习等算法，捕捉空间使用者的使用信息，为建筑后期使用人群提供使用预测和空间优化策略。

7.3 智能化技术

7.3.1 智能化平台构建技术

1）智能化平台构建逻辑

需改造的建筑由于建造时间早，普遍缺少信息化基础。但是信息化是在建筑运行阶段降碳节能的控制基础。将既有建筑改造成为智能建筑需要对现有的信息化进行改造，

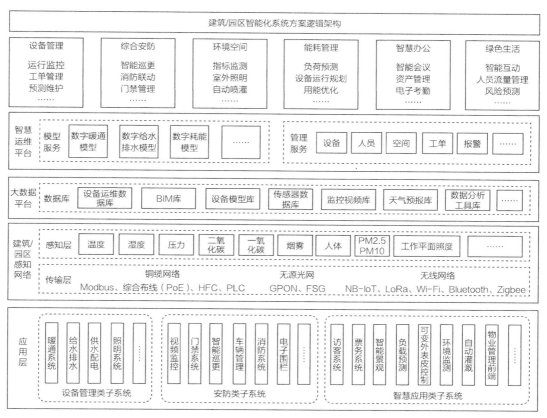

图7.7　建筑/园区智能化系统方案逻辑架构

让既有建筑和园区具备感知、传输、记忆的能力，借助云计算和人工智能使系统具备推理、判断和决策的综合自动化能力，形成人、建筑、环境互为协调的整合体，提高建筑和园区的安全性、可靠性、便利性。

通过提高建筑或园区的信息化，实现建筑和园区设备的自动化控制和管理，保障建筑设施安全、可靠、节能高效运行，进而实现绿色节能。建立建筑各类系统自动控制、能耗计量系统，实现对建筑综合能耗信息的集中管理，也可以通过收集的耗能数据通过分析，优化设备运行，实现建筑在运行维护

阶段的节能、降低碳排放的目标（图7.7）。

由于现有设备可支持的协议复杂不统一，每种协议适用范围也不尽相同，想要监控整个系统需要建设管控平台，充当不同设备之间交互和集中管控平台。建筑和园区的自动化管理需要统一的管理平台和感知网络。在搭建平台和感知网络时需要考虑不同协议的特性和所控设备能够支撑的协议范围。避免在系统搭建过程中形成"信息孤岛"，同时在满足不同协议适用范围的前提下完成。❶

❶ 韩冬辰，张弘，刘燕，等. 从BIM到BDT：关于建筑数字孪生体（BDT）的构想研究［J］. 建筑学报，2020（10）：95–101.

2）暖通子系统

对于使用中央空调系统的建筑，监控系统需要对冷热源、新风系统进行控制。在设计之前需要对既有建筑进行调查，根据结果对照现有规范如《民用建筑供暖通风与空气调节设计规范》GB 50736—2012等，针对不符合规范的地方进行改造。针对冷源控制的改造需要满足设备能够安全、稳定、高效地运行。同时宜使用压力传感器对管道运行状态进行监测，对冷热源机组、水泵运行状态进行监测，在出现异常后及时报警。大数据平台记录相关检查数据。

空调通风系统能有效保障室内温湿度等环境品质。为满足室内环境品质要求，智能化设计应综合考虑暖通专业的控制要求及功能需求，根据自控原理及优化控制策略，也可对暖通专业提出系统运行控制或采集数据点要求。对于新风机组宜安装滤网压差传感器，防止滤网堵塞导致风机耗能增加。

新风系统改造宜包含末端空气质量传感器。如地下车库一氧化碳、高大空间及人员密集场所的二氧化碳、公共区域的PM2.5、特殊区域的有害气体，通过建筑设备监控系统与空调通风设备进行实时联动控制，保证建筑物内舒适的环境。

3）能耗管理系统

能耗管理系统主要实现各耗电设备的耗能监测和控制。感知网络收集外界环境、室内环境的数据作为控制的依据。大数据平台

通过分析数据生成对建筑设备的控制方法。

例如，根据耗能数据、阳光辐射照度、太阳高度角、室内照度通过大数据分析和云辅助计算控制遮阳板或可变建筑表皮及时对外界环境进行响应[1]。能耗系统需要根据感知层得到的数据优化设备运行方法。例如，在满足室内照明均匀度的情况下，在夏日时通过遮光板的控制或可变建筑表皮减少建筑得热率，减少空调系统冷负荷；在冬季时通过设备的控制满足室内照明无眩光的情况下增加窗户的得热率，减少供暖系统的热负荷。

如果园区安装了光伏发电设施，同时使用电动运营车辆且产权均属于园区时，可考虑让电动运营车辆参与园区的电网供电。这种模式可以就地消纳新能源产能，并且减少电动运营车辆的充电费用。

未来在明确电动汽车供电价格的情况下，可以让私人电动汽车作为电网储能单元参与电网调度。能耗管理系统需要在满足电动车用户的需求条件下参与电网调度。

4）给水排水系统

该子系统主要对建筑给水排水系统的水泵、水箱、水池等进行监控。记录水泵的工作状态，在水泵发生故障时报警。对水泵运行时间累计计时，在水泵超过运行累计时间后将水泵从工作模式切换为备用模式并发出检修报警。根据水位，自动启停水泵。

室外园区给水排水主要服务于景观用水和植被灌溉用水。系统宜根据天气预报判断

❶ 石峰，周晓琳. 基于Ladybug Tools的可变建筑表皮参数化设计方法研究［J］. 新建筑，2020（3）：70-75.

是否进行灌溉或补水。同时根据土壤湿度传感器计量每次灌溉的用水量，气象站的降雨量决定是否需要补水。有雨水收集装置的园区或建筑通过系统合理规划雨水使用，减少使用自来水进行补水和灌溉。

5）安防子系统

（1）智能巡更。根据需要巡视区域的大小选择以下巡更方式，即：人工巡更、视频巡更、无人机巡更、无人船巡更等。对于小范围区域可以采用人工巡更和视频巡更的方式。对于巡更范围过大的区域，宜采用无人机器巡航。在使用无人机巡航时需要做好无人机的路径规划。在巡更过程中要保证无人机能够实时传输视频，系统宜支持巡更视频录像和回看。

（2）对讲机系统。对讲系统需要为安保和物业管理提供内部通信。系统信号需要覆盖所有需要巡查的地方。包括地库、楼梯间、电梯轿厢、设备间、管道间/管廊。通过功分器和射频同轴电缆将中台的射频点评合理分配到需要覆盖的各个区域，用吸盘天线覆盖地面和地下区域。

（3）门禁系统。门禁子系统应该集成在综合安防平台中，子系统应包含门禁控制器、门禁读卡器、闸机、电子锁组成。门禁识别可使用电磁卡/NFC、二维码、人脸识别的方式进行身份验证。对于公园而言，最好采用电磁卡和二维码结合的方式认证子系统需要满足增减人员，设置人员的使用权限和使用期限。对人员权限进行统一管理，可按个人和团体两种方式进行权限控制。系统可以根据门禁安装的实际位置设置门禁点并

对所有的控制点进行控制。同时控制点还可以和视频监控联动，对门禁开关进行监视。住宅和办公楼可以增加访客系统，系统可以由用户填写访客的个人信息并提交申请后获得访客二维码，访客可以通过二维码进入建筑内。建筑门禁系统还需要和消防系统联动，当系统接到消防警报后，能够自动打开控制区域内所有的大门。有利于控制区域内的人员逃生。对于公园园区而言还需要和票务系统联动。同时记录入园和出园人数。

（4）车辆管理系统。车辆管理系统应该实现卡口固定车辆通过车跑识别后不停车快速通过，临时车辆进出停车场自动识别车牌，记录临时车辆的停放时间，计算停车费用。根据进入车辆计算车位余量并显示。

6）智慧办公

（1）智能会议。媒体会议系统需要实现室内机会、演讲、培训、会议、报告、会议会话、视频传输、信息传输等功能。

（2）资产管理系统。资产管理系统需要具备数据库用于对资产数字信息的录入、存储、删除、更改。在资产上粘贴RFID（射频识别）标签用于对物理资产的识别。在建筑或园区的出入口处设置RFID标签感应设备可以防止资产被盗。数据库可以存储实体资产的数字模型，系统可以联合BIM或者CIM模型对资产的存放进行规划，提高空间利用效率。还可以利用VR技术提前对资产放置的效果进行模拟。

7）建筑/园区感知系统

（1）感知层设计逻辑。基于使用场景，

合理选用传感器。根据传感器获取数据的类型，为传感器搭配合适的传输介质。传感器应该保证传输数据的可靠性。

（2）网络层设计逻辑。根据终端设备通信需求和工作环境结合甲方的预算决定使用合适的通信方式。方式的选取需要考虑建设成本和维护成本。在使用有线通信作为传输介质时需考虑通信距离对带宽的影响以及线路损耗。当设备支持PoE（以太网）供电时，宜优先采用PoE方式供电，减少设备专用电源、电源线缆使用。使用PoE时要考虑使用距离，在PoE系统中双绞线可能同时承担供电和通信的功能，在同时作为供电和信号线时需要考虑负载的功率，功率过大时需考虑线缆散热问题❶。合理选用屏蔽和非屏蔽电缆，减少电缆使用的碳足迹。

在室内使用无线传输时，要考虑建筑构件本身对信号传输的影响，以及在电磁环境复杂的室内，不同的无线通信协议是否会发生冲突，产生干扰导致传输效率下降或无法通信。在满足通信质量的前提下尽可能选取维护需求低的传输设备，避免系统维护过于复杂。无线终端应避免使用一次性电池，减少电池对环境污染（表7.3）。

（3）应用层设计逻辑。应用层设计应根据使用者所需功能开发相应应用。运维人员的应用的开发应该针对运维公司的组织架构和各部门的应用场景。有针对地划分不同场景下应用的权限，提高系统安全。针对现有运营管理团队架构开发前端系统。应用应该是支持OPC、SDK、API等软件接口，便于应用的后续开发、升级、维护。

物联网主流无线通信协议性能　　　　表7.3

类型	Wi-Fi	蓝牙	Zigbee	NB-IoT	LoRa
工作频率	2.4GHz			900MHz	433、868、915 MHz
通信距离	100～300m	2～30m	50～300m	18～21km	12～15km
传输速率	300Mbps	3Mbps	250Kbps	200Kbps	37.5Kbps
功耗	高	低	低	较高	低
设备连接能力	中	低	高	高	高
安全性	低	高	高	低	较高
组网能力	较弱	节点多，稳定性稍逊于Zigbee	节点多，稳定性强	高	高
应用范围	高传输速率，对稳定性、功耗不敏感场合	智能家居	应用于工业场合的组网。成本较高，抗干扰性能强，组网稳定，延迟较低	园区或广域的无线传感器应用场景	大型园区的无线传感器，零售终端连接

❶ 赵建平，高雅春，陈琪，等.《直流照明系统技术规程》技术要点解析［J］. 照明工程学报，2020，31（5）：107-111，141.

7.3.2 智慧化"柔"性用能技术

1）电梯系统

（1）直梯能量回馈

电梯作为高层建筑的重要高效运输设备，目前我国使用的电梯90%以上是非节能电梯。所以既有电梯节能改造也可以对降碳节能起到重要帮助。

电梯可以看作是通过钢丝绳两端分别连接着轿厢和对重组成的一个平衡系统，根据现行国家标准《电梯技术条件》GB/T 10058—2023第3.3.8条规定，各类电梯的平衡系数应在0.4~0.5范围内。当轿厢载重是额定载重的45%时对重侧的配重重量与轿厢重量相等，这样是系统的平衡状态。将轿厢装载少于一半载重的情况称为轻载，而装载超过一半载重时称为重载。

在电梯传动系统中，电梯相当于是进行电能与重力势能之间的转换，曳引机主要进行主动做功和被动做功两种过程。主动做功为曳引机消耗电能来增加负载的重力势能，即电梯进行轻载下行和重载上行时的工作状态。而被动做功是电梯处于重载下行和轻载上行时的工作状态，负载在万有引力的作用下，使得电机的实际转速大于变频器输出的同步转速，此时重力势能转化为电能，电机处于发电状态如表7.4所示。而变频器中的整流二极管的单向导通性，使再生电能储存在变频器的直流母线侧的滤波电容中。这就是电梯能量回馈装置中能量的来源。

垂直电梯节电的核心是把电梯曳引机工作在发电状态时产生的电能回收利用起来。传统的方式是在电梯变频器中增加制动电阻，将电梯曳引机工作在发电状态时产生的电能以热能的形式消耗掉。这样不仅会导致产生的电能白白浪费，电梯机房温度也会升高，系统稳定性下降、故障率升高。为保证电梯系统的正常运行，常常在电梯机房内设置电梯专用空调，这导致电梯系统的能耗进一步上升。

（2）电梯运行

采取有效合理的电梯运行方式管理直梯，满足不同时间段人流量需求，避免电梯待机耗能。

建筑内垂直客梯作为流动人员的垂直交通运输工具，首先应采用高效变频的电动机，其次对两台及以上的电梯，可针对不同时间段内客流量的不同，采用相应不同的群

电梯能量回馈[1]　　　　　　　　　　　　　　　　表7.4

电梯曳引机受力分析	电梯运行方向	电梯曳引机状态
轿厢<对重	上行	发电
	下行	用电
轿厢>对重	上行	用电
	下行	发电

---

[1] 王肖. 能量回馈技术在电梯上的应用分析和节能效果探讨［J］. 科技创新与应用，2013（15）：73.

组控制方式，如在人流乘坐客梯高峰时间段，采取全部电梯均投入运营，避免人员等候时间过长；在人流乘坐客梯低谷时间段，可按设定的程序部分投入。当轿厢内无人时厢内灯具可自动熄灭，电机驱动器处于休眠状态。

自动扶梯在大型公共场所广泛应用，但非高峰期若不采取自动化管理手段，电梯将处于空转状态，不仅大大浪费能源，同时也缩短了自动扶梯的寿命，故根据不同的建设位置采取不同的运行方式。另外，电梯应采用变频调速的高效电梯，在投入运营中的自动扶梯，每台均应设置具有变频感应的装置，有人乘坐自动扶梯时电梯按预设载客速度运行，无人乘坐自动扶梯时处于低频运转；也可采用感应装置，有人来乘坐自动扶梯时电梯启动并正常运行，无人乘坐自动扶梯时停止运行。

2）照明系统

（1）照明控制

照明系统在运行阶段是实现降碳节能的阶段。照明系统节能改造方法主要是对既有灯具增加控制装置和线缆，有效控制灯具开启。

①重点照明单独布置单独控制：对于电化教室、会议厅、多功能厅和报告厅等场所的功能用房，讲台与投影区灯具单独控制，其他区域分列布置分列控制。

②不同区域控制方式：对于有外窗的区域，要尽量考虑灯列与侧窗平行布置，靠近外窗的灯具与房间其他灯具应分列控制。

③天然采光与人工照明控制方式：具有天然采光同时夜间又需要设置人工照明的区域，灯具独立布置，不同区域依功能要求设置不同的照度标准。

④控制手段类别：灯具控制应根据功能特点采用合理的照明控制方式，方式可为手动控制、定时控制、光感控制、人体控制等。自动控制人工照明的方式也可采取分区、分组自动或手动控制，同时要合理考虑白天与夜晚及过渡时间段的照度控制。

⑤走廊、楼梯间、卫生间、开水间照明控制：走廊、楼梯间、卫生间、开水间等场所为人员流动场所，采用自动感应开关控制或调光控制装置。采用自动控制应按上下班作息时间或人流习惯来控制成组灯具的数量。

⑥地下车库照明控制：车位车道分区控制，车位传感器接受感应信号开启车位照明，车道平时设置基础照明，接受感应信号开启车道全部照明。

⑦门厅、大堂、电梯厅等场所照明控制：这些区域为建筑内主要人员密集流动功能区域，但在下班和夜间即非工作时间，人流却较少，采取分组或调光控制方式、定时自动降低照度的控制方式，提高照明系统电能使用效率。

（2）照明维护

光源与灯具由于受室内环境粉尘的影响，会在其表面形成遮盖层，维护人员需定期对照明设施进行巡视和照度检查测试，制定照明灯具维护管理制度。根据《建筑照明设计标准》GB 50034—2013中对维护周期的规定，维护人员要定期清洁光源和灯具。

灯具购买后应做好档案管理，根据光源的寿命或点亮时间定期更换光源。更换光源时，应采用与原光源参数相同的光源，不得任意更换光源的主要性能参数，以保证照明质量。

7.3.3　智慧化储能技术

1）建筑暖通系统储能

现有建筑储能主流方式一种是以中央空调系统错峰运行实现的冰蓄冷、水蓄冷，另一种是以蓄电池为主的电化学储能。既有建筑在设计之初就没有考虑储能功能，没有为储能设备设置的建筑功能分区。所以既有建筑只能使用能量密度较高、对建筑本身影响较少的储能设备。

虽然既有建筑很难实现水蓄冷、冰蓄冷，但是建筑本体围护结构可发挥一定的冷热量蓄存作用，针对围护结构及空调系统储能潜力的研究已有不少，根据现有文献中对商业建筑预冷策略的测试表明，预冷策略在正常用电高峰时段均可实现80%～100%的负荷转移，且无舒适方面的问题。在不影响室内空气质量的情况下，送风机在需求高峰时段降低一半的风量最长可持续120分钟；建筑热惯性可与储能系统相结合，降低用电高峰时段的供热或供冷需求[1]。有学者针对航站楼空调系统具有的储能潜力做了探索，指出在航站楼围护结构、多区域实际空调环境控制参数存在差异等因素作用下，通过空调系统的预冷提前开启、尖峰错峰运行等方式可以实现小时级的蓄能效果，实现在保证

合理热环境需求、不增加任何额外投入下的柔性用能。与建筑功能需求相适应，各类用能设备可作为储能系统的重要设备，例如空调系统中的热泵等是满足热量/冷量需求的重要措施，亦可成为发挥空调系统储能作用的重要手段，地源热泵等空调方式实质上是实现了季节性的能量转移[2]。

2）建筑电化学储能

低压直流供电系统优先直接给建筑中直流负荷供电。负荷无法消纳的多余电能存入蓄电池，负荷用能不足部分优先使用蓄电池中储存的电量，不足时再从市电供电。储能单元运行还需要根据光伏发电功率随外界环境变化而改变。同时储能单元还需要结合峰谷电价来决定是否放电。在夜晚尖峰电价时段时，可由蓄电池中的电量供电，直至储能SOC（电池负荷状态或剩余电量）下限。在夜晚低谷电价时段，且光伏组件不能满足负载时，可由市电对建筑供电。同时在夜间低谷电价时，结合第二天的天气预报，分析第二天太阳辐射量是否满足建筑用电需求，若不满足则使用市电为储能单元充电。在白天峰尖电价时段，当光伏功率大于负荷功率时，多余电能给蓄电池充电，当光伏小于负荷功率，由蓄电池予以补充。因此蓄电池充放电功率在当日运行期间会有较大波动，并且至当日结束，储能处于欠充状态。虽然政策上大力支持储能和柔性用能，但是目前受限于技术行业规范不完善导致储能价格高和

[1] 刘晓华，张涛，刘效辰，等. "光储直柔" 建筑新型能源系统发展现状与研究展望［J］. 暖通空调，2022，52（8）：1-9，82.

[2] 林琳. 航站楼多区域客流与供冷需求特征研究［D］. 北京：清华大学，2022.

电动汽车作为储能单元的美好愿景无法实现。未来实现部分建筑储能是可行的。

7.4 碳汇与碳排放核算技术

7.4.1 绿地碳汇计算

1）绿地低碳建设意义

城市的绿地低碳建设是城市生态系统的重要构成环节，不仅可以提高城市的自然环境质量，有利于环境管理和保护，还具有一定的美学价值，可以改善居民的环境行为心理，提高其生活质量，对居民健康具有显著持续性的积极作用，进而能间接增加城市经济效益。由于城镇化进程的加速，人口压力带来的环境问题逐渐突出，人类和环境之间的矛盾急需寻得一个平衡点。基于此，低碳城市建设及城市更新的绿色低碳改造的研究被人们提出，并成为现阶段城市发展的主题，增汇减排也成为各城市更新过程所进行长远规划设计时重点考虑的内容之一。绿地低碳建设作为城市生态系统不可缺少的一部分，是城市中唯一的直接碳汇来源，在减少城镇化影响与抵消城市碳排放方面不可或缺。积极规划、建设和管理低碳城市绿色空间，有助于增强城市应对气候风险的能力，并缓解二氧化碳浓度增加对人类生产、生活产生的影响。

2）绿地低碳建设研究内容

在我国住房和城乡建设部发布的标准中，城市绿地分为公园绿地、防护绿地、广场绿地、附属绿地、区域绿地五类，并下设各小类绿地类型，其中，在城市公共空间中最为常见的有：综合公园、社区公园及专类公园等公园绿地，防护绿地，道路与交通用地附属绿地，居住用地附属绿地，郊野公园区域绿地等。本节所研究的城市绿地即为在原有绿地的自然斑块之上，经过一定的人为干扰和破坏重建之后所形成的人工与自然耦合的开放景观用地。

绿地的低碳建设从绿地选址、植物配置、施工建设、养护，再到林木死亡整个周期出发，提出一个使城市绿地净吸收二氧化碳最大化的最佳管理模式。

3）绿地碳汇贡献分析

对中国部分省级行政区城市绿地情况进行汇总分析（表7.5），国家林业行业标准《森林生态系统服务功能评估规范》LY/T1721—2008所推荐的生态系统服务功能评估之社会公共数据表，固碳价格为1200元/t，由此给出了部分省级行政区城市绿地固碳效益。

中国部分省级行政区城市绿地基本情况   表7.5

省级行政区	碳排放量（Mt）	平均固碳量[t/(hm²·a)]	绿化覆盖面积（hm²）	绿地总固碳量（t/a）	绿地固碳抵消率（%）	绿地固碳效益（元）
北京	21.02	2.22	93443.22	207443.95	0.99	24893.27
天津	33.57	1.07	46720.22	49990.64	0.15	5998.88

续表

省级行政区	碳排放量（Mt）	平均固碳量[t/（hm²·a）]	绿化覆盖面积（hm²）	绿地总固碳量（t/a）	绿地固碳抵消率（%）	绿地固碳效益（元）
上海	55.37	0.63	163905.61	102441.01	0.19	12292.92
重庆	47.29	1.73	75552.17	130705.25	0.28	15684.63
河北	192.59	2.58	110149.03	284184.50	0.15	34102.14
山西	165.00	2.08	59978.90	124756.11	0.08	14970.73
辽宁	133.00	2.84	201495.12	572246.14	0.43	68669.54
吉林	52.60	2.47	100477.80	248180.17	0.47	29781.62
黑龙江	74.46	2.50	76942.83	192357.08	0.26	23082.85
江苏	204.19	2.87	333184.93	956240.75	0.47	114748.89
浙江	111.64	1.66	191900.30	318554.50	0.29	38226.54
安徽	110.30	1.19	129282.82	153846.56	0.14	18461.59
福建	70.33	2.91	81462.00	237054.42	0.34	28446.53
江西	68.25	1.68	77589.93	130351.08	0.19	15642.13
山东	216.50	1.91	289832.82	553580.69	0.26	66429.68
河南	127.84	2.87	131447.79	377255.16	0.30	45270.62
湖北	96.46	1.33	111746.16	148622.39	0.15	17834.69
湖南	95.11	1.67	84450.54	141032.40	0.15	16923.89
广东	163.24	3.01	584449.30	1759192.39	1.08	211103.09
海南	13.44	1.80	19503.38	35106.08	0.26	4212.73
四川	83.97	2.93	141217.85	413768.30	0.49	49652.20
贵州	77.02	1.10	72547.63	79802.39	0.10	9576.29
云南	58.79	2.93	54911.74	160891.40	0.27	19306.97
陕西	68.02	1.13	69288.76	78296.30	0.12	9395.56
甘肃	38.97	2.97	33092.56	98284.90	0.25	11794.19
青海	16.15	2.06	7706.88	15876.17	0.10	1905.14
内蒙古	196.45	1.04	73290.45	76222.07	0.04	9146.65
广西	61.33	1.54	119312.91	183741.88	0.30	22049.03
宁夏	54.72	0.89	27441.59	24423.02	0.04	2930.76
新疆	135.35	0.71	75469.24	53583.16	0.04	6429.98

4）绿地碳汇计算案例

基于安徽省和湖北省的城市绿地固碳抵消率在0.10～0.20同一区间，以武汉园博园为例，绿地面积176.4hm²，通过对植被划乔木、灌木、地被（含草本）三个部分计算，求和植被总碳汇量。其中，乔木碳汇绩效采用美国景观绩效平台（LPS）的国家树木效益计算器，灌木与草本地被的碳汇绩效，借鉴董楠楠等人研究的计算方法❶，

$$W_{灌草年均碳汇} = M_{灌草} \times A_{灌草}$$
（式7-1）

$$W_{灌草总碳汇} = N \times W_{灌草年均碳汇}$$
（式7-2）

式中

$W_{灌草年均碳汇}$，表示灌木或草本地被植物的年均碳汇量，单位：kg/a；

$M_{灌草}$，表示不同种类植被年均单位面积碳汇速率，单位：kg/（m²·a）；

$A_{灌草}$，表示园内灌木或草本地被的总种植面积，单位：m²；

N，表示园博园建成的总年数，单位：a，N=5；

$W_{灌草总碳汇}$，表示灌木或草本地被自园博园建成后N年的总碳汇量，单位：kg。

通过碳汇效益结果，乔木年均碳汇量6935.0t，灌木年均碳汇量6627.2t，草本地被年均碳汇量462.4t，合计14024.6t。

7.4.2　建筑碳排放计算

1）建筑的低碳研究

建筑碳排放是温室气体的主要碳排放源之一，是社会碳排放总量控制的主要领域之一，其低碳发展的效果直接影响整个社会的减碳成效。随着我国新型城镇化进程的加速，建筑业的碳排放也将大幅增加。目前建筑项目过程中的碳排放分析，多从全生命周期评价角度进行研究。不同的研究者对建筑全生命周期碳排放范围界定不同，一般包括建筑材料的生产阶段、建筑施工阶段、建筑运营阶段和建筑拆除阶段。现有的研究多对已经建成并使用的建筑进行碳排放量化评估，虽能在建筑各阶段进行实际数据收集以获得准确的碳排放，但对既有建筑的低碳优化，多从技术设备的增添与更新角度去"弥补"碳减排的效果。真正实现建筑全生命周期的碳排放量控制，需要从建筑设计阶段就对建筑各阶段的碳排放进行考虑，而目前传统建筑方案设计的主流仍是强调追求美学与功能，面对可持续发展的时代要求，新时代的建筑设计需要对低碳减排引起重视。对建筑碳排放量化研究的实际操作，多通过BIM软件、PKPM软件、能耗模拟软件和相关碳排放数据库及计算软件进行展开。

2）建筑环境的影响

本节以夏热冬冷地区为例，夏热冬冷地

❶ 董楠楠，吴静，石鸿，等. 基于全生命周期成本–效益模型的屋顶绿化综合效益评估——以JoyGarden为例［J］. 中国园林，2019，35（12）：52-57.

区是指我国最冷月平均温度满足0～10℃，最热月平均温度满足25～30℃，日平均温度不大于5℃的天数为0～90天，日平均温度不小于25℃的天数为49～110天的地区。

《公共建筑节能设计标准》GB 50189—2015将夏热冬冷气候分区各自细分为两个子区，同时列出代表城市以供借鉴（表7.6）。

《民用建筑热工设计规范》GB 50167—2016对夏热冬冷地区的建筑提出基本气候适应性要求。针对夏热冬冷地区，该区建筑物必须满足夏季防热、通风降温要求，冬季应适当兼顾防寒。总体规划、单体设计和构造处理应有利于良好的自然通风，建筑物应避西晒，并满足防雨、防潮、防洪、防雷击要求。

3）公共建筑碳排放分析

建筑的低碳设计需基于对相关低碳指标进行量化评估，如何量化建筑各阶段的碳排放量，是分析低碳效果的前提。关于建筑碳排放量化涉及不少内容，在不同尺度下或不同领域中有不同的适用方法，如：实测法、碳排因子系数法、物料衡算法、混合法等。针对不同的低碳目标和适用对象，应选取适合的碳排放量化方法。研究建筑业的碳排放情况、衡量建筑业排放的影响力，应基于物料衡算法核算建筑业的碳排放。针对具体建筑项目的碳排放量计算，通常采用实测法与

排放因子系数法。对于涉及宏观与微观多层面的碳排放，建议选择混合法。本节将结合《建筑碳排放计算标准》GB/T 51366—2019，重点通过排放因子系数法对建筑碳排放进行分析。

《建筑碳排放计算标准》GB/T 51366—2019规定建筑碳排放的计算边界指与建筑物建材生产及运输、建造及拆除、运行等活动相关的温室气体排放的计算范围，将建筑全生命周期分为了四个主要阶段：建材物化阶段、建筑施工阶段、建筑运行阶段和建筑拆除阶段。对于公共建筑的碳排放基准研究可以借鉴我国公共建筑的能耗指标的研究。我国近几年相继出台了《绿色建筑评价标准》GB/T 50378—2019、《中国绿色低碳住区减碳技术评估框架体系》、《中国绿色低碳住区技术评估手册》等量化方法。

基于《民用建筑能耗标准》GB/T 51161—2016中相关公共建筑能耗基准值进行换算，中国区域电网平均二氧化碳排放因子为2012年数据，后续数据的更新应选国家主管部门最新数据（表7.7）。

根据公共建筑能耗特点，将公共建筑分为A、B两类：A类公共建筑指可通过开启外窗方式利用自然通风达到室内温度舒适要求，从而减少空调系统运行时间，减少能源

气候区域表		表7.6
气候分区及气候子区		代表城市
夏热冬冷地区	夏热冬冷A区	南京、蚌埠、盐城、南通、合肥、九江、武汉、黄石、岳阳、汉中、安康、上海、杭州、宁波、温州、宜昌、长沙
	夏热冬冷B区	南昌、株洲、永州、赣州、韶关、桂林、重庆、达县、万州、涪陵、南充、宜宾、成都、遵义、凯里、绵阳、南平

2012年中国区域电网平均二氧化碳排放因子［$kgCO_2/(kW \cdot h)$］　表7.7

电网名称	覆盖区域	排放因子
华北区域	北京、天津、河北、山西、山东、内蒙古西部地区	0.8843
东北区域	辽宁、吉林、黑龙江、内蒙古东部地区	0.7769
华东区域	上海、江苏、浙江、安徽、福建	0.7035
华中区域	河南、湖北、湖南、江西、四川、重庆	0.5257
西北区域	陕西、甘肃、青海、宁夏、新疆	0.6671
南方区域	广东、广西、云南、贵州、海南	0.5271

消耗的公共建筑；B类公共建筑指因建筑功能、规模等限制或受建筑物所在周边环境的制约，不能通过开启外窗方式利用自然通风，而需常年依靠机械通风和空调系统维持室内温度舒适要求的公共建筑。A、B两类公共建筑最大的区别在于是否可通过开启外窗的方式利用自然通风维持室内温度舒适性。针对能耗及碳排放量都比较大的办公建筑、旅馆建筑和商场建筑，按具体规模确定相应指标，由于建筑热工分区与国家电网分区存在区别与重叠的情况，将夏热冬冷地区分成三个建筑碳排放区域，不同区域的公共建筑可以针对自身区域的碳排放基准值进行碳减排水平的量化评测。借鉴《民用建筑能耗标准》GB/T 51161—2016的相关经验，各类型各区域的夏热冬冷地区公共建筑运行碳排放基准值设置了约束值与引导值：建筑碳排放约束值是指为实现建筑使用功能所允许排放的建筑碳排放指标的上限值，是建筑减排工作的低限要求（表7.8）。

夏热冬冷地区公共建筑单位面积年运行碳排放基准值［$kgCO_2/(m^2 \cdot a)$］　表7.8

建筑分类		华东区域	
		约束值	引导值
办公建筑	A类党政机关办公建筑	49.2	38.7
	A类商业办公建筑	59.8	49.2
	B类党政机关办公建筑	63.3	45.7
	B类商业办公建筑	77.4	56.3
旅馆建筑	A类三星级及以下	77.4	63.3
	A类四星级	95.0	80.9
	A类五星级	112.6	95.0
	B类三星级及以下	112.6	84.4
	B类四星级	140.7	105.5
	B类五星级	168.8	126.6

建筑分类		华东区域	
		约束值	引导值
商场建筑	A类一般百货店	91.5	77.4
	A类一般超市	91.5	77.4
	A类一般购物中心	105.5	84.4
	A类餐饮店	63.3	49.2
	A类一般商铺	63.3	49.2
	B类大型百货店	140.7	119.6
	B类大型购物中心	182.0	147.7
	B类大型超市	158.3	126.6

4）公共建筑改造碳汇案例研究

合肥园博园航站楼改造碳汇案例建筑面积20965.48m²，地上7层，建筑高度32.6m（图7.8、图7.9）。

根据PKPM-CES建筑碳排放软件计算结果，建筑改造后供暖建筑单位面积年运行碳排放量5.34kgCO$_2$/（m²·a），空调建筑单位面积年运行碳排放量3.18kgCO$_2$/（m²·a），照明建筑单位面积年运行碳排放量7.66kgCO$_2$/（m²·a），该建筑的碳排放强度在2016年执行的节能设计标准的基础上降低了40.67%，碳排放强度降低了11.09kgCO$_2$/（m²·a）。

图7.8 原航站楼实景

图7.9 改造后航站楼效果图

7.4.3 城市交通碳排放计算

1）城市内交通的低碳研究

根据《2006年IPCC国家温室气体清单指南》，交通中的二氧化碳排放核算方法可以分为两大类，一类是自上而下，基于交通工具燃料消耗的统计数据，结合碳排放因子进行计算；另一类是自下而上，基于不同交通类型的车型、保有量、行驶里程、单位行驶里程燃料消耗等数据计算燃料消耗，并结合碳排放因子进行计算，其中还包括居民出行次数和各种交通工具的出行里程等因素。

交通中的碳排放主要与步行、自行车、公交车、出租车、私家车以及摩托车出行有关，其中公交车、出租车和私家车出行是交通碳排放的主要来源，所以交通类的碳排放需要考虑公交车、出租车和私家车的碳排放量，依据各类车型数量和各自碳排放总量分类计算。

2）交通碳排放分析

（1）从城市市内道路客运交通人均单位行驶里程碳排放量分析

交通人均单位行驶里程碳排放量应考虑车辆类型所使用燃料的平均燃料消耗量、燃料类型的碳排放系数及车辆类型的额定载客人数。

（2）城市市内道路客运交通方式

城市市内道路客运交通的交通方式分为公共交通和私人交通。其中城市公共交通是指在城市行政辖区内，为本市市民和流动人口提供乘用的公共交通，其交通工具包括定时定线行驶的公共汽车、无轨电车、有轨电车、中运量和大运量的快速轨道交通，以及小公共汽车、出租汽车、客轮渡、轨道缆车、索道缆车等；私人交通则与公共交通相对，其交通方式可分为快速交通和慢行交通，快速交通工具主要为私人汽车、摩托车、电力助动车等，慢行交通包括自行车和步行。

（3）城市市内道路客运交通主要交通方式碳排放分析

根据交通方式不同进行分类并对城市不同类型交通方式的人均单位行驶里程碳排放进行计算，包括城市市内主要道路客运公共交通碳排放量计算和城市市内主要道路客运私人交通碳排放量进行计算。其中，非电力驱动车辆的平均燃料消耗量参考工业和信息化部统计数据、《乘用车燃料消耗量限值》GB 19578—2021和研究文献数据；以电力驱动的机动车和轨道交通平均燃料消耗量参考火力发电牵引计算燃烧煤质量，根据国家能源统计报表制度中的数据，取每发电1kW·h需345g标准煤，标准煤的燃烧值为29.3MJ/kg，其他参数参考《城市轨道交通工程项目建设标准》（建标104-2008）和研究文献数据。碳排放系数参考《2006年IPCC国家温室气体清单指南》，我国燃料热值参照国家统计局编制的《能源统计知识手册》各项能源热值单位换算对照表。

3）交通运营中碳汇分析

《城市综合交通体系规划标准》GB 50220—2018规定，中心城区集约型公共交通站点500m服务半径，在规划人口100

万以上的城市不应低于90%；为可以节省公共交通能耗规定，不同方式、不同路线之间的换乘距离不宜大于200m，更好地提升了公共交通服务性能。根据实际情况，为达到线路优化的要求，除了常规的线路调整之外，建立快速公交系统（Bus Rapid Transit, BRT）专用道和智能化的公交调度系统也是减少碳排放和提高公共交通服务性能的有效手段。

道路绿化带是城市交通系统的主要碳汇。《城市道路绿化设计标准》CJJ75—2023规定，红线宽度大于45m的道路绿地率一般不小于25%；人行道与非机动车道的道路绿化覆盖率不应小于80%。

4）交通低碳化发展路径

交通低碳化应建立低碳道路交通系统、低碳公交客运系统、低碳慢行交通系统和智能交通系统；考虑研究区域的路网密度、道路绿地率及绿色出行分担率，考虑公共交通和慢行交通的分担率，以及提高清洁能源综合利用比例。

7.4.4　生活垃圾碳排放核算

1）生活垃圾低碳化的意义

随着近年来全球温室气体排放量持续上升，生活垃圾处理作为影响全球气候变化的重要碳源受到越来越多关注。在国家的"双碳"战略目标下，2021年9月，《中共中央国务院关于完整准确全面贯彻新发展理念做好碳达峰碳中和工作的意见》印发，要求加快形成绿色生产生活方式，加强资源综合利用；2021年10月，国务院印发《2030年前碳达峰行动方案》，具体部署了推进生活垃圾减量化资源化，发挥减少资源消耗和降碳协同作用的任务要求。

根据麦肯锡《应对气候变化：中国对策》报告，2016年中国的净碳排放量达 16×10^8t 二氧化碳当量，约占全球的1/5。而世界资源研究所2016年统计全球温室气体排放的来源显示，废物处置占全球温室气体排放的3.2%（垃圾填埋场占1.9%、废水占1.3%），2018年已达到 553×10^8t 二氧化碳当量（包括森林砍伐等土地利用变化产生的碳排量）。1997年联合国《〈气候变化框架公约〉京都议定书》和2015年《巴黎协定》均要求或鼓励削减垃圾处理的碳排放；同时，我国不断完善环境保护、循环经济、清洁生产和节约能源等相关法律法规。2020年4月，新修订的《固体废物污染环境防治法》明确推行生活垃圾分类制度，以助力实现碳中和的目标。

2）垃圾收集存在的问题

（1）收集方式存在问题

当前城市生活垃圾的收集方式主要有混合收集、分类收集、专门收集。混合收集是指未经任何处理的各种性质的城市生活垃圾混杂在一起收集。即居民将生活垃圾混在一起丢弃或倾倒在垃圾收集容器中，再由环卫工人集中收集拖运。由于操作简单，运行费用低，是中国部分城市目前最主要的收集方式。分类收集是按城市生活垃圾的组分不同进行分别投放收集的一种收集方式。这种方式可以提高资源的回收利用率，减少垃圾处理处置量,是目前正在试行的一种方式。专门收集是指对一些大件物品和有毒有害的废品,进行专门收集集中处理。目前部分城市专门收集主要是由个体户上门对废旧家电等进行回收,仅占生活垃圾的很小一部分。目前,混合收集仍占很大比重,未能很好地实现分类收集和专门收集。

(2)收集过程存在的问题

混合收集的垃圾成分复杂,易发生生化反应,产生废水、废气等二次污染。混合收集使一些垃圾回收再利用难度增大,如旧电池同剩菜剩饭等混合后就很难回收利用。混合垃圾体积庞大,堆积时侵占大量土地。混合收集表面是简化了收集过程的人力、物力和财力。实际上,造成收集工具器械清洗难度增大,清洗费用增加,间接增加收集过程中的物力、财力。

分类收集需要建立试点,在分类收集过程实现干垃圾、湿垃圾、有害垃圾的初分类,尽管分类收集具有优越性,但在目前分类工作中,仍缺少细化、对应性较强的收集方式,分类效果并不理想,且分类收集形式过于单一。

3)生活垃圾碳排分析

(1)收集和运输中的碳排放问题

一般认为生活垃圾只有在处理过程中才会产生碳排放,其实不然,由于生活垃圾的种类较多,其中有很多有机物,因此在未进入收集系统之前垃圾就已经释放了较多的温室气体,例如较为常见的厨余垃圾,其中多数是蔬菜和一些瓜果的残渣,将其堆放就会发酵腐烂,产生大量的二氧化碳。在垃圾桶中,垃圾堆积也会释放出较多的二氧化碳。另外在运输的过程中,除了垃圾在车内堆放产生的二氧化碳之外,车辆在运输过程中因为油料的消耗和尾气的排放也会产生较多的一氧化碳、二氧化氮、二氧化碳等气体,造成环境污染。

(2)卫生填埋碳排放

卫生填埋是目前应用较广的生活垃圾处理方法,但是卫生填埋中碳排放非常大,在生活垃圾填埋中各种物质分解会产生甲烷和二氧化碳,填埋后垃圾在内部发酵分解,产生温室气体和渗沥液,一旦基底设计不当,渗沥液会直接进入土壤,造成土壤污染,而排出的渗沥液在调节池中也会放出甲烷和二氧化氮。同时在卫生填埋作业中各种机械设备的应用较多,除了要消耗一定的电力资源之外,还需要燃料,因此会导致二氧化碳排放量的增加。

(3)焚烧碳排放

焚烧是生活垃圾处理的重要方法,焚烧不仅可以最大限度减少垃圾量,而且产生的热值能回收利用。但是焚烧也有其缺点,最明显的缺点是垃圾混合物较多,部分垃圾不容易燃烧;另外,焚烧产生的烟气对环境的污染较大,需要环保装置收集烟气。

生活垃圾焚烧中的碳排放主要表现在三个方面,在燃烧过程中垃圾自身产生的二氧化氮、二氧化碳等;为了提高燃烧率在焚烧过程中加入石化燃料进行助燃,其中煤炭、燃油等在燃烧中也会释放出一氧化碳;焚烧一般在贮坑中垃圾达到一定量的时候进行,在贮存的过程中垃圾产生渗沥液,经过厌氧发酵产生甲烷。

（4）堆肥的碳排放

生活垃圾处理中采用堆肥法能实现对垃圾的有效利用，但是堆肥法对垃圾的要求较高，对场地及周边环境也有较高的要求，垃圾产生的一些有害物质污染植物，从而对人体产生危害。堆肥的碳排放主要存在于堆肥本身的碳排放和填埋前的好氧发酵处理。

4）生活垃圾低碳化研究

生活垃圾产率及其成分因不同国家和地区的经济状况、人口数量、生活方式及垃圾管理制度等差异而不同。2016年我国城市生活垃圾人均产生量已达1.17kg/d，低于美国2014年的2.02kg/d。生活垃圾中通常包含一定量的化石碳（如塑料、橡胶、纺织品、电子废弃物以及纸张、皮革）和可降解有机碳（如剩菜剩饭、废弃食品、果皮菜叶等中的糖类、蛋白质），而化石碳和有机碳的化学转化、生物降解以及垃圾收集压缩转运处理等过程的能源、资源（如电、煤、油、水）消耗都直接或间接地产生甲烷、二氧化碳以及较少量的二氧化氮、氮氧化物、一氧化碳。

生活垃圾处理过程的主要碳排放核算方法有实测法、质量平衡法（物料衡算法）和排放因子法（清单指南法）。在垃圾处理中应用较多的核算指南（模型）有：IPCC（联合国政府间气候变化专门委员会）发布的国家温室气体清单指南（简称"IPCC清单指南"）、生命周期评价法（LCA）、清洁发展机制（CDM）、《温室气体核算体系企业核算和报告标准》（GHG Protocol）、"上游→操作→下游"（UOD）表格法等。

7.5 绿色低碳生活

绿色低碳生活首先要培养绿色生活方式理念，从最基本的理念出发，开展绿色教育，将健康、绿色的文化融入居民的素质教育中。推进绿色低碳教育的宣传工作，培育绿色低碳生活的价值观念。健全绿色低碳生活制度体系，完善绿色低碳发展体系，健全绿色低碳生产体系，强化绿色消费法治体系。规范、引导过度消费、奢侈浪费等行为，为居民简约适度、绿色低碳生活提供重要保障，同时应集中从不同模式上构建绿色低碳生活行为。

7.5.1 培养绿色低碳生活价值观念

1）树立绿色低碳生活理念

（1）树立人与自然和谐共生的绿色低碳生活理念

习近平总书记提出："绿水青山是人民幸福生活的重要内容，是金钱不能代替的。你挣到了钱，但空气、饮用水都不合格，哪有什么幸福可言。"人是自然界的一部分，人类从自然界中获取足够的物质和能量来维持自身的活动，人类社会与自然界始终是相互影响相互作用的。习近平总书记指出："人与自然是生命共同体，人类必须尊重自然、顺应自然、保护自然。"尊重自然，首先需要对自然有敬畏之心，不仅尊重自然界万物的存在以及其运行规律，还要对人与自然和谐共生的关系有着清醒的认知。顺应自然，指人正常的生产、生活行为都是在顺应自然的前提下所产生的。保护自然，指在人的生产、生活过程中形成自觉保护环境的意识，在保护环境的前提下进行经济建设。通过形成尊重自然、顺应自然、保护自然的理念，从而树立人与自然和谐共生的绿色低碳生活理念。

（2）树立保护生态环境的绿色低碳生活理念

推动形成绿色低碳生活，离不开公众对绿色低碳生活低碳的价值认同，只有每一位社会成员认识到推行绿色低碳生活的重要意义，才会将内心的价值认同外化为行为自觉[1]。推进绿色低碳生活，首要前提就是社会公众对绿色低碳生活理念的认可，要在日常生活中树立绿色低碳生活意识。公众只有认识到个人日常生活习惯与保护生态环境息息相关，才会树立高度的责任感，在日常生活中主动接受绿色低碳生活的教育，自觉践行绿色低碳生活的方式，努力养成绿色低碳生活的行为习惯。

（3）树立可持续发展的绿色低碳生活理念

从个体层面来讲，需要个体在穿衣、饮食、居住、出行、休闲、交往等方面进行适度、有节制的消费，以简约低碳的绿色低碳生活方式满足人在物质和精神领域的需求，真正体验绿色低碳生活方式带来的幸福感。从社会层面来讲，其理念更加强调"可持续"，不能以牺牲生态环境为代价满足国民生活欲求。树立可持续发展的绿色低碳生活方式理念，在合理利用、开发自然资源的基础上实现美好幸福生活，进而为子孙后代繁衍生存提供优质、绿色的资源保障。

树立绿色低碳生活低碳价值观念的核心价值目标是实现整个社会的生态幸福，使人在绿色低碳生活方式中感受幸福并获得幸福。所以，绿色低碳生活方式理念不仅体现了人民对理想美好生活的期待，也表达了其自身对绿色低碳生活方式的主观感受和体验。

2）加强绿色低碳生活教育培训

（1）重视基础绿色低碳生活教育培训

推进绿色低碳生活创建行动，绿色教育须先行。更新片区是开展绿色低碳生活方式教育培训的主阵地，要充分利用自身优势，发挥教育主体作用，重视绿色低碳生活课程教育培训工作[2]，将绿色低碳生活理念全面渗透到居民日常生活中，从而推动绿色低碳生活教育体系建设。

绿色低碳生活方式的教育培训内容涵盖多个学科领域，多项课程与绿色低碳生活方式中的道德规范、行为习惯、法律法规及情感价值观培养等密切相关。一方面，更新片区要侧重于与其他活动的密切融合，突破界限，开展以绿色低碳生活方式为主题的综合性活动。为深化人们对绿色消费、绿色饮食等问题的认识，可从日常生活中选取鲜明具有代表性的案例，在活动中借助多媒体等工具向居民普及绿色低碳生活方式的法律法规。也可以在社区活动中，以引导居民培养

❶ 高冉. 新时代绿色生活方式研究［D］. 郑州：郑州大学，2020.
❷ 李巧巧. 我国生态文明价值建设的理论与实践研究［D］. 青岛：青岛理工大学，2015.

自主探究精神为目的，使他们根据自身生活经验对周围环境进行观察、调研和动手实践，发现生活中存在的非绿色现象，采取可行性措施解决环境中出现的问题。

（2）开设专业绿色低碳生活教育培训

更新片区可单独开设绿色低碳生活方式教育培训活动。从培训专业性的角度来说，更新片区要从自然环境、社会生活、科学与技术、决策与参与等各个方面出发，使居民在专人指导下进行绿色低碳生活培训，更好地理解生活中存在的问题并提出解决方法。专业培训者要加强绿色低碳生活方式培训课程建设，根据片区居民自身接受能力情况设定不同的目标，由浅入深、循序渐进开展培训活动，为片区绿色低碳生活培训提供有力保障。

（3）普及公众绿色低碳生活教育培训

要加强绿色低碳生活方式教育培训课程内容的系统性。单独开设的绿色低碳生活方式宣传教育培训课程不仅包括静态意义上的道德认知、情感认同和行为习惯的培养等方面，也包括动态意义上的知识传授过程的系统连续性。由于人的学习能力和认知能力会随年龄的增长发生改变，需要依据人类成长规律在各阶段设置不同深度的绿色低碳生活方式教育培训课程。在初始阶段，培训应以激发居民的学习兴趣为目标，使他们切身感受优美的自然环境，主动走近自然、发现自然，学习相关的知识和技能；之后，培训应使居民充分认识到当前生态环境面临的问题和挑战，提高解决环境突发事件的应对能力，增强他们对未来社会环境的关注度。最后，要注重课程内容理论性与实践性的结合。绿色低碳生活方式涵盖衣、食、住、行、用中的方方面面，居民可通过参与绿色实践活动，交流讨论社会中不同人群对待环境的态度和行为，运用自身所学知识寻求与现实发展相适应的绿色低碳生活行为方式和价值取向。

3）扩大绿色低碳生活教育宣传

绿色低碳生活方式宣传教育是构建绿色低碳生活方式精神层面的重要环节。通过多维度、多渠道、广领域开展绿色低碳生活方式宣传教育，进一步增强人与自然、社会交往过程中的绿色低碳生活意识和社会适应能力，有助于形成勤俭节约、绿色低碳的消费行为，加快绿色低碳生活方式构建。广泛开展绿色低碳生活方式宣传教育，需要从以下方面进行。

（1）创新绿色低碳生活宣传教育形式

一方面充分利用网络、电视、广播等媒介做好线上宣传教育工作，比如借助"学习强国"、微博、微信公众号、短视频等平台宣传绿色低碳生活方式相关知识，举办绿色低碳生活方式知识竞赛，报道绿色低碳生活方式典范事迹等，运用图文、视频等形式将专业知识转化为浅显易懂的语言，使线上宣传教育更加贴近生活，契合公众期盼。另一方面，线下绿色低碳生活方式宣传教育要走进机关单位、企业、学校、社区、乡镇等，利用讲授和宣传相结合的形式使公众认识到构建绿色低碳生活方式的重要性。比如，各单位可设立绿色低碳生活宣传方式教育日，在此期间聘请专家或先进模范代表开展专题讲座，同时工作人员为居民发放绿色低碳生活方式知识宣传手册，使他们深入理解绿色消费、绿色出行、绿色居住等方面的知识。另外，还可以通过加强户外绿色低碳生活方式教育基地建设、更新绿色生活方式教材编写、加强绿色低碳生活方式科普创作等方式，丰富创新绿色低碳生活方式宣传教育形式，拓宽绿色低碳生活方式教育的宣传渠道，提高公众绿色低碳生活意识。

（2）建立绿色低碳生活宣传奖惩机制

奖惩机制的施行是推进绿色低碳生活的有效举措。大力推进绿色低碳生活方式立法工作，加大对政府、公众在构建绿色低碳生活方式过程中的监督力度，将倡导绿色出行、深化光盘行动、推进垃圾分类等内容纳入绿色低碳生活宣传教育奖惩机制。主要通过设置相应的考核目标对单位及个人进行政绩考核，奖惩机制种类分为行政和经济两种。根据个人的考核成绩，实行职务升降、工资等级升降及人员培训等奖惩措施，从而使政府及各级领导干部树立起良好的生态政绩观，带头践行绿色低碳生活方式，切实履行开展绿色低碳生活方式宣传教育工作的主体责任，保证各地区绿色低碳生活方式宣传教育工作顺利进行。

（3）加强绿色低碳生活宣传教育队伍建设

首先，营造政府各部门高度重视绿色低碳生活教育宣传工作的浓厚氛围，构建政府主导、社会多方参与的宣传教育模式，生态环境部、中央文明办、中央宣传部等政府直属机构应联合地方环保组织、企业、学校参

与绿色低碳生活方式宣传教育活动，积极开展公众绿色低碳生活方式宣传教育。其次，提高专业宣传队伍人员的整体素质。定期开展绿色低碳生活方式宣传教育理论培训工作，加强对内交流和对外交流。派遣宣传人员到各级单位、媒体平台进行经验交流，通过学习先进的宣传经验，创新绿色低碳生活方式宣传教育形式。最后，选拔高素质人才提升绿色低碳生活方式宣传教育水平。选拔热爱宣传教育工作并从事绿色低碳生活方式相关研究的高素质人才，使其在发挥专业优势的基础上提升队伍的宣传教育能力，从而增强绿色低碳生活方式宣传教育的舆论引导力量。

7.5.2　健全绿色低碳生活机制体系

1）完善绿色低碳发展体系

绿色发展指标体系是一套以绿色发展为核心的综合性指标体系，其核心内容包括考核目标体系中的主要目标，覆盖资源利用、环境治理、环境质量、生态保护、增长质量、绿色生活、公众满意程度等七个方面，共56项❶。当前我国政府需要进一步完善绿色发展指标体系，使绿色发展综合指标更好地运用于政府的决策和管理体制中。

2019年9月，中央全面深化改革委员会第十次会议通过《绿色生活创建行动总体方案》，该方案主要包括节约型机关、绿色家庭、绿色学校、绿色社区、绿色出行、绿色商场和绿色建筑七项创建方案。2020年

❶ 张杰，刘清芝，石隽隽，等. 国际典型可持续发展指标体系分析与借鉴［J］. 中国环境管理，2020，12（4）：89-95.

3月，中共中央办公厅、国务院办公厅印发《关于构建现代环境治理体系的指导意见》，提出强化绿色低碳生活理念的针对性建议，主要引导公民自觉履行环境保护责任，逐步转变落后的生活风俗习惯，积极开展垃圾分类，践行绿色低碳生活方式，倡导绿色出行、绿色消费。《关于加快推动生活方式绿色化的实施意见》中，政府在企业生产绿色化和居民生活方式绿色化等方面提出指导性意见，主要以促进生产、流通、分配、消费等环节绿色化来实现衣、食、住、行、用等领域绿色化。2021年3月，《中华人民共和国国民经济和社会发展第十四个五年规划和2035年远景目标纲要》发布，对构建资源循环利用体系内容进行了进一步明确，包括加强废旧物品回收设施规划建设，完善城市废旧物品回收分拣体系，建立统一的绿色产品标准、认证、标识体系等。

2）健全绿色低碳生产体系

习近平总书记曾提到以绿色低碳生活方式倒逼绿色生产方式，以绿色生产方式推动绿色低碳生活方式。由此可见，绿色低碳生产方式和绿色低碳生活方式两者之间相互联系、相互制约。

（1）打造绿色低碳产品

健全企业绿色低碳生产体系，首先要加强企业内部生态文化建设，形成浓厚的生态文化氛围。企业健康发展需要不断强化自身环保责任，通过建立长效的宣传机制，传播良好的生态文化，将能源节约、循环利用、持续发展和保护环境等理念融入生产管理、经营销售、制度建设的全过程，使每位员工在日常工作和生活中不断增强自身的环境道德责任意识，从而推进企业环境道德制度建设，助力企业绿色生产。其次，随着绿色低碳生活理念的普及，越来越多的人倾向于选择绿色环保产品。企业作为绿色环保产品的生产商，需要不断创新绿色技术，发展绿色产业。一方面，企业可通过研发新能源应用技术、建立绿色技术创新平台、组建高层次人才创新队伍、推广绿色技术成果转化应用机制和完善绿色技术，创新服务体系等方式，使绿色技术创新引领绿色生产。

另一方面，企业要致力于发展节能环保、清洁能源等产业，注重产品的清洁生产和废弃物的循环利用，从而促进绿色产业规模化、集群化发展。最后，要完善企业绿色生产管理制度。企业内部通过设置绿色生产管理机构，制定绿色生产管理标准，明确绿色生产管理涵盖范围，强化企业绿色监管。比如，针对企业生产中出现的粉尘、噪声、废水和固体废弃物等污染，企业各部门间要明确工作职责、工作内容、工作时间、处理措施等内容，使这些污染物在生产过程中得到有效解决，从而达到绿色生产减排标准。

（2）完善绿色生活服务

在绿色产品的基础上，还要致力于生活服务绿色化的完善，这主要包含对于绿色产品的认证查询，二手市场、租赁市场以及回收市场的搭建与完善。绿色生活服务的完善不仅是质的提升，更是量的积累。具体说，"质"体现在通过适当的促进机制来实现公众的绿色自觉，凭借标准、统一且便捷的形式让公众主动去体验并使用绿色生活服务，

"量"体现在通过大量的有效宣传来调动公众的绿色意愿，通过大量站店的设立与科普活动宣发，来最大限度降低公众了解和参与绿色生活的难度，用与其切身相关的吸引力建立绿色生活在公众心中的形象。

3）强化绿色消费法治体系

（1）树立正确绿色消费观念

绿色消费其内涵由单一购买绿色产品逐渐发展成为消费全过程的绿色化。居民通过不同的绿色消费模式，产生绿色消费行为，从而树立正确的绿色消费观念，最终达到全阶段绿色消费。从穿衣、饮食、休闲娱乐等方面实现消费方式绿色化，才能满足人对绿色低碳生活方式的基本需求。

（2）制定绿色消费法治体系

首先，政府应严格依照国家法律，制定有关绿色消费方面的相关法律法规，规范消费市场秩序，对触法违法犯法行为严格追究相应的法律责任。目前我国许多法律及政策性文件均涉及绿色消费，对引导和推动绿色消费起到了一定作用。法律方面有《中华人民共和国环境保护法》、《中华人民共和国节约能源法》等；行政法规有《中华人民共和国消费税暂行条例》、《中华人民共和国政府采购法实施条例》等；部门规章有《城市生活垃圾管理办法》、《电器电子产品有害物质限制使用管理办法》等。

（3）最终实现全阶段绿色消费

政府通过给予相关部门团体政策支持，鼓励社会力量参与，在社会范围内营造浓厚的绿色消费文化氛围，对积极响应政府的社会团体给予一定的奖励，比如在政府项目招标、税收减免等方面可给予优待。再次，通过多媒体等网络媒介，加大对绿色消费的宣传与监督力度，加强企业环境信用体系建设，提升企业生态自觉意识；引导公民树立绿色消费观念，摒弃消费主义倾向，强化资源稀缺意识和节约意识。最后，政府颁布绿色采购专项法律，设定统一采购标准，带头进行绿色采购活动，倡导合理的消费模式和适度的消费规模，优先购买对环境负面影响较小的环境标志产品，激励企业及其他社会团体积极参与绿色采购行动，进而优化消费市场环境。

7.5.3　构建绿色低碳生活行为模式

习近平总书记多次强调"生态文明建设同每个人息息相关，每个人都应该做践行者、推动者"。构建绿色低碳生活行为模式是加快形成绿色低碳生活的重要环节，通过树立绿色低碳生活方式理念，摒弃不良生活习惯，自觉抵制非绿色低碳生活行为，成为绿色低碳生活方式的倡导者、践行者和受益者。片区更新过程中，应更多地关注公民的生活观念，并且引导居民的生活观念向"绿色低碳生活"的方向转变，从而使居民自下而上地自发参与到片区更新的建设过程中。

绿色低碳行为的养成是居民的自愿行为，因此片区更新成功与否很大程度上取决于如何提升社区居民在片区更新创建过程中的获得感、认同感和参与度。在推动低碳社区建设时，应当"以人为本"，从公民日常生活需求角度出发，提升公民的幸福感和获得感。

1）物品回收循环利用

（1）举办物品循环利用活动

循环利用活动是全民参与的广泛性活动，目的在于避免废弃物产生，实现闲置资源或废弃资源的回收再利用。增加居民旧物循环路线，可以减轻城市生活垃圾处理压力；提升资源的循环利用率，可以减少污染物排放量，并且获取额外利润。此优化设计是对可持续发展生态设计理念的肯定以及清洁生产、循环经济、生态城市等一系列重要生态理念的进一步推广。回收利用设施的设计原则为共同创造、服务触点、时空线性（服务路线最优化设计）以及可见性。

社区作为举办循环利用活动最大的平台之一，通过废弃物再回收处理的方式实现资源高效利用，达到减少资源浪费的目的，从而使更多居民参与到社区环境治理和保护行动中，有助于提升居民环境道德素质，养成良好绿色低碳生活习惯，形成和谐绿色低碳生活氛围。同时，建立社区循环利用制度。一些社区可设置循环利用活动日，由社区特定工作人员对废弃物进行统一回收，并将其返回生产厂家加工处理。此外，社区还可以联合机关单位、学校、企业等组织，成立专门管理机构，优化废弃物循环利用管理机制，开展社区与社会团体在循环利用活动方面的合作，进一步构建并完善社区循环利用体系，为垃圾分类工作的顺利开展提供保障。

（2）倡导"绿色外卖"回收计划

"绿色外卖"的行为模式是指从政策制定到商家做出外卖并发出，最后到消费者收

取全过程的链式低碳倾向。具体来说，对于政策制定者，外卖包装相关标准的出台不仅可以从根源上减少有害、有污染的外卖包装进入市场，也可以结构性优化相关包装产业，而相关激励政策的出台不仅可以快速普及相关法案，也可以更快速地改变人们的日常生活；对于商家来说，商家应该主动选择更环保健康的餐盒包装，并且协助外卖平台使用并回收相关垃圾；对于消费者，尽量少点外卖，根据自己的身体营养需求制作便当，不仅可以减少日常花销，还能进一步调节自己的饮食时间、能量摄入以及膳食搭配，做到健康自己、健康地球的低碳和谐生活。

（3）实施"绿色快递"回收计划

"绿色快递"同样是一个从政策制定，到商家使用，到消费者签收的链式行为模式优化。具体来说，对于政策制定者，碳排放不仅限于快递包装之中，也包含在快递运输之中。首先快递运输中，新能源汽车与更高效的仓库调配可以大大减少快递中产生的碳排放，而相关政策的宣传也对于公民能主动参与到低碳绿色生活中极其重要；其次，对于商家来说，更优化的物流调配系统不仅能降低碳排放，更能减少因运输而产生的成本，优先选择例如聚丙烯材料等绿色材料，尽量使用新能源运输工具，并建立可行的包装回收再利用机制来减少碳排放；最后，在消费者方面，更多选择线下购物、将包装进行再利用或进行垃圾分类，也可学习西方国家，通过自助回收机器，来换取一定的金额，这不仅响应国家的号召，也可以提升公众的参与热情。

2）全面有效垃圾分类

生活垃圾治理是个复杂、循环的系统性工程。可在借鉴国内外地区垃圾分类经验的基础上，结合本地城市自身特点推动社区生活垃圾全分类工作，使垃圾分类不再是生活的难题。

（1）全民自觉参与

实现垃圾分类，仅靠某些单位和个人的努力是不够的，这需要从日常小事开始，是社会各行各业努力奋斗的共同目标，这包含垃圾分类知识的普及与掌握、垃圾分类回收机制的建立，以及最重要的日常生活的垃圾分类的习惯与价值观建立。

（2）全面协调推进

全面实现垃圾分类需要各区域各领域协调推进。全面实行垃圾分类是要兼顾城市和农村，兼顾社区、学校、办公单位和公共场所的。垃圾分类不是专指城市垃圾，也不是特指家庭生活垃圾。更新片区内的企业应对垃圾分类进行"源头治理"。"源头治理"是进行垃圾分类治理的重要方式，它是垃圾末端处置的关键阶段。在生产过程中合理有效利用资源和能源，减少开发过程中产生的不必要的浪费，废弃物的再利用，做到"清洁生产""便于处理"，减少生产过程中的各种危害因素，确保产品在使用时的安全性、健康性、绿色性、环保性。从长远来看，强化绿色低碳生活理念，精细化管理垃圾分类工作，健全社会环境治理体系，需要社区联合社会各界人士共同努力。因此，针对不同的场所和区域，要因地制宜地制定不同的分类规则，保证全面推进垃圾分类。

（3）政策制度引导

垃圾分类的全面实现，行之有效的顶层设计是必不可少的部分，这既需要相关知识的科普，也需要相关配套设施的安装与维护，最后还需要相关政策体系来维持这一体系的有效运行，既要让公众愿意接受并愿意执行，也要让公众可以执行、乐于执行。

第一，社区应严格执行中央及各级地方政府制定的垃圾分类管理条例、财政措施和废物管理计划，细化社区垃圾分类标准，通过宣传教育形式向居民提供有效方法指导，使居民自觉遵守垃圾治理法律法规，将绿色低碳生活理念融入居民日常行为方式中。第二，由于我国居民法律意识普遍较淡薄，可通过实行垃圾分类和垃圾付费责任机制，明确居民环境道德责任，使居民行为有法可依、有法必依。比如《上海市生活垃圾管理条例》出台后处罚了一些垃圾分类操作不当的单位和居民，在社会中起到了一定的震慑作用，是我国全民参与垃圾分类治理的优秀典范。第三，社区应做好落实垃圾分类责任制的监督工作，一方面督促生产商履行产品回收处理职责，另一方面使居民积极承担垃圾分类责任。第四，地方政府建立垃圾分类激励制度，比如"绿色存折"制度，通过积分换物、积分折现的形式，对规范分类的社区居民实施物质奖励，这不仅有助于提升居民参与垃圾分类的积极性，还能使垃圾分类成为内生动力和文明自觉。

3）重塑绿色饮食习惯

绿色饮食遵循绿色低碳生活方式发展理念，以绿色健康的饮食习惯满足自身的饮食需求。注重居民绿色饮食习惯的培养是构建绿色低碳生活方式的必然要求，是重塑饮食消费行为的重要导向。

饮食习惯是否做到绿色化，"节约粮食"和"合理饮食"是衡量的重要标准。践行光盘行动、杜绝舌尖上的浪费是绿色饮食的重要表现，可通过机关单位、学校、社区、商场等场所宣传绿色饮食理念，开展节约粮食、光盘行动、拒绝食用野味等活动，把讲究适度、健康、责任的消费理念深植于居民心中，树立全社会的爱粮节粮意识，使居民自觉养成珍惜粮食、厉行节约的好习惯。一方面，政府可联合本地区餐饮行业实行"节俭消费提醒制度"，建立长效机制进行加强监管。并进一步根据《中华人民共和国反食品浪费法》细则对居民进行有效引导，从而规范居民饮食消费中的不良行为，形成"不想浪费、不愿浪费、不能浪费、不敢浪费"的社区氛围，使舌尖上的浪费得到有效遏制。另一方面，结合居民生活习惯，倡导居民在生活中合理饮食、健康饮食。在饮食方面，要做到粗中有细，营养清淡为主。比如可选择有机绿色食品，多吃绿色蔬菜和水果等，少吃油腻食品，拒绝暴饮暴食。另外，政府可联合社区为居民发放"合理饮食健康手册"，通过开展"推行公筷公勺""拒绝滥食野味"等活动向居民普及有关饮食方面的知识，使居民养成正确的饮食方式和生活习惯。

4）绿色出行低碳节能

从 2020 年的数据来看，中国内地汽车保有量 28087 万辆，居世界首位；2020 年中国内地汽车销量 2531 万辆，也居世界首位。低碳出行，是整个低碳生活中不可忽视的重点与难点。公共交通、新能源汽车等都在近些年中展现了其低碳、高效的巨大优势，因此结合国内外相关经验，在绿色出行方面还有以下几点，可为之助力。

（1）践行绿色交通观念

践行绿色交通观念，助力交通强国建设。将绿色交通观念作为我国交通体系建设的指导思想，社区工作人员通过沟通交流的方式，转变人们的出行方式，使他们自愿选择绿色交通工具。

建立价格低廉、使用便利的公共交通系统，是最行之有效的实施方式。凭借当今互联网的巨大优势，搭建"智慧出行"信息平台，优化公众的外出路线和交通工具选择，对新能源交通系统进行大力扶持，派发绿色消费优惠券、降低购车相关税款等服务等，引导公众选择购买绿色产品，加大相关绿色产品宣传力度，营造优秀的品控与口碑。

（2）优化社区交通体系

优化社区交通体系，提升公共交通服务品质。各地社区可结合自身不同情况，加强对社区公共交通基础设施的建设，实现社区—社区、社区—城市、城市—城市全网覆盖。同时利用互联网等现代科学技术搭建信息平台，实现公交地铁等公共系统信息全面可查，为居民出行提供实时准确的信息。另外，在公共交通硬件设施配备方面需为乘客提供舒适、安全的乘坐环境，升级公共交通的服务品质。

（3）完善共享交通建设

完善共享交通设施建设，定期发放出行

津贴。共享单车和共享汽车的出现为居民的出行带来了便利，但其在租赁、使用、清洁、保养和维修方面还存在很多隐患，需要专人进行维护和管理以保证车源充足、车无故障、快捷支付等问题，在保证使用者获得良好的使用体验的同时，社区可设置平台以出行优惠券的形式发放出行津贴，鼓励居民选择共享交通。

（4）推广新能源汽车

推广新能源汽车，可减少二氧化碳排放量。国家在税收、资金等方面给予新能源汽车相应补贴支持，通过技术革新使新能源汽车代替传统燃油汽车，可通过优化新能源汽车基础设施建设，在普民惠民的基础上鼓励居民选择新能源汽车，改善人与燃油汽车的出行环境。

对我国人多地少、资源有限的国情，借鉴国际社会治理交通的经验，坚持绿色出行，倡导"无排放、零污染"的出行方式，施行以公共交通为主导的发展战略是促进绿色节能减排的有效手段，也是我国实现绿色出行的必然选择，对满足居民日益增长的优美生态环境需要具有深远持久的作用。

后 记

　　本书的编写工作能在有限的时间内顺利完成，不仅源自于编写组全体同仁的热情与执着，更多是依赖大家多年的专业知识积累，以及对绿色低碳和城市更新工作的理解与感悟。

　　感谢内蒙古工业大学张鹏举大师为本书作序，这对大家是莫大的鼓舞。

　　清华大学尹稚教授在中国城镇化绿色发展道路方向上的引领，给予我们很大的启发，感谢老师为本书作序。

　　感谢各领域的专家对书稿的反复评议与审核，保证编写方向更正确，成果更精准。

　　感谢公司对本书的高度重视以及各位领导的大力支持，感谢科技质量部、企业发展与运营管理中心、财务部等部门对编写组的全力帮助，让编写工作有序推进、顺利出版。

　　感谢课题组郭磊、孔祥蕊、张莉、崔艳梅、郑剑云、姬立敏、刘志翔、张黎曼、赵秀霞、高见、柴园园、郭宇虹、许世民、朱海明、尹水娥、王智蕊、乜志颖、胡文涛、刘凡姣、杨雅楠、李佳临、宋莉、刘琳、陈涛、郑玉翠、孟德、倪韶萍等同事，在紧张的设计工作之余，辛劳的付出。感谢中国建筑科学研究院有限公司崔艳梅博士作为顾问专家共同参与编写工作，并提供了有力的数据支撑。

　　在本书付梓之际，感谢中国建筑工业出版社陆新之、徐冉、王治的关心与帮助，感谢焦扬不辞辛苦的编辑工作。

　　结束亦是开始，城市更新的绿色低碳发展之路还很长，我们将一如既往持续探索，为行业发展助力。

作者

2024年5月10日于德外大街36号